环境工程专项设计案例分析

郝飞麟　陈雪松　编著

ZHEJIANG UNIVERSITY PRESS
浙江大学出版社

图书在版编目(CIP)数据

环境工程专项设计案例分析/郝飞麟,陈雪松编著.
—杭州:浙江大学出版社,2016.2(2018.8重印)
ISBN 978-7-308-15480-2

Ⅰ.①环… Ⅱ.①郝… ②陈… Ⅲ.①环境工程—设计—案例—高等学校—教材 Ⅳ.①X505

中国版本图书馆CIP数据核字(2015)第317020号

环境工程专项设计案例分析

郝飞麟 陈雪松 **编著**

责任编辑 王元新
责任校对 余梦洁 丁佳雯
封面设计 周 灵
出版发行 浙江大学出版社
(杭州市天目山路148号 邮政编码310007)
(网址:http://www.zjupress.com)
排　　版 浙江时代出版服务有限公司
印　　刷 杭州杭新印务有限公司
开　　本 710mm×1000mm 1/16
印　　张 21.5
字　　数 375千
版 印 次 2016年2月第1版 2018年8月第2次印刷
书　　号 ISBN 978-7-308-15480-2
定　　价 48.00元

浙江大学出版社发行中心联系方式 (0571)88925591;http://zjdxcbs.tmall.com

前　言

相对于其他学科的工程类专业方向，环境工程发展较晚，其课程设置及教学内容还有待进一步完善。环境工程设计是在学生学习完“水污染控制工程”、“大气污染控制工程”及“固体废弃物处置及资源化”等专业课程之后，在走向社会、从事工程实践前应具备的一项基本应用能力，同时也是“卓越工程师教育培养计划”中理论与实践练习的关键环节，具有学科交叉性强、应用实践性强的特点，其相关教材十分匮乏。

本书结合编者长期的工程和教学实践，针对学生在进入环境工程设计工作岗位后所遇到的问题，以案例分析的形式，使学生在完成专业课程的学习后，能对所学专业知识融会贯通，能对实际工程问题进行初步分析，能结合所学对实际问题进行初步工程设计，具有环境工程设计的初步能力，以更好地适应环境工程实践的需要。

全书共分6章，涵盖环境工程所涉及的实际工程范围，对水污染控制工程设计案例、大气污染控制工程设计案例、固体废弃物处理及处置工程设计案例、生态治理工程设计案例和环境工程概率案例等进行详细阐述。在每个典型案例中，较为完整地从技术方案比选(或工艺论证)开始，对每个单元、每个设备进行工艺参数计算和物料衡算，进而进行构筑物规划、设备选型、配电控制规划、工程概预算等初步工程设计内容；同时对设计方案的图纸要求进行叙述，力求达到初步工程设计的深度与内容体系。

作为教材，本书是在同行研究成果的基础上编写而成的，在成稿过程中得到许多兄弟院校、行业公司和出版社编辑的大力支持和帮助，在此一并表示衷心的感谢！

由于编者水平有限，书中不妥和错误之处在所难免，衷心希望读者给予批评指正。

编者

2016 年 1 月

目　录

1

环境工程设计原则和主要程序

1.1 概 述

环境工程是通过健全的工程理论与实践来解决环境卫生问题，主要包括：提供安全的公共给水；适当处置与循环使用水和固体废弃物；控制水、土壤和空气污染等（ASCE 定义）。环境工程设计是运用工程技术和有关基础科学的原理和方法，具体落实和实现环境保护设施的建设，以各种工程设计文件、图纸的形式表达设计人员的思维和设计思想，直到建成各种环境污染治理设施、设备，并保证其正常运行，满足环保要求，通过竣工验收。环境工程设计是环境科学、污染控制技术与经济学相结合的一门技术学科。工程不是单纯的技术问题，它与社会经济有着密切联系，需要综合考虑技术、经济、市场、法律等多方面因素。我们必须依据国家的环境、技术和经济政策，合理、有效地利用资源，采用先进、适用、有效的环境科学、污染控制技术，进行污染物控制与治理。

环境工程与其他工程（尤其是化学工程）在许多方面相似，都使用了大量的化工单元操作过程，不仅是化学和物理化学处理单元，而且在生物处理单元也应用了传质、传热、固液分离等基本化工单元过程。因此，在环境工程设计中，大量借鉴、吸收化工设计理论、方法和成果是很有必要的。但环境工程设计与化学工程设计相较，有更多的不确定因素，更为复杂，也更多地依赖于实验数据和工程经验；而且环境工程项目的流程复杂，通常一个包含有机物和无机物的中等复杂程度的废水处理流程就包括了物理、化学、物理化学、生物处理等过程，为了达到预期处理效率，对设计的要求将更高。

因此，为了达到环境工程设计要求，环境工程设计人员要有扎实的污染控制方法学、化学、化工、防腐、生物、机械、材料、制图学、计算机应用等基础理论知识，并能熟练运用。显而易见，面对当前复杂的污染源，没有一本教科书或设计手册能够说明和解答，因此，在实践中积累和应用知识，吸收工程实例的经验和教训，从实践中增长经验和技巧，是成为优秀环境工程设计师所必须经历的。

1.2 环境工程设计的原则和依据

1.2.1 环境工程的设计原则

环境工程同其他工业工程一样，其设计主要遵循“技术先进，安全可靠，质量第一，经济合理”的原则。环境工程设计所要解决的问题不仅仅是环境污染的防治，而且包括保护和合理利用自然资源、探讨和开发废物资源化技术、改革生产工艺、发展无害或少害的闭路生产系统，求得社会、经济和环境三个效益的统一。其具体内容表现为：

(1) 设计中要认真贯彻国家的经济建设方针、政策(如产业政策、技术政策、能源政策、环保政策等)，要正确处理各产业之间、长期与近期之间、生产与生活之间等各方面的关系。

(2) 设计中应充分考虑资源的充分利用。要根据技术上的可能性和经济上的合理性，对能源、水资源、土地等资源进行综合利用，将污染物看作是一种资源进行利用，而不仅仅是一种去除对象。

(3) 选用的技术要先进适用。在设计中要尽量采用符合我国国情的先进、成熟、适用的技术，同时要积极吸收和引进国外先进技术和经验，但要符合国内的管理水平和消化能力。采用新技术要经过试验，而且要有正式的技术鉴定。在必须引进国外新技术及进口国外设备时，要与我国的技术标准、原材料供应、生产协作配套、零件维修的供给条件相协调。

(4) 工程设计要坚持安全可靠、质量第一、经济合理的原则。安全可靠是指项目投产后，能长期安全正常生产；同时要结合建设单位的资源和财力条件，考虑长期运行的成本、运行维护的技术要求等因素。

1.2.2 环境工程设计的依据

随着人们对环境问题认识的不断深入和重视，从中央到地方的各级政府相关职能部门和各行各业都制定了环境保护相关的法规、标准、规章、制度及规定，工程设计人员必须遵守这些法律、法规体系，特别是环境标准，才能使设计的工程有法可依、有章可循。

(1)对于宪法中有关环境保护的条款，所有其他环境保护相关法律都要依据其确定的基本原则来制定，不可与之相抵触。

(2)环境保护法是由全国人大常委会制定并通过的，其法律地位和效力仅次于宪法。主要包括《中华人民共和国环境保护法》、《中华人民共和国节约能源法》、《中华人民共和国矿产资源法》、《中华人民共和国水土保持法》、《中华人民共和国水法》、《中华人民共和国土地管理法》、《中华人民共和国森林法》、《保护臭氧层维也纳公约》、《联合国气候变化框架公约》、《联合国人类环境会议宣言》、《21世纪议程》、《中华人民共和国大气污染防治法》、《中华人民共和国环境噪声污染防治法》、《中华人民共和国固体废物污染环境防治法》、《中华人民共和国水污染防治法》、《中华人民共和国海洋环境保护法》等及其他法律中的“环保条款”。

(3)环境保护行政法规是指由国务院制定的有关的各类条例、办法、规定、实施细则和决定等。一类是根据法律授权制定的环境保护法的实施细则或条例，如《中华人民共和国水污染防治法实施细则》；另一类是针对环境保护的某个领域而制定的条例、规定和办法，如《建设项目环境保护管理条例》。

(4)地方性环境保护法规是指省、自治区、直辖市及计划单列市的人民代表大会及常委会在法定权限内制定并发布的规范性文件；政府部门规章是以环境保护法律和行政法规为依据而制定的，或者是针对某些尚未有相应法律和行政法规调整的领域做出相应规定。

(5)环境保护部门规章是指由国务院行政主管部门及有关地方政府部门在法律规定的范围内，依职权制定并颁布的有关环境保护行政管理的规范性文件。这些规范性文件是根据本地实际情况和特定环境问题制定的，并在本地区实施，有较强的可操作性。环境保护地方性法规和地方性规章不能和法律、国务院行政规章相抵触。

(6)环境标准是环境保护法律、法规体系的一个组成部分，是环境执法和环境管理工作的技术依据。我国现行环境标准体系是由三级构成的，即国家标准、国家行业标准和地方标准三级。国家标准包括环境质量标准、污染物排放标准、基础标准、方法标准，这一类是环境工程设计人员最熟悉的标准。

(7)环境保护国际公约是指我国缔结和参加的环境保护国际公约、条约和议定书。国际公约与我国环境法有不同规定时，优先适用国际公约的规定，但我国声明保留的条款除外。

根据《中华人民共和国环境保护法》第十五条的规定："省、自治区、直辖市人民政府对国家环境质量标准中未作规定的项目，可以制定地方环境质量标准"。第十六条规定："省、自治区、直辖市人民政府对国家污染物排放标准中未作规定的项目，可以制定地方污染物排放标准；对国家污染物排放标准已作规定的项目，可以制定严于国家污染物排放标准的地方污染物排放标准"。两种标准并存的情况下，执行地方标准。

1.2.3　污染物排放总量控制原则和内容

1. 污染物排放总量控制原则

总量控制制度是指国家环境管理机关依据所勘定的区域环境容量，决定区域中的污染物质排放总量，根据排放总量削减计划，向区域的企业分配各自的污染物排放总量额度的一项法律控制。

污染物排放总量控制一般分三种类型：目标总量控制、容量总量控制和行业总量控制。

(1)污染物排放总量控制的原则：以改善当地环境质量为核心，以降低流域内水体中主要污染物环境浓度、区域中酸沉降强度为重点，综合考虑本地区经济发展需求、污染物排放强度、现有污染源减排潜力等因素，基于排放基数、新增量测算、减排潜力分析，合理确定减排目标。

(2)水污染物总量控制的原则：推进重点行业结构优化调整，严格控制新增量；加快县城和重点建制镇污水处理设施建设，大力提高治污设施环境绩效；把农业污染源纳入总量控制管理体系，着力推进畜禽养殖污染防治工作。

(3)大气污染物总量控制的原则：推进能源结构持续优化，严格控制新增量；巩固电力行业减排成果，推进二氧化硫全面减排；推进电力行业和机动车氮氧化物排放控制，突出重点行业和重点区域减排。

总量控制目标的确定和任务的落实要兼顾需求和实际可能，在综合考虑新增量的基础上，按照技术可达可控、政策措施可行、经济可承受的思路，做好存量、新增量、减排潜力、削减任务之间的系统分析，做到总量控制目标、任务和投入、政策相匹配。

“十二五”期间，国家环保部采用“点线面”组合拳的排污总量控制方式：“点”即对国家重点监控企业实行深度治理；“线”即对电力、钢铁、造纸、印染等重点行业实行主要污染物排放总量控制；“面”即对国家重点区域、流域实行排污总量控制。同时推进实施四大环保战略，以加快主要污染物减排：①坚持源头预防和全过程综合推进；②强化总量减排的倒逼传导机制，在实现污染物排放量降低的同时，促进污染物生产量的降低；③在行业上抓好总量控制，包括等量置换、减量置换；④推行重金属、VOC（挥发性有机化合物）的区域性总量控制。

“十二五”期间，随着工业化、城镇化进程的加快和消费结构的持续升级，受国内资源保障能力和环境容量的制约以及全球性能源安全和应对气候变化的影响，资源环境约束日趋强化。2015 年，全国化学需氧量和二氧化硫排放总量要分别控制在 2347.6 万吨、2086.4 万吨，比 2010 年的 2551.7 万吨、2267.8 万吨分别下降 8%；全国氨氮和氮氧化物排放总量要分别控制在238.0 万吨、2046.2 万吨，比 2010 年的 264.4 万吨、2273.6 万吨分别下降 10%。

2. 总量控制的主要内容

(1) 废水排放总量控制

①选择总量控制指标因子，如化学需氧量（COD）、氨氮（在水温 T 条件下的非离子氨）、TP（在水温 T 条件下的总磷）、重金属等因子以及受纳水体最为敏感的特征因子。

②分析基于环境容量约束的允许排放总量和基于技术经济条件约束的允许排放总量。

③对于拟接纳开发区污水的水体，如常年径流的河流、湖泊、近海水域，应根据环境功能区划所规定的水质标准要求，选用适当的水质模型，分析确定水环境容量（或最小初始稀释度）；对季节性河流，原则上不要求确定水环境容量。

④对于目前水污染物排放虽然已实现达标排放，但水体已无足够的环境容量可利用的情形，应在基于水环境功能的指定区域水污染控制计划的基础上，确定开发区水污染物排放总量。

⑤如预测的各项总量值均低于上述基于技术水平约束下的总量控制指标和基于水环境容量的总量控制指标，可选择最小的指标提出总量控制方案；如预测总量大于上述两类指标中的某一类指标，则需调整规划，降低污染物总量。

(2)大气污染物总量控制

①选择总量控制指标因子，包括烟尘、粉尘、SO_2、氮氧化物含量等因子。

②对开发区进行大气环境功能区划，确定各功能区环境空气总量目标。

③根据环境质量现状，分析不同功能区环境质量达标情况。

④结合当地地形和气象条件，选择适当方法，确定开发区大气环境容量（即满足环境质量目标的前提下污染物的允许排放总量）。

⑤结合开发区规划分析污染物控制措施，提出区域环境容量利用方案和近期污染物排放总量控制指标。

(3)固体废物管理与处置

①分析固体废物类型和发生量，分析固体废物减量化、资源化、无害化处理处置措施及方案。

②分类确定开发区可能产生的固体废物总量。

③将开发区的固体废物处理处置纳入所在区域的固体废物总量控制计划之中，对固体废物的处理处置要符合区域所制定的资源回收、固体废物利用的目标与指标要求。

④按固体废物分类处置的原则，测算需采取不同处置方式的最终处置总量，并确定可供利用的不同处置设施及能力。

1.3 环境工程(工艺)的设计阶段

项目的各个设计对应于与我国对项目管理的各个阶段，大中型的项目设计必须严格遵循项目各阶段的管理和程序，但环保项目往往较小，一般只能对应工程设计的部分阶段管理。

项目一般来源于建设单位的需求，进而进入项目的各个程序。也有自发产生的项目，项目团队基于对某一问题的共识，认为有必要新建一个项目以解决实际问题(类似于国家科技类项目的申报)，那么项目团队以项目建议书的形式表述项目的设想，项目建议书根据建设项目的性质、规模、建设地区的环境现状等有关资料，对建设项目建成投产后可能造成的环境影响进行简要说明，供潜在建设单位决策是否设立项目。

1.3.1 研究性实验与方案设计

建设单位的委托是环境工程项目方案设计的前提。方案设计通常依据研究性实验结果，编制项目方案。如果工艺成熟，也可直接进行设计。

环境工程的对象(如废水、废气等)的特点是水质、水量、气质变化大且不稳定，不同厂家生产的同一种产品排放的废水、废气都会有较大差别，所以判断一种处理工艺是否可行，仅仅通过调研是远远不够的，实验是唯一可行和可靠的途径。严格意义上说，如果没有同类工程实例，除了 COD 浓度适宜、BOD 与 COD 之比恰当的废水可以直接进行好氧生化系统设计外，包括混凝在内的环境工程单元，都需经过实验，尤其是萃取、吸附、化学氧化、光催化氧化、微电解、膜分离等必须经实验证明处理效果和二次污染物妥善处置的可行性，才可进入编制技术方案阶段。

通常所称的“小试”就是指研究性实验。其主要目的是研究废弃物处理步骤及其规律，打通工艺路线，确定主要原辅材料、主要技术经济指标和工艺技术条件，提出工艺技术方案，为中试做准备。研究性实验要求技术指标和工艺操作条件稳定、可靠，经济合理，建立相应的工艺控制和分析方法。

研究性实验与生产性工程相比较，在以下几方面存在差异：

(1)原料

研究性实验所用原料为实验用药剂，多为化学纯，甚至为分析纯，具有纯度高、杂质少的特点，简化了杂质对实验的影响，方便研究实验规律，但带来的问题是不清楚杂质物质可能对实验产生的影响。

(2)搅拌

搅拌在很多化学过程中发挥着至关重要的作用，例如混凝过程，需先高速搅拌，使混凝剂与废水在短时间内充分混合，然后减速搅拌，有利于絮凝体长大。研究性实验的反应容器多为各类烧杯，直径小，搅拌时搅拌轴心与搅拌叶尖刀线速度差别不大，物料混合较为均匀；而生产性工程装置直径大，搅拌时搅拌轴心与搅拌叶尖刀的线速度差别非常大，物料混合不均匀，将严重影响混凝效果。对于各类废水处理中的搅拌过程，还常常采用矩形的池子作为反应器，其物料混合特征更是与实验室实验结果相差巨大。

(3)传热

同样，由于传热的实验所用反应容器多为各类烧杯、交换柱等小直径容器，无论是采用夹套加热还是直接加热，传热距离短，温度均一所需时间短；而生产性工程装置直径大，反应体系内部温度梯度大，对于吸附—脱附这样的过程而言，在低浓度的吸附流出液与高浓度的脱附液间会形成较长的混合区，最终将缩小脱附液与流出液的浓度比，使吸附装置的经济指标下降。

除此之外，在加料方式、过滤、物料转移、过程控制等方面，研究性实验与生产性工程装置也存在着巨大差异。研究性实验中，由于物料量小，加料基本采用手工；过滤常采用各类滤纸、滤膜。而在实际工业生产中，液体物料有机泵压送、真空泵抽吸、计量罐自流滴加等多种方式，气体物料有自身压力压送、抽吸等方式，粉状物料有机械输送加料、气力输送加料、人工加料等方式；过滤材料有各种滤布、微孔金属、陶瓷、高分子材料等，过滤机械更是种类繁多、性能各异。这些差异的存在使得仅仅按得到的实验参数放大到工业规模后，往往无法重现实验的结果，形成所谓的“工程放大效应”。因此，研究性实验参数往往不能直接应用于工程设计。

为了解并减小这些差异对工程设计的影响，就需要进行放大模拟试验，并以其结果，进行基础设计。

大型项目则需编制可行性研究报告。可行性研究报告主要内容有：

①项目兴建理由与目标。

②技术提供单位以往的研究基础和本项目研究进展。

③方案比选。包括场址方案、技术方案、设备方案、工程方案、原材料燃料供应方案、总图布置方案、场内外运输方案、公用与辅助工程方案等比选。

④劳动安全卫生与消防。环境工程内容有时会使用易燃易爆、有毒有害的原辅材料，因此应注意劳动安全卫生与消防问题。

⑤组织机构与人力资源配置。

⑥项目实施进度。

⑦财务/经济评价。

⑧风险分析。由于环境工程项目应当尽量采用先进技术，因此可能会带来一些技术风险问题，应当加以阐述。

⑨研究结论与建议。对于设计方案，通常由建设单位委托管理部门组织评审，如通过了评审，即可以编制项目建议书，上报立项。

1.3.2 放大模拟试验与基础设计

依据放大模拟试验（中试）结果从而编制基础设计说明书就是基础设计。

放大模拟试验（中试）是研究在一定规模设备中的操作参数和条件的变化规律，以验证实验室工艺路线的可行性，解决在实验室阶段未能解决或尚未发现的问题，提供将研究结果应用到大规模的工业生产中所必需的数据，又称“生产性放大试验”。最大限度地降低“工程放大效应”是放大模拟试验的目的。

放大模拟试验应该具备一定规模。对于相同的工艺目标，如果处理规模不同，所用的设备也完全不同，其单元效率、成本、二次污染的情况也可能不同。放大模拟试验规模一般可为实际工业生产的几十分之一，放大效用越显著则放大倍数越小。

设备及原料应选用工业级原料以及与今后工业规模基本相同的设备，并配套全部辅助过程如输料、搅拌、加热、冷却、过程控制等。

除此之外还应保证有一定的持续时间，这是因为有些单元过程存在着积累性的损害影响，这些影响有时甚至是不可逆转的。例如，树脂吸附过程的脱附效率常随着工作次数的增加逐渐降低，最终影响树脂的吸附能力而导致树脂失效；过滤材料以及超滤、纳滤、反渗透等膜分离过程，会由于微生物的滋长和机械杂质的堵塞使过滤材料及膜材料逐渐失效。因此，放大模拟试验必须有一定的持续时间，通过对试验期间过程效率—时间曲线的分析，最终判断相关工艺单元应用时工艺参数的稳定性和设备的可靠性。

放大模拟试验得到的试验数据可供编制基础设计说明书。

1.3.3 初步设计和技术设计

在基础设计的基础上（特别是可行性研究设计批复的基础上），开始初步设计（preliminary design），其中包括编制初步设计说明书、绘制主要图纸及编制项目总概算，其内容主要有：

（1）环境保护设计依据；

（2）主要污染源和主要污染物的种类、名称、数量、浓度或强度及排放方式；

（3）规划采用的环境保护标准；

（4）环境保护工程设施及其简要处理工艺流程、预期效果；

（5）对建设项目引起的生态变化所采取的防范措施；

（6）绿化设计；

（7）环境管理机构及定员；

（8）环境监测设计；

（9）环境保护投资概算；

（10）存在的问题及建议。

各类图纸包括带控制点工艺流程图、物料平衡图、设备布置图、管道布置图、关键非标设备总图、定型设备总图等。

初步设计由建设单位委托管理部门组织审查。

1.3.4 施工图设计

初步设计完成并得到批准后，就进入了施工图设计（construction drawing design）阶段，其成果包括施工图纸、施工文字说明、主要材料汇总表、工程量表和施工图预算。

各类图纸(表 1-1)包括施工总平面图,建筑总平面图及施工图,构筑物结构及施工图,配电控制总平面图及施工图,给排水施工总平面图及施工图,高程图,带控制点工艺流程图,蒸气,空气等辅助管道系统图,物料平衡图,设备特征图,设备及换热器的热量平衡图。其中设备特征图包括首页图、设备布置图、设备支架图、管口方位图;管道图包括各类管道布置图、管段图、管架图、管件图;非标准设备图包括各类非标准设备总设备图及零部件图;定型设备图包括设备总图和零部件图等。

在设计阶段,可行性研究和计划任务书属设计前期工作。

表 1-1　工艺设计图样及其内容

初步设计	施工设计	内容
全厂总工艺流程图、物料平衡图		全厂总工艺流程图、物料衡算结果
物料流程图		车间(装置)的物料流程、物料衡算、设备特征、换热器的热量衡算等
带控制点工艺流程图	带控制点工艺流程图、辅助管道系统图、蒸气管道系统图	车间(装置)或工段中主辅管道、生产设备、仪表、管件、阀门的配置
设备特征图	首页图、设备布置图、设备支架图、管口方位图	车间(装置)或工段中生产设备、操作平台等的具体位置和安装情况,支架、平台的详细结构
管道图	管道布置图、管段图、管架图、管件图	车间(装置)或工段中的管道、管件、阀门、管架及仪表检测点的位置,安装情况,管段、管件的详细结构
设备图	非定型管件总设备图	非定型总设备图及零部件、设备总图,部件、零件的结构形式、尺寸、材质、数量、技术要求等
	定型设备总图及零部件图	设备的主要结构形式、尺寸、技术特征

1.4　环境工程设计步骤

1.4.1　了解生产工艺及污染源、污染物

污染物的状态、性质、排放量等与生产工艺息息相关,充分了解生产工艺及污染源、污染物,有以下好处:①可最大化地回收资源,减少污染物的排放

量;②可以合理地设计操作方式、处理流程,从而降低运行成本;③可以合理地布置处理设施,减少对工艺装置的干扰。

1.原辅材料调查

生产过程的转化效率必然不会达到100%,使用的原料常常不能够完全转化为产品,可能转变成副反应物或被分解等。根据质量守恒定律,没有转化为产品的原料在生产过程中以各种形式进入废水、废气或固废弃物中,成为污染物质。另外,生产过程常常使用大量的辅助性原料如溶剂、酸碱调节剂、催化剂等,虽不参与反应,但会有过程损耗(如流失、回收损失和分解损失等),损耗的部分最终同样进入废水、废气和固废弃物中,成为污染因子。因此,对生产过程所使用的各类原辅材料进行调查分析是必要的。

在工程分析中,对各类原辅材料的调查分析应注重两个问题:一是其理化性质、毒性;二是其消耗。

调查理化性质、毒性的范围,既包括生产过程中使用的各类原辅材料,还包含中间产物和产品,所以应规范其名称、分子式、分子量、密度、熔点、沸点、溶解性、饱和蒸气压、外观与性状、危险货物编号(危规号)、可燃烧性、爆炸极限、闪点、稳定性、毒性指标等。特别注意溶解性、饱和蒸气压、与其他物质接触或高温条件下的稳定性、分解产物等,因为物质的溶解性关系到其在废水中的最低浓度;而有机物如有机溶剂的挥发损失和冷凝损失都与其饱和蒸气压有关;某些物质与其他物质接触时会发生激烈的化学反应,某些物质在高温或其他条件下容易分解甚至放出有毒有害气体等,易引起次生或伴生环境风险。对于毒性,除了对人体一般性毒害的定性描述外,还应给出半致死量(LD_{50})、半致死浓度(LC_{50})等毒性指标以及“三致”性等特殊毒性参数。

调查生产过程中使用的原辅材料,如有拟使用或在生产过程中可能产生持久性有机污染物(POPs)、消耗臭氧层物质(ODS)、易制毒类及其他国际和国内禁用或严格控制使用、生产的化学品,需逐一标明。

原辅材料的消耗应根据可行性研究报告给出拟定单耗和年用量,同时应计算出其理论消耗。理论消耗是在最适宜条件下,假设原料完全转变为产品时得到的消耗量。在实际生产中,由于生产过程的工艺条件、效率等很难达到最适宜条件,原料在生产过程中不能完全转化,因此就有了化学反应的转化率、物理过程的转变率和产品收率。显然,效率越高,原料的利用率就越高,原料的拟定消耗也就越接近理论消耗。通过工程分析计算出的数据是核定污染源源强和评估建设项目清洁生产水平的依据。

2. 工业设备及运行时的环境特征

设备在工作时会产生和排放各类污染物，这些污染物产生和排放的方式、种类和特点成为该设备运行时的环境特征。常见化工设备的环境特征见表1-2，常用环境工程单元的环境特征见表1-3。

表1-2　常见化工设备的环境特征

设备/工艺	排污工况	排污方式	排放的污染物
压力反应器	卸压	间歇	放空气体
连续式生产设备	在中修、大修时需吹扫、清洗等	间歇	吹扫废气和清洗废水
间歇式生产设备	常需清洗	间歇	设备清洗废水
各种固液分离设备	凡在有机相中的固液分离过程	间歇	有机溶剂挥发形成的无组织排放
连续式干燥设备、气力输送系统	物料全部经过分离系统，工艺分离系统与尾气净化系统常合为一体	连续	粉尘
间歇式干燥设备	蒸气挥发时夹带粉尘	间歇	粉尘
蒸馏、精馏	冷凝器后排气	连续	不凝气
真空设备	排气、排水	连续	尾气、废水

表1-3　常用环境工程单元的环境特征

工艺	排污工况	排污方式	排放的污染物
吸附	脱附剂为有机溶剂时的冷凝回收	连续	不凝气
萃取	分层分离	间歇	萃取剂流失进入萃余项
含挥发性物质废水处理	整个收集、输送和处理过程	连续	无组织排放源

3. 产污环节及源强核算

对建设项目工艺流程进行分析是为了找出流程中全部的产污环节，为查清源强提供依据。

一个工业产品的生产过程是由一个或多个工艺单元构成的，按其原理可分为物理过程和化学过程，在实际情况中，两者常常同时发生。

工业生产中的产污环节按生产过程可分为原料投放时、生产过程中和仓储过程中的产污环节。按污染源的种类可分为废气、废水、固废和噪声等。

在工程分析中，首先要绘制流程框图(大型项目一般用装置流程图的方式说明生产过程)，按工艺流程中的单元过程顺序逐一阐述，说明并图示主要原辅材料投加点和投加方式。有化学反应过程的，应列出主化学反应方程式、主要副反应方程式和主要工艺参数，确定主要中间产物、副产品及产品产生点，污染物产生环节和污染物的种类(按废水、废气、固废、噪声分别编号),物料回收或循环环节。工艺流程说明、工艺流程及产物环节图和污染源一览表,应做到文、图、表统一。

污染源分布和污染物类型及排放量是专题评价的基础,必须按建设过程、运营过程,详细核算和统计。根据项目评价需要,一些项目还对服务期满后(退役期)影响源源强进行核算。对于污染源分布,应根据已绘制的带产污环节的生产工艺流程图及列表,逐个给出污染源中污染物的排放强度、浓度计数量,完成污染源核算。

1.4.2 工程选址(如有)

厂址选择,一般分为建设地点的选择和具体地址选择两个阶段。建设地点的选择称为选点,具体地址选择称为定址。

选点是在一个相当大的地域范围内,按照项目的特点和要求,经过系统、全面的调查和了解,提出几个可供选择的地点方案,进行对比选择。

定址是在选点的基础上,通过进一步深入细致的调查,从若干可选的地点中,提出几个可供选择的具体地址,以便最后决策定点。

建设项目的选址或选线,必须全面考虑建设地区的自然环境和社会环境,对选址或选线地区的地理、地形、地质、水文、气象、名胜古迹、城乡规划、土地利用、工农业布局、自然保护区现状及其发展规划等因素进行调查研究,并在收集建设地区的大气、水体、土壤等基本环境要素背景资料的基础上,进行综合分析论证,制订最佳的规划设计方案。

(1)厂址选择应服从国家长远规划和城镇总体规划的要求,项目类型应与所在城镇、开发区的性质和类别相适应,应考虑远期发展的可能性,有扩建的余地。

(2)凡排放有毒有害废水、废气、废渣(液)、恶臭、噪声、放射性元素等物质或因素的建设项目,严禁在城市规划确定的生活居住区、文教区、水源保护区、名胜古迹、风景游览区、温泉、疗养区和自然保护区等界区内选址。

(3)排放有毒有害气体的建设项目应布置在污染系数最小方位的上风侧排放有毒有害废水的建设项目应布置在当地生活饮用水水源的下游;废渣堆置场地应与生活居住区及自然水体保持规定的距离。

(4)产生有毒有害气体、粉尘、烟雾、恶臭、噪声等物质或因素的建设项目与生活居住区之间,应保持必要的卫生防护距离,并采取绿化措施。

(5)要选择与建设项目性质相适应的环境条件。厂址地应有较好的水、电、气、交通运输等硬件基础条件,便于过程施工的顺利进行。

(6)首先考虑环境保护和生态平衡,保护风景、名胜、古迹。

例如,污水处理厂厂址的选择,应符合城市总体规划和排水过程总体规划的要求,并根据下列因素综合确定:

(1)厂址必须位于集中给水水源下游,并应设在城市工业区、居住区的下游。为保证卫生条件,厂址应与城市工业区、居住区保持约 300 m 以上距离。

(2)厂址宜设在城市夏季最小频率风向的上风侧及主导风向的下风侧。

(3)结合污水管道系统布置及纳污水域位置,污水处理厂址设在城市低处,便于污水自流,沿途尽量不设或少设提升泵站。

(4)厂址应有良好的过程地质条件,厂区地形不受水淹,有良好的防洪、排涝条件。

(5)尽量少拆迁、少占农田,同时厂区规划有扩建的可能,预留远期发展用地。为缩短污水处理厂建设周期和有利于污水处理厂的日常管理,厂址应有方便的交通、运输和水电条件。

环境工程项目厂址选择的基本要求包括如下几方面:

(1)背景浓度　应选择背景浓度小的地区建厂,如背景浓度已超过环境质量标准则不宜建厂。

(2)风向

①污染源应选在居住区最小频率风向的上侧;

②尽量减少各工厂的重复污染,不宜把各污染源配置在一条直线上且与最大频率风向一致;

③ 排放量大、毒性大的污染源远离居住区。

(3)污染系数　厂址选择时仅考虑风向频率还不够,因为它只说明被污染的时间,而不说明被污染的程度,因此还应考虑风速的大小。

综合表示某一地区气象(风向频率和平均风速)对大气污染影响程度的参数为污染系数。

某一风向的污染系数=风向频率/相应风向的平均风速。

污染系数反映了各方位污染的可能性大小的相对关系,污染源应设在污染系数最小方向的上侧。

(4)静风　静风出现频率高(超过 40%)或静风持续时间长的地区不宜建厂。

(5)温度层和大气稳定度　厂址的选择不应在经常出现逆温现象的地区,沿海建设工厂还应考虑海陆风的影响。

(6)地形、地址影响　厂区地形力求平坦或略有坡度,既减少土方工程,又便于排水；应尽可能避免在盆地内建设大气污染物排放量大的工厂。

厂区应选在过程地质、水文地质条件较好的地段，严防在断层、岩溶和流沙层、有用矿床上、洪水淹没区、采矿塌陷区和滑坡下选址。厂区地下水位最好低于建筑物的基准面，还应选在地震烈度低的地方。

(7)厂区必须满足按工艺流程布置建筑物和构筑物的要求，场地同样需要满足建设项目的实际需要；厂区靠近水源，并便于污水排放和处理。

(8)需要专用线的工厂，宜接近铁路沿线选址，便于接轨。厂址应便于供电、供热和其他协作条件的建立。

厂址方案比较包括以下两方面：

(1)技术条件比较，如表 1-4 所示；

(2)经济条件比较，如表 1-5 所示。

表 1-4 厂址技术条件比较

序号	比较的内容名称		厂址方案			
			方案一	方案二	……	方案 K
1	主要气象条件（气温、雨量、海拔等）					
2	地形、地貌特征					
3	占地面积及情况	耕地				
		荒地				
4	土石方开挖工程量 V(m^3)	土方				
		石方				
5	区域稳定情况及地震烈度					
6	工程地质条件及地基处理内容					
7	水源及供水条件	自来水				
		地表水				
		地下水				
8	交通运输条件	铁路				
		公路				
		航运				
9	动力供应条件	电力				
		热力				
		其他				
10	通信条件					
11	污染物的处理剂对附近居民的影响					
12	拆迁工作量					
13	施工条件					
14	生活条件					

表 1-5　厂址建设投资及经营费用比较

<table>
<tr><th rowspan="2">序号</th><th rowspan="2" colspan="2">比较的工程或费用</th><th rowspan="2">单位</th><th colspan="2">厂址一</th><th colspan="2">厂址二</th><th rowspan="2">……</th></tr>
<tr><th>数量</th><th>金额</th><th>数量</th><th>金额</th></tr>
<tr><td>1</td><td colspan="2">基建投资</td><td></td><td></td><td></td><td></td><td></td><td></td></tr>
<tr><td>2</td><td colspan="2">土地购置费</td><td></td><td></td><td></td><td></td><td></td><td></td></tr>
<tr><td rowspan="2">3</td><td rowspan="2">场地开拓费</td><td>土方工程</td><td></td><td></td><td></td><td></td><td></td><td></td></tr>
<tr><td>石方工程</td><td></td><td></td><td></td><td></td><td></td><td></td></tr>
<tr><td>4</td><td colspan="2">地基工程</td><td></td><td></td><td></td><td></td><td></td><td></td></tr>
<tr><td rowspan="6">5</td><td rowspan="3">供水工程</td><td>水井</td><td></td><td></td><td></td><td></td><td></td><td></td></tr>
<tr><td>泵房</td><td></td><td></td><td></td><td></td><td></td><td></td></tr>
<tr><td>管道</td><td></td><td></td><td></td><td></td><td></td><td></td></tr>
<tr><td rowspan="3">交通运输工程</td><td>铁路及相关工程</td><td></td><td></td><td></td><td></td><td></td><td></td></tr>
<tr><td>公路及相关工程</td><td></td><td></td><td></td><td></td><td></td><td></td></tr>
<tr><td>船舶及码头</td><td></td><td></td><td></td><td></td><td></td><td></td></tr>
<tr><td rowspan="5">5</td><td rowspan="2">动力工程</td><td>供电工程</td><td></td><td></td><td></td><td></td><td></td><td></td></tr>
<tr><td>供汽工程</td><td></td><td></td><td></td><td></td><td></td><td></td></tr>
<tr><td colspan="2">通信工程</td><td></td><td></td><td></td><td></td><td></td><td></td></tr>
<tr><td colspan="2">拆迁及安装费</td><td></td><td></td><td></td><td></td><td></td><td></td></tr>
<tr><td colspan="2">其他费用</td><td></td><td></td><td></td><td></td><td></td><td></td></tr>
<tr><td rowspan="4">6</td><td colspan="2">原料、材料及成品运费</td><td></td><td></td><td></td><td></td><td></td><td></td></tr>
<tr><td colspan="2">水费</td><td></td><td></td><td></td><td></td><td></td><td></td></tr>
<tr><td colspan="2">电费</td><td></td><td></td><td></td><td></td><td></td><td></td></tr>
<tr><td colspan="2">其他费用</td><td></td><td></td><td></td><td></td><td></td><td></td></tr>
</table>

1.4.3　确定操作方式

环境工程设施的操作方式主要确定两个问题:①连续操作还是间歇操作;②是否与生产设施同步。

环境工程工艺单元按操作方式可分为连续操作和间歇操作。连续操作过程有物化、生化处理等过程;间歇操作过程有过滤、化学氧化/还原过程、萃取、离子交换与吸附等;而混凝、化学沉淀等根据使用的设备,可以为间歇操作,也可以为连续操作。如果生产设施的操作方式与拟采用的环境工程设施的操作方式不一致,应当增加必要的调节设施(调节池等)进行缓冲。

根据污染物处理周期的长短可以确定污染控制设施的操作方式是否采用与生产工艺操作相同的方式。例如,生产装置为连续式,但废水量很少,短时间内即可处理完毕,则其生产操作方式可采用间歇式,以一定容量的调节池暂时接纳、均化停机时间的废水;反之,若为间歇生产,但在某个时间段废水量很多或较难处理，处理流程长，则可设置较大容量的调节池进行调节、均质，并采取运行操作较稳定的连续操作方式。

1.4.4 选择单元过程及设备

根据实验、经验或文献调研，选择合理的处理单元或单元组合，构成处理工艺。

首先选择恰当的单元过程及其所需设备。同一工艺目的或要求可用不同的工艺单元完成。例如，去除有机物(COD)可以用混凝、化学氧化/还原、吸附、萃取、生化法等，其中哪一种工艺单元最合理？对于固液分离，沉淀、过滤、离心分离、气浮等单元都可以完成(图 1-1)。同一单元工艺也可以用不同的方式和设备实现，如过滤可以分为重力过滤、真空过滤和压力过滤等方式(图 1-1)；过滤方式也有多种可选设备，如压力过滤用滤布过滤、颗粒层过滤、微孔过滤器、纤维球过滤器等完成。在选择时，要考虑单元或设备的效率、成本以及对下一步骤的影响等因素；还要考虑物料的理化性质如腐蚀性、黏度、细度、气味、易燃易爆性、浓度、单位时间产生量等。除此之外，还要综合考虑所需的原料来源、厂方的技术、经济状态、人员素质、环境管理部门的要求、气候条件及其他影响因素等。如在北方高寒地区，通常的生化池受气候条件限制，不能全年正常运行，如果改成塔形生化反应器，则有利于保温。

在选择单元过程及设备阶段和确定辅助过程及设备阶段中，必须进行大量的物料和设备选型计算。

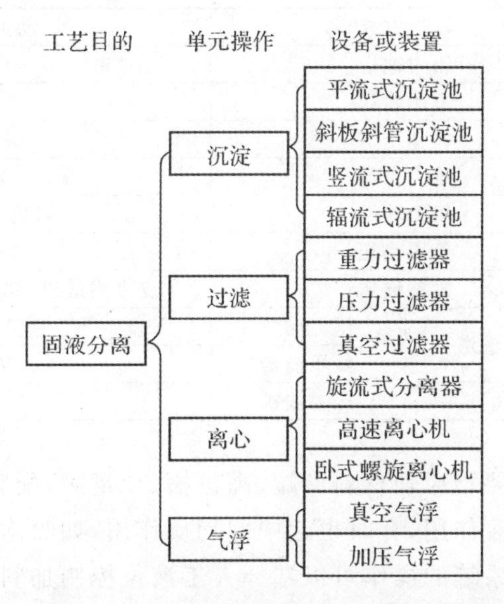

图 1-1 用于固液分离的不同单元及不同设备或装置

1.4.5 确定辅助过程及设备

主反应器和辅助系统是组成一个完整单元过程的两大部分。主反应器有反应器、分离器等设备和水工构筑物;辅助系统有物料输送系统、储配料系统、加热冷却系统、过程控制系统等。

图 1-2 为一个完整的单元过程的各系统示意图。一个或数个这样的单元过程构成一个工艺流程。

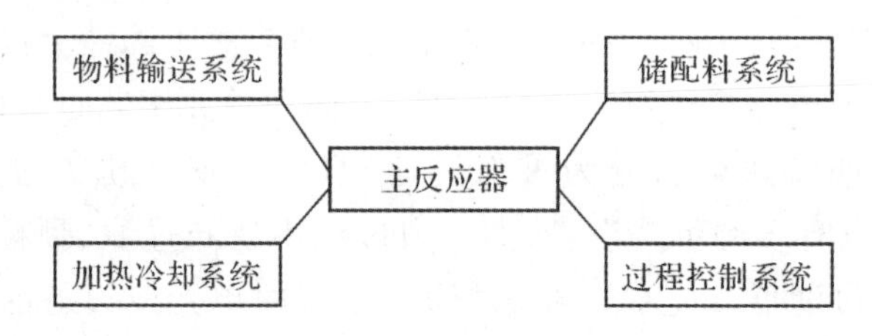

图 1-2 单元过程的构成

物料输送系统中,固体的输送方式有机械输送(各种提升机、螺旋输送机、皮带输送机)、水力输送、气力输送(真空抽吸或压送)、人工搬运等;液体的输送方式有泵送、负压抽送、气体压送、重力自流等;气体的输送方式有风机抽吸、空气压缩机压力输送等(表 1-6)。

表 1-6 各种介质的输送方式及动力设备

<table>
<tr><th>介质</th><th colspan="2">输送方式</th><th>动力设备</th></tr>
<tr><td rowspan="4">液体</td><td colspan="2">压力输送</td><td>泵</td></tr>
<tr><td colspan="2">负压输送</td><td>真空泵</td></tr>
<tr><td colspan="2">气体压送</td><td>空压机</td></tr>
<tr><td colspan="2">重力自流</td><td>重力</td></tr>
<tr><td rowspan="2">气体</td><td colspan="2">压力输送</td><td>风机、空压机</td></tr>
<tr><td colspan="2">负压输送</td><td>风机</td></tr>
<tr><td rowspan="4">固体</td><td colspan="2">机械输送</td><td>皮带输送机、螺旋输送机、提升机</td></tr>
<tr><td rowspan="2">气力输送</td><td>压力输送</td><td>空压机</td></tr>
<tr><td>负压输送</td><td>风机</td></tr>
<tr><td>水力输送</td><td>压力输送</td><td>泵</td></tr>
</table>

储配料系统主要指原辅材料储罐、高位槽、计量罐、配料罐、缓冲储器等。缓冲储器起中间过渡作用,有时也起中间均质作用,如吸附、离子交换过程的中间容器。储配料系统的操作可以选择人工液位控制加料、计算机控制计量泵加料、计算机控制全自动配料、加料系统加料等。

加热冷却系统有许多加热方式:蒸气加热、电加热、热媒体加热或直接加热等;传热方式和设备也多种多样。冷却方式有水冷却、空气冷却、自然冷却等。

过程控制系统包括数据采集和控制部分,主要对象是温度、压力、酸碱度、料位、成分等采样、测量、控制装置等,可以分为间断采样和在线控制。按控制水平,又可分为现场仪表显示、人工控制、电动仪表远传控制和计算机控制,如DCS系统等。

1.4.6 确定设备的相对高低位置

连续操作程度、设备规格和数量、动力消耗、厂房展开面积、劳动生产率等都与设备的相对高低位置有关,会影响处理设施的工艺流程和运行费用。当各单元间不需要很大的压力差时,可采用一次提升,然后逐级利用重力作用使物料从上一单元自流向下一单元;在设计废水处理设施时,尤其是生物化学处理装置中,不同的废水提升方式将形成不同的工艺流程,设计时应仔细考虑。

1.5 环境工程主要设计内容

1.5.1 工艺流程设计

流程图就是通过图解方式描述整个工艺过程、使用的设备、设备间的关系(主要和辅助)和衔接、相对位差等。废水处理中,流程图不仅可以表现废水中污染物和能量发生的变化及流向、采用的单元过程及设备,还能在此基础上通过图解的形式进一步表示出管道流程和计量—控制流程。

流程图在整个设计过程中是最先开始、最后结束的。

在可行性研究阶段,为了确定工艺路线、采用的处理单元和设备,为物料计算提供依据,我们可以先定性地画出工艺流程示意图;在初步设计阶段,根据物料计算和初步的设备计算(选定容积型定型设备和非标设备的形式、台数、主要尺寸,计量和储存设备的容积、台数),画出物料和动力(水、汽、压缩空气、真空等)的主要流程、管线和流向箭头,并标出必要的文字注释等,为车间布置设计提供依据;在施工图设计阶段,继续进行设备设计(包括所有技术问题,如过滤面积、传热面积、加热冷却剂用量等),并根据最终计算结果和设备布置设计完成流程图,在施工图阶段的流程图上,必须画出所有的设备、仪表等。

1.5.2 物料平衡计算

1. 基本概念

物料平衡计算是环境工程设计中的基础设计，它是建立在物料衡算的基础上，通过物料计算得出进入和离开设备的物料（原料、中间产品、成品）的成分、重量和体积，即设计由定性转入定量阶段，可进行能量计算、设备计算（确定设备的容量、套数、主要尺寸、材料）、工艺流程设计和管道计算等。

通过物料计算可考察工艺可行性，例如通过计算看转化率、去除率是否符合设计要求；核算经处理后的尾水、尾气是否达到排放标准。

通过物料计算还可以计算出原料消耗定额、消耗量，汇总成原料的综合消耗表。表中除给出物料量外，还应根据该原料的工业品规格给出实际消耗量，以计算运输量。例如氢氧化钠是常用的原料之一，常采用浓度为30%的碱液，因此最后应计算出30%碱液的用量。原料消耗定额是运行成本的一部分，同时其消耗量也是设备计算的一个依据。

除上述外，还可以得出水、电、蒸气、压缩空气、真空、其他惰性气体、冷介质等公用工程消耗量。

物料衡算是物料计算中最基本和最重要的。物料衡算可以是对过程的总的物质平衡计算，也可以是对一个单元过程或一台设备的局部物质平衡计算。在环境工程领域，还常进行针对某特定物质如有毒有害物质、重金属或某个元素等的衡算。

此外，可以是针对现有的生产设备和装置，利用实际运行时测定的数据，计算出其他不能直接测定的数据，建立起整个生产过程的数字化模型；也可以是为了设计新的设备、单元或装置，根据设计任务，先作物料衡算，再根据能量平衡求出设备或过程的热负荷，从而确定设备规格、数量等。

化工单元过程指包含物理化学变化的化学生产基本操作，如有关物料流动的操作（管道输送、泵道输送、风机输送等）、传质过程的操作（蒸发、蒸馏、吸收、吸附、萃取等）和机械过程的操作（固液分离、气固分离、固体物料的粉碎等）。这些过程也是环境工程中最基本的单元过程。

无论进行何种物料衡算，均需如下基本数据和条件：

输入输出物料的速率、组分、浓度，单位应当统一；物料发生物理变化时的变化率（吸收率、吸附率等）；当有化学反应时，明确反应转化率和产物；当多个化学反应同时发生时，应获得各反应的比例等。

2. 物料衡算

过程或单元的物料衡算，如图 1-3 所示。

原料 → 单元 → 产物
→ 流失

图 1-3 过程或单元物料衡算

根据质量守恒定律(进入一个系统的全部物料量必等于离开系统的全部物料量)，考虑到过程中的损失量和在系统中的积累量，可列出如下等式(等式两边的单位要统一)：

$$\sum G_1 = \sum G_2 + \sum G_3 + \sum G_4 \tag{1-1}$$

式中：$\sum G_1$—— 输入物料量总和；

$\sum G_2$—— 输出产物量总和；

$\sum G_3$—— 物料损失量总和；

$\sum G_4$—— 物料积累量总和。

对于稳定的连续过程，系统内物料积累量总和可以视为零，式(1-1)可以写成：

$$\sum G_1 = \sum G_2 + \sum G_3 \tag{1-2}$$

特定物质或元素的物料衡算可按下式进行：

$$\sum W_i X_{Wi} = \sum WD_i X_{Di} + \sum WF_i X_{Fi} \tag{1-3}$$

式中：W_i—— 含特定物质或元素的 i 中原料的量；

X_{Wi}—— 特定物质或元素的原料在 W_i 中的浓度；

WD_i—— 含特定物质或元素的 i 中产物的量；

X_{Di}—— 特定物质或元素的产物在 WD_i 中的浓度；

WF_i—— 含特定物质或元素的 i 中流失物的量；

X_{Fi}—— 特定物质或元素的原料在 WF_i 中的浓度。

3. 物料衡算的基准

物料衡算的基准如下：

(1)以单位批次操作为基准。如果物化处理过程采用间歇操作方式，其物料衡算常采用此基准。

(2)以单位时间为基准。该基准适用于连续操作过程的物料衡算。

(3)以单位废弃物量为基准，如每立方米废水、每万立方米废气、每吨固体废弃物等。

某些环境工程设施的运行时间与生产车间设备正常年开工生产时间不同,如一些废气只是在过程的某个阶段才产生,或某些生产过程的废水量很小时,其废水或废气处理装置的运行时间小于生产车间设备正常年开工生产时间。在进行物料衡算时应对此加以注意。

4.物料衡算的计算步骤

(1)收集和计算物料衡算所必需的基本数据和条件,包括主、副反应化学方程式,根据给定条件画出流程简图。

(2)选择物料衡算计算的基准。

(3)进行物料衡算。

(4)根据结果,列出衡算表,画出物料平衡流程图。对于整个流程的物料计算,应根据结果给出原料消耗定额、公用工程和动力消耗定额等具体数据。

5.苯氧化法顺酐生产尾气物料平衡计算

顺酐生产采用苯固定床催化氧化、部分冷凝回收液体顺酐、二甲苯恒沸脱水、减压精馏一体的工艺,其氧化部分由固定床氧化反应器、部分冷凝回收液体顺酐以及水吸收组成。与主单元相匹配的系统有原料供应系统、熔盐循环系统和蒸气产生系统。

计算条件为:

(1)在本项目参数条件下,氧化反应的三个主、副反应的发生比例分别是:反应(1-4)为73%,反应(1-5)为23%,反应(1-6)为4%。

$$C_6H_6+4.5O_2 \xrightarrow[350\sim360℃]{催化剂} C_4H_2O_3+2H_2O+2CO_2 \tag{1-4}$$

$$C_6H_6+7.5O_2 = 3H_2O+6CO_2 \tag{1-5}$$

$$C_6H_6+6O_2 = 3CO+3H_2O+3CO_2 \tag{1-6}$$

(2)氧化反应设计苯转化率为99.98%。

(3)设计风量为30000 Nm^3/h。选离心鼓风机两台,额定风量为520 Nm^3/min,一备一用。

(4)吸收塔对顺酐的吸收率为99.9%,塔后排气筒高度为20 m。

(5)苯消耗量为2.7981 t/h。

由以上计算条件,求洗涤尾气中苯、顺酐、CO、CO_2等污染物的排放浓度和速率,以及氧化工序苯消耗、收率等。

解:根据上述计算条件,按下列步骤计算。

①求顺酐产率

已转化的苯量为 2.7981×99.98%=2.7975(t/h)。

未转化的苯量为 2.7981−2.7975=0.6(kg/h)。

由反应(1-4),计算出生成的顺酐量为 2.5658 t/h。

② 求生成的水($\sum W_{H_2O}$)、二氧化碳($\sum W_{CO_2}$)和一氧化碳($\sum W_{CO}$)

由反应(1-4)、(1-5) 和(1-6),分别计算生成的水($\sum W_{H_2O}$)、二氧化碳($\sum W_{CO_2}$)和一氧化碳($\sum W_{CO}$),得

$$\sum W_{H_2O} = 1465.4(kg/h)$$

$$\sum W_{CO_2} = 4671.1(kg/h)$$

$$\sum W_{CO} = 120.5(kg/h)$$

③ 验证空气量 $V_{空气}$

由反应(1-4)、(1-5) 和(1-6),计算反应需氧量 W_{O_2}:

$$W_{O_2} = 6.0254(t/h)$$

标准状况下,氧气的浓度为 1.429 kg/m³,空气中氧气的体积分数为 21%,故将所需氧气折合成空气体积 $V_{空气}$:

$$V_{空气} = \frac{W_{O_2}}{1.429\times21\%} = \frac{6.0254\times10^3}{1.429\times21\%} = 20079(m^3/h)$$

设计风量为 30000 Nm^3/h,所选风机提供的风量为 520×60=31200 m^3/h,可以满足要求。

④求尾气中各污染物浓度

根据计算出的各污染物排放速率和风机风量,算出尾气中各污染物浓度。

尾气中苯的浓度:

$$0.6\times10^6 \div 30000 = 20(mg/m^3)$$

尾气中顺酐的浓度:

$$2.5658\times(1-99.9\%)\times10^9 \div 30000 = 85.5(mg/m^3)$$

尾气中 CO 的浓度:

$$120.5\times10^6 \div 30000 = 4016.7(mg/m^3)$$

尾气中 CO_2 的浓度:

$$4671.1\times10^6 \div 30000 = 155703.3(mg/m^3)$$

⑤计算氧化工序收率

以苯计算氧化工序产品收率:(2.7975×73%)÷2.7981=72.98%。

氧化工序苯消耗率:2.7981÷2.5658=1.09。

所有计算结果见表1-7。由表可知,尾气中苯排放浓度为20 mg/m³,未达到《大气污染物综合排放标准》(GB 16297—1996)中“表二 新污染物大气污染物排放限值”的12 mg/m³ 的限值;排放速率满足排气筒高度20 m时的限值(0.9 kg/h)要求。

表1-7 物料平衡分析结果

项目	单位	数值
以苯计氧化工序产品收率	%	72.98
氧化工序苯消耗率	t/t	1.09
尾气中苯排放浓度	mg/m³	20
尾气中苯排放速率	kg/h	0.6
尾气中顺酐排放浓度	mg/m³	85.5
尾气中顺酐排放速率	kg/h	2.56
尾气中CO排放浓度	mg/m³	4016.7
尾气中CO排放速率	kg/h	120.5
尾气中CO_2排放浓度	mg/m³	155703.3
尾气中CO_2排放速率	kg/h	4671.1

1.5.3 能量计算

在环境工程过程中发生的化学或物理过程,往往伴随着能量的变化,因此有必要进行能量衡算。又因为一般无轴功存在或轴功影响较小,能量衡算实际上主要是热量衡算。

1.热量衡算表达式

热量衡算主要依据能量守恒定律,即在无轴功的条件下,进入系统的热量与离开系统的热量相等。

其表达式为

$$Q_1 + Q_2 + Q_3 = Q_4 + Q_5 + Q_6 \tag{1-7}$$

式中:Q_1——物料进入设备所带来的热量;

Q_2——由加热剂(冷却剂)传给设备和物料的热量(加热时取正值,冷却时取负值);

Q_3——过程的热效应,它分为两类,即化学反应热效应和状态变化热效应;

Q_4——物料从设备离开所带走的热量;

Q_5——消耗于加热(冷却)设备和各个部件上的热量;

Q_6——设备向四周散失的热量。

2.计算过程

(1)所处理的物料带到设备中的热量(Q_1)

Q_1 可用下式计算:

$$Q_1 = \sum G \cdot c \cdot t \tag{1-8}$$

式中:G——物料的重量,kg;

c——物料的比热容,kJ/(kg·℃);

t——物料的温度,℃。

G 的数据根据物料衡算的结果确定;t 的数值由生产工艺操作规程、中间试验数据或其他搜集得来的资料而定;c 可从各种手册中查询,缺乏数据的条件下也可根据经验式或做实验求取。

(2)由加热剂(冷却剂)传给设备和所处理的物料之热量(Q_2)

Q_2 在大多数情况下是未知数,需利用热量衡算来求取。再根据 Q_2 确定传热面积的大小及加热剂(冷却剂)的用量。

(3)过程的热效应 Q_3

Q_3 可分为两类:一是发生化学反应,放出或吸入的热量,常称为化学反应热;二是由于物理化学过程所引起的结果,被称为状态热。

在某一过程中,有时只有化学反应热,有时只有状态热,有时两者兼有。

化学反应热有聚合热、硝化热、磺化热、氯化热、氧化热、氢化热、中和热等。这些数据可从手册、工艺学书籍、工厂实际生产数据、中间试验数据及科学研究中获得。如缺乏数据,可根据元素的生成热和化合物的燃烧热求出。

状态热有汽化热、熔融热、溶解热、升华热、结晶热等。这些数据同样可从手册、化工过程及化工计算书籍等资料中找到。

(4)反应产物由设备中带出的热量(Q_4)

同 Q_1。

(5)消耗在加热设备各个部件上的热量(Q_5)

对于连续操作的设备只需建立物料平衡和热量平衡,不需建立时间平衡。但对于间歇操作的设备,还需建立时间平衡,因为在间歇操作中,条件会随时间而改变。

根据计算结果,可得到设备传热面积、综合能耗表。

3.四氟化硅吸收塔热量平衡计算实例

含四氟化硅的废气进入吸收塔,经水吸收的氟硅酸的液相温度与吸收效率成反比,因此要对吸收塔的热量关系进行核算。热量平衡计算的依据之一是其物料平衡结果,见表 1-8。

表 1-8　吸收塔物料平衡

进料		出料	
组分	重量(kg)	组分	重量(kg)
SiF_4	118.5	SiF_4	3.6
干空气	10740.6	干空气	10740.6
水蒸气	694.1	水蒸气	773.3
补充水	1054	H_2SiF_6	106.1
		H_2SiO_3	28.7
		水	954.9
合计	12607.2		12607.2

吸收塔热量平衡方程式为

$$Q_1+Q_2+Q_3+Q_4=Q_5+Q_6+Q_7+Q_8 \tag{1-9}$$

式中：Q_1——气体带入热量，kJ/h；

Q_2——水蒸气带入热量，kJ/h；

Q_3——液体带入热量，kJ/h；

Q_4——反应热，kJ/h；

Q_5——气体带出热量，kJ/h；

Q_6——水蒸气带出热量，kJ/h；

Q_7——液体带出热量，kJ/h；

Q_8——热损失，kJ/h。

已知：进入吸收塔气体温度为 80℃，此时空气的比热容为 1.01 kJ/(kg·℃)。

$$Q_1=(10740.6+118.5)\times1.01\times80=877415(\text{kJ/h})$$

已知：80℃时水蒸气热焓为 2643 kJ/kg。

$$Q_2=694.1\times2643=1834506(\text{kJ/h})$$

已知：补充水温度为 20℃，水的比热容为 4.1868 kJ/(kg·℃)。

$$Q_3=1054\times4.1868\times20=88258(\text{kJ/h})$$

由反应式：

$$3SiF_4+2H_2O=\!=\!=2H_2SiF_4+SiO_2$$

已知生成热：SiF_4——1548 kJ/mol；

H_2O——286 kJ/mol；

H_2SiF_4——2331 kJ/mol；

SiO_2——841 kJ/mol。

得反应热：

$$\Delta H_m=(2\times2331+841)-(3\times1548+2\times286)=287(\mathrm{kJ/mol})$$

因此，每千克 SiF_4 的反应热为

$$(287\times1000)/(3\times104)=920(\mathrm{kJ/kg})$$

$$Q_4=(118.5-3.6)\times920=105708(\mathrm{kJ/h})$$

已知：吸收塔出口气体温度为 51℃，此时空气的比热容为 1 kJ/(kg·℃)。

$$Q_5=(10740.6+3.6)\times51\times1=547954(\mathrm{kJ/h})$$

已知：51℃时水蒸气热焓为 2593.3 kJ/kg。

$$Q_6=773.3\times2593.3=2005399(\mathrm{kJ/h})$$

设吸收塔出口液体温度为 t℃，热损失为 Q_7，则

$$Q_7=(106.1+28.7+954.9)\times4.1868\times t=4562t$$

设 Q_8 为进入总热量的 2%，即

$$\begin{aligned}Q_8&=(Q_1+Q_2+Q_3+Q_4)\times2\%\\&=(877415+1834506+88258+105708)\times2\%=58118(\mathrm{kJ/h})\end{aligned}$$

将以上计算结果代入总热量平衡式(1-9)：

$$877415+1834506+88258+105708=547954+2005399+4562t+58118$$

$$t=64.5℃$$

因此，热量衡算结果如下：

气体进口温度为 80℃，气体出口温度为 51℃，液体进口温度为 20℃，液体出口温度为 64.5℃。

1.5.4　设备及水工构筑物布置

设备布置设计就是合理安排装置和设备。设备布置的合理性与今后污染控制设施能否正常运行有很大关系。设备布置设计内容有装置的整体布置、厂房轮廓设计及设备的排列和布置。

1. 装置的整体布置

废水处理设施通常布置在工厂排水管网末端，方便接纳待处理废水，处理后的废水则可以方便地排向接纳水体。此外，废水处理过程中有时会有恶臭气体等逸散，生化处理过程中有甲烷等易燃易爆气体及不良气味的污泥等排出，所以废水处理设施通常布置在工厂的下风向。同时，废气处理设施和固体废弃物临时堆放场也布置在下风向。但是，如果下风向附近有易燃易爆物质、其他敏感物质、水源地或人群密集地（如办公场所、公共事业设施等），在整体

布置时应充分考虑，布置在安全距离外。

2. 装置的平面布置

平面布置应根据污染控制设施工艺条件（包括工艺流程、生产特点、生产规模等）及建筑本身的特点与布置的合理性（包括建筑形式、结构方案、施工条件和经济条件等）来考虑。

厂房的平面设计以简单为主，这会带来更多的可变性和灵活性，也给建筑的定型化创造了有利条件。

厂房的轮廓分为长方形、L 形、T 形等多种，其中常采用长方形，因为长方形的厂房在布置总平面时简便，用地省，设备管理方便，能有效缩短管道的安装时间，便于安排交通和出入口，有较多墙面可供自然采光和通风。

根据设备布置要求来确定厂房的柱网布置，同时尽可能符合建筑模数的要求，以利用建筑上的标准预制构件，节约建筑设计和施工量，加快设计和施工进度。

一般多层厂房采用 6 m×6 m 的柱网。如果柱网的跨度因生产及设备要求必须加大时，一般应不超过 12 m。

多层厂房的总宽度，由于受到自然采光和通风的限制，一般应不超过 24 m。单层厂房的总宽度，一般不超过 30 m。

常用的厂房总跨度一般有 6、9、12、15、18、24、30 m 等。

3. 装置的立体布置

装置的立体布置根据污染控制设施的工艺特点，可以布置成单层或多层，或单层与多层结合的形式。另外，也要注意满足建筑上采光、通风等各方面的要求。

厂房立面与平面一样，以简单为主，充分利用建筑物空间，遵守经济合理及便于施工的原则。

厂房每层高度取决于设备的高度、安装的位置、安全要求等条件。一般生产厂房每层高度为 4～6 m，不宜低于 3.2 m；由地面到顶棚凸出构件底面的高度（净空高度），不得低于 2.6 m。

有产生高温或有毒气体装置的厂房，要适当加大建筑物的层高，以便通风散热。

污染控制设施中各类塔、柱较多，这些设备所在厂房应留有足够的净空高度，以便安装、调试、维修。

厂房的高度也要尽可能符合建筑模数的要求。模数是指选定的尺寸单位，作为尺度协调中的增值单位。选定的标准尺度单位是建筑物、建筑构配件、建筑制品及有关设备尺寸相互间协调的基础。目前，世界各国均采用 100 mm 为基本模数，用 M 表示，1 M＝100 mm。同时还可采用 1/2 M(50 mm)、1/5 M(20 mm)、1/10 M(10 mm)等分模数以及 3 M(300 mm)、6 M(600 mm)、12 M(1200 mm)、15 M(1500 mm)、30 M(3000 mm)、60 M(6000 mm)等扩大模数。

4. 设备的排列和布置

在整体布置及轮廓设计完成后，即可进行设备的排列及布置，其应当满足工艺、设备安装、检修、建筑等方面的要求。

布置设备以流程通顺为原则，保证流程在水平方向和垂直方向的连续性。

计量设备适宜布置在最高层；主要设备如反应设备等布置在中层；贮槽及重型设备布置在底层；生化处理用大型风机等高振动、高噪声的设备放在底层，同时做好隔振防噪等设计。每台设备都要考虑一定的场地，包括设备和附属装置所占场所，操作场地，检修拆卸场地，设备拆卸运输，设备与设备、设备与建筑物之间的安全距离等。凡属几套相同设备、同类型设备或性质相似及操作相关的设备，应布置在一起，以便集中管理、统一操作、节约劳动力。此外，还要考虑相同或相似设备相互调换使用的可能性和便宜性，以充分发挥设备的潜力。设备布置时，尽可能缩短设备间的管线长度；管线和物料的输送尽量避免交错。同时，管道一般沿墙铺设。设备与设备、设备与建筑物之间的安全距离要符合有关规范和设备的技术要求。

辅助房间包括控制室、配电室、机修间、材料仓库、分析化验室等；行政用房有办公室、更衣室、休息室、厕所等。房间设置应注意安全、防腐问题，要有良好的采光条件。设备布置时尽量使工人背光操作。

污染处理设施运行时容易散发出一些有毒有害、带有异味或易燃易爆的气体、粉尘等，此时应采取自然通风或强制通风，所以厂房通风是很重要的。设计各类固废特别是危险固废的临时堆放场时，应注意防渗、防漏、防雨、防火，夏天还要注意防洪。当使用有机溶剂、产生易燃易爆粉尘时，应该按火灾危险性等级考虑厂房的防火、防爆、防静电等问题。因为常使用大量酸、碱等，所以要特别注意防腐，凡是使用或产生腐蚀性介质的，除设备本身及设备基础的防护外，还需考虑设备附近的墙、柱、地坪等建筑物的抗腐蚀性。凡接触腐蚀性介质的水工构筑物等也要考虑防腐问题。

1.5.5 管道/管线设计

根据《工业金属管道设计规范》(GB 50316—2000)，工业流体按理化性质可分为五类。A_1 类流体指剧毒流体，在运输过程中如有极少量的流体泄露到环境中，被人体吸入或与人体接触时，将造成严重中毒，且在脱离接触后，不能治愈；相当于《职业性接触毒物危害程度分级》(GBZ 230—2010)中Ⅰ级(极度危害)毒物。A_2类流体指有毒流体，人体接触此类流体后，会有不同程度的中毒，而脱离接触后可治愈；相当于《职业性接触毒物危害程度分级》(GBZ 230—2010)中Ⅱ级以下(高度、中度、轻度危害)的毒物。B类流体指在环境或操作条件下是一种气体或可闪蒸产生气体的液体，这些流体能被点燃并在空气中连续燃烧。D类流体指不可燃、无毒、设计压力小于或等于1.0 MPa和设计温度高于－20～186℃的流体。C类流体指不包括D类流体的不可燃、无毒的流体。

管道是由管道组成件、管道支吊架等组成的，用作输送、分配、混合、分离、排放、计量或控制流体流动。管道系统简称管系，指按流体与设计条件划分的多根管道连接成的一组管道。管道组成件指用于连接或装配管道的原件，包括管子、管件、法兰、垫片、紧固件、阀门以及管道特殊件等，其中管道特殊件指非普通标准组成件，是按工程设计条件特殊制造的管道组成件，包括膨胀剂、补偿器、特殊阀门、爆炸片、阻火器、过滤器、挠性接头及软管等。

管道设计内容包含管道流量、压降计算、管道材料、管径、壁厚、防腐、管道布置、铺设条件、管架、保温设计等。

管道设计要根据压力、温度、流体特性等工艺条件，并结合环境和荷载等条件进行。废水、废气排放管道要考虑相关排放标准的要求，如排气筒设置高度要求等。

管道应能承受外部或内部条件引起的水力冲击、液体或固体的撞击等冲击荷载；室外的地上管道应能承受风荷载；在地震区的管道应能承受地震引起的水平力，并符合有关国家现行抗震标准的规定。管道的布置和支撑设计应消除由于冲击、压力脉动、机器共振、风荷载等引起的有害的管道振动的影响；在管道布置和支架设计时，应使其能承受由于流体的减压或排放所产生的反作用力。

管道材料的选用必须依据管道的使用条件(设计压力、设计温度、流体类别)、经济性、耐蚀性、材料的焊接及加工等性能，同时应符合《工业金属管道设计规范》所提出的材料韧性要求及其他规定。用于管道的材料，其规格与性能应符合国家现行标准的规定。使用现有规范中未列出的材料制成的管道，应符合国家现行的相应材料标准，包括化学成分、物理和力学特性、制造工艺方法、热处理、检验以及《工业金属管道设计规范》其他方面的规定。

至于非金属材料衬里的管道，设计温度应取流体的最高工作温度。当无外隔热层时，外层金属的设计温度通过传热计算、试验可知。

管道设计的成果表现为管道布置图、管段图、管道材料表等。

管道设计方面,已经开发了各种独立的或基于 AutoCAD 的专用管道设计软件,可采用计算机辅助计算和辅助制图完成绝大部分的工作。

1.5.6 工艺经济性评价

环境工程设计工作中,技术经济分析的任务是对整个设施基建投资的经济效果和综合性技术经济指标进行分析、论证、评价,把各项技术经济指标和结论与国内外现有同类型的先进指标进行对比,以此说明本设计的先进性和不足,求得对工程投资最有效的利用。

1.技术经济分析的主要内容

(1)基建投资的经济分析

基建投资费用是指投资总额和投资单位费用。投资单位费用是投资总额分摊到单位产品或单位生产能力的投资费用。

在分析基建投资时,除对方案本身的投资数量进行分析,还要对投资费用的构成项目(如厂房建筑费、设备购置费、设备安装工程费以及其他费用等)进行分析,比较各项投资费用占总额的百分数,以便找出并采取降低投资费用的相应措施。

因为废水、废气、废渣的组分、浓度、腐蚀性的不确定性,其基建项目的单项费用一般高于普通工业基建项目。

(2)运行成本的经济分析

可变的费用与不变的费用构成了运行成本,前者被称为变动成本,后者被称为固定成本。其表达式为

$$产品成本=变动成本+固定成本$$

其中,变动成本指项目费用因素中的原料、辅料、燃料及动力(水、电、汽等)消耗等,而固定成本为工人工资及附加费、车间经费、企业管理费等项。

2.技术经济效果综合分析

此分析的目的在于在达到相应技术指标的前提下,选出一个投资少、周期短、见效快的最佳设计方案。

一般采用对比分析法对设计方案的经济效果进行分析和论证,择优选取方案。具体程序如下:

(1)依据设计任务书的要求,深入调查研究,掌握资料数据,提出几种能对比的设计方案。

(2)全面论述每一可能方案的优缺点,初步确定若干个拟比方案。

(3)计算两个较好方案的技术经济指标,对比分析其综合经济效果,最后选定最优方案。

对于环境工程项目,基本衡量标准是在达到预期排放指标的前提下的运行费用最低、控制要求最适合。

1.5.7 非设计项目的设计条件

除以上设计内容外,大型环境工程项目的设备机械设计、过程控制、土建、总图、采暖通风、给排水、电气、动力、概(预)算的编制等应该由相应专业设计组进行,但需要设计人员提出非设计项目的设计条件和要求;中小型环境工程项目则不一定划分设计专业,可由设计组完成全部设计内容。

1.设备机械设计条件

环境工程中非标准设备多,设计时应提供如下设计条件:

(1)设备工艺特性:工作温度、压力、密闭要求、物料性质等。

(2)设备技术特性:设备操作情况、尺寸、材料、容积、传热面积、保温材料、厚度、搅拌要求、安装要求等。

(3)接管:接管直径、材料、连接方式、用途等。

(4)设备简图:根据设备技术特性和接管绘制的设备简图。

据以上设备机械设计条件,设备专业人员进行设备的强度、刚度计算,然后交工艺设计人员完成设备总图设计。

2.过程控制设计条件

提供需要控制的工艺参数项目、精度要求、显示和控制方式(定时还是在线),调节阀表等设备、部件,并提供带控制点工艺流程图、说明以及设备布置图等。

3.土建设计条件

包含流程图及说明、物料名称及性质、设备布置图及说明、设备表、定员表、防火等级、卫生等级、安装与运输情况、水工构筑物简图等。

土建专业人员以此进行厂房、辅助用房和水工构筑物等设计。

4.采暖通风设计条件

(1)采暖　环境工程设施中,如膜分离等单元,宜在恒温下工作,在冬季需采暖。采暖设计应标明区域的设备布置图、区域面积高度、采暖方式、温度、热载体、生产特性等。

(2)通风　标明通风区域的设备布置图、通风区域面积和高度、通风方式、温度、每小时通风次数、生产特性等。

5. 给排水设计条件

提供设备布置图(标明用水排水设备,浴室、厕所位置)、最大及平均用水量、水温、水压、水质、用水排水方式、进水口和出水口的标高及位置、总人数及最大班人数、消防要求、生产特性等。

6. 电气动力设计条件

(1)动力电　提供设备布置图(标明动力设备位置)、负荷等级、安装环境、动力设备表、运转方式、开关位置、特殊要求、生产特性等。

(2)照明避雷　提供设备布置图(标明灯具位置)、防爆等级、避雷等级、照明区域面积和高度、照度、特殊(事故、检修照明、静电、接地等)要求等。

(3)弱电　提供设备布置图(标明弱电设备位置)、火警信号、警卫信号、网络、电话、监视器等。

1.5.8 设计说明书的编制

设计说明书有多种形式,又称作规划书或设计方案。典型的《环境工程项目基础设计说明书》举例如下:

例 1-1 《环境工程项目基础设计说明书》编制大纲

一、概述

说明项目来源,是新项目、现有设施改造,还是限期治理等;项目概况,包括所在地、所属行业、规模、生产产品等;项目需完成的主要工作目标、内容(废水治理、废气治理、废渣处置、综合治理)等。

1. 设计依据、原则和设计范围

(1)设计依据

①有关设计标准和设计规范。

②项目主管部门有关批复文件。

③建设单位相关技术资料(可行性研究报告、环评报告、工艺规程、生产单元有关污染物产生量的原始记录、生产台账等)。

④研究单位实验报告、中试报告。

⑤合同。

(2)设计原则

①符合国家法律法规、技术政策、环保管理要求、技术规范。

②全面反映研究实验的成果,并按工程要求进行必要的修改和完善,为施工图设计提供依据。

③对污染源进行必要调查,采取清洁生产措施,消除或减少源强是设计原

则之一。

④对于水质较为简单、水量较大的废水处理，采取深度处理后实现水的回用、套用是必要的原则。

⑤如有多股不同废水时，分质处理是必要的原则。

(3)项目适用的污染物排放标准

按项目所在地环境管理部门的规定，列表给出本项目完成后应达到的污染物排放标准。

(4)设计范围

经双方协商后，以委托书或合同的形式确定，并在本方案中明确。原则上应含本项目界区内所有设施。

2.产品介绍、设计规模和生产方法

(1)产品介绍

简要介绍产污产品的生产规模、品种规格、生产时数和方式等。

(2)生产方法及流程特点

介绍产品的生产原理(有化学反应的应给出主要化学反应式)、工艺流程、产污环节、所用主要原辅材料单耗等，同时对某些物质(如过量物质、溶剂、酸碱中和剂、萃取剂、催化剂等)辅以必要的核算，以估算出这些物质的流失量。

3.污染源源强资料

①详细描述各污染源并编号，污染源编号应尽可能与项目环评报告书一致。

②为了说明污染物排放量和浓度的波动程度，应调查其产生方式(连续和间断)、产生时数及最大瞬时值。

③应分别核算出各污染源的主要污染物浓度、特征污染物种类和浓度等。

二、工艺技术方案

1.处理工艺路线选择

根据本项目污染源的有关污染物情况，简单论述常见处理方法，说明各处理方法的主要优缺点，从达标可靠性、衍生污染物的可处理处置性、二次污染、投资与运行费用(需包括对衍生污染物的处理处置费用)、占地面积、操作性、自动化程度等方面进行比选，并选定拟采用的工艺流程。

对于选定工艺方案，应进一步阐述技术原理，说明对各污染物(特别是对污染源中各特征污染物)的去除率或降解率。方案应依据中试结果编制，如仅仅根据实验室实验结果，应给出有关实验的主要数据并进行说明。

2.处理工艺说明和工艺技术经济指标

处理工艺说明和工艺技术经济指标应包括如下内容。

(1)处理工艺方框图

①如果有多个污染源和多套处理装置,应先给出总处理系统框图,再分别给出各套处理装置的工艺流程框图。

②处理系统框图需说明各污染源污染物的处理途径、去向,表明各污染物混合节点、处理装置的套数及名称。

③处理工艺方框图则是以框图的形式说明该污染物处理设施的工艺流程,包括所有工艺单元、各工艺单元间的连接、各污染物的流向和最终去向、原辅材料的加入点等。处理工艺方框图可以表示全流程,也可以表示部分单元。

(2)处理工艺过程说明

应以简练的语言说明处理工艺过程。

(3)主要技术经济指标和主要工艺参数

项目主要技术经济指标见表1-9。

表1-9 项目主要技术经济指标

<table>
<tr><th>序号</th><th colspan="2">项目</th><th>单位</th><th>指标</th></tr>
<tr><td rowspan="2">1</td><td colspan="2" rowspan="2">废水处理能力</td><td>t/a</td><td></td></tr>
<tr><td>t/d</td><td></td></tr>
<tr><td>2</td><td colspan="2">处理后水水质指标</td><td>—</td><td></td></tr>
<tr><td>3</td><td colspan="2">运行费用</td><td>元/吨废水</td><td></td></tr>
<tr><td>4</td><td colspan="2">削减污染物总量</td><td>t/a</td><td></td></tr>
<tr><td>5</td><td colspan="2">回收物料量</td><td>t/a</td><td></td></tr>
<tr><td>6</td><td colspan="2">年开工日</td><td>d/a</td><td></td></tr>
<tr><td>7</td><td colspan="2">工作制度</td><td>日/班</td><td></td></tr>
<tr><td>8</td><td colspan="2">工作人员</td><td>人</td><td></td></tr>
<tr><td rowspan="2">9</td><td rowspan="2">电力容量</td><td>装机容量</td><td>kW</td><td></td></tr>
<tr><td>开机容量</td><td>kW</td><td></td></tr>
<tr><td rowspan="2">10</td><td rowspan="2">占地面积</td><td>建筑面积</td><td>m^2</td><td></td></tr>
<tr><td>构筑物容积</td><td>m^3</td><td></td></tr>
</table>

(4)工艺单元预期处理效率

方案中,应给出各工艺单元对各污染物的预期处理效率,其目的在于:一是为了核算各污染物是否可通过工艺流程达到排放标准;二是为了核算各污染物最终排放总量。

各工艺单元对各污染物(含特征因子)的预期处理效率是依据中试结果给出的,如根据实验室实验结果或文献资料给出,应加以说明。

(5)混合节点水量水质变化平衡

现代工业废水处理,要求分类收集、分质处理,以便做到处理效率最高而最终污染物排放量最小。因此，在工艺上可能会出现多个环节的废水源分离或合并，如蒸发析盐使含盐废水量分为固体废盐和冷凝水两部分，高浓度有机废水经预处理后与生活污水合并进入生化处理单元等。每一次分离或合并，水量及水质都会发生变化，因此必须核算分离或合并前后水质和水量值，以便正确估算预期单元处理效率。

现代工业废气处理，有时也会遇到合并的问题。含同种污染物的废气源合并，废气排气量增加，污染物的浓度等于各废气源的平均值，速率等于各废气源之和；含不同种类污染物的废气源合并，废气排气量增加，各污染物的速率不变，但浓度降低。后者相当于稀释排放，为环境管理所不允许，如必须这样做，应在各废气源支管上设置采样孔。

(6)生产组织和装置定员及人员培训计划

环境工程项目，除了如粉体净化系统等某些废气处理装置可以无人值守运行外，其他设施特别是流程较长的各类废水处理装置，需安排人员值守。

某些有一定安全风险的操作岗位(如高空、易燃易爆、有毒有害、深池等)，应设双人上岗；需要连续运行的生化处理装置，应考虑四班、三班倒的人员设置。

定员结果填入表1-10。

表1-10　定员表

序号	名称	生产人员	辅助人员	管理人员	操作班次	轮休人员	合计
1	工段1						
2	工段2						
3	管理						
	合计						

3.原辅材料及动力单耗、年消耗量

表1-11说明原辅材料的单耗(废水以 kg/m^3 给出，废气以 $kg/10^4\ m^3$ 给出)、日用量和年用量，均应以各原辅材料常用的形态和含量给出，特殊形态和含量应说明。

表1-11　主要原辅材料规格及耗用量表

序号	名称	规格	单耗(kg/m^3 废水)	日用量(kg/d)	年用量(t/a)	运输方式

4.公用工程与动力消耗

公用工程指水、电、蒸气、压缩空气、真空、各种惰性气体、高温热媒、冷媒等

(表 1-12、表 1-13)。一般由工厂的动力车间统一供应,设计时仅给出消耗量。

表 1-12 用电设备负荷表

序号	工艺单元	设备名称	单机功率(kW)	运行时间(h/d)	台数		耗电量(kWh/d)	装机功率(kW)	开机功率(kW)
					使用	备用			

表 1-13 水、电、蒸气消耗

水		电		蒸气(P=0.4 MPa)	
t/t 废水	t/a	kWh/t 废水	kWh/a	t/t 废水	t/a

三、主要设备与水工构筑物选型计算

逐一进行包括主要设备、装置、水工构筑物在内的选型计算,给出主要设计参数、工艺参数计算过程、材质(根据介质理化性质和材料性能,通过《腐蚀数据手册》查得或实验得到)、型号、规格和数量。

根据选型计算结果,分别列出设备一览表和水工构筑物一览表(表 1-14)。

表 1-14 主要设备、构筑物一览表

序号	名称	型号规格	材质	数量	备注

四、仪表及自动控制

主要测量、控制仪表(如流量计、压力计、温度计、酸度计、液位计等)的选型依据与设计参数、数量。

五、公用工程界区条件

描述本界区位置、物料输送、公用工程管线、道路、配电、上下水等,以及与工厂本部的对接关系。

六、土建及绿化

描述厂房及辅助用房(办公室、更衣室、控制室、分析化验室、工具机修间、配电室、风机房、泵房等)的设计与结构、面积,以及界区道路、场地的设计、绿化设计等。

七、环境保护

描述项目完成后的环境效益(污染物的总量削减量、有毒有害物质的减排情况、运行费用的降低情况等),列表逐项说明各污染物的产生量、削减量、削减率和最终排放量、排污口整治等(表 1-15)。

表 1-15 项目环境效益表

污染物名称	产生量(t/a)	削减量(t/a)	削减率(%)	最终排放量(t/a)

应核算出废弃物的最终排放量,包括各类有组织排放废气的排放量、废水排放量、废水中各类常规及特征因子的排放量等,各类废弃物最终排放量(排污总量)不得大于项目环境影响报告批复中下达的指标。

应根据当地环境主管部门对该项目排污口整治的要求,列出排污口整治工程内容,估算工程费用。

八、投资估算及资金筹措

设备水工构筑物及建筑物的投资概算,应根据"设备一览表和水工构筑物、建筑物一览表"中的型号、规格、数量、市场报价和当地的相关费用收费标准进行计算,计算结果逐项列入表 1-16、表 1-17 中。

表 1-16 投资概算总表

工程或费用名称	概算价值(万元)				
工程费用	设备购置	安装工程	建筑工程	其他材料	合计
其他费用	技术、调试费	设计费	施工管理费	税金	合计
总计					

表 1-17 分项投资概算

序号	项目		数量	费用(万元)	小计(万元)
1	设备				
	定型设备(台)				
	非标设备(台)				
2	管道管件				
3	电器仪表				
4	土建	构筑物容积(m^3)			
		建筑物面积(m^2)			
		基础地坪面积(m^2)			
5	其他材料				
6	安装				
	合计				

在设备和水工构筑物选型计算完成后,即可通过询价从制造商处获取设备、器材、管道管件、电气仪表等价格。

非标准设备可在完成设计图纸后,请制造商估价。

水工构筑物按池体、构件、配件、附属设备、防腐处理等分别进行造价估算。池体造价通常根据砖壁、混凝土结构按每立方米池容积估价；构件、配件、附属设备等可按设计图纸或选型进行询价。

九、技术经济评价及分析

1.核算依据

原辅材料单位用量、市场价格；当地水、电、蒸气、压缩空气等动力消耗费用，人员工资单价。

2.运行成本核算

分项计算原辅材料（药剂）、水、电、蒸气、压缩空气费用，人员工资，设备及构筑物折旧费用，维护费用等，最终给出每吨产品污染物治理费用或单位数量的污染物处理成本。

运行成本＝原辅材料（药剂）费＋水、电、蒸气、压缩空气费用＋人员工资＋设备及构筑物折旧费用＋维护费用

原辅材料（药剂）包括酸碱中和剂、混凝剂、沉淀剂、氧化还原剂、营养盐、消泡剂等。核算原辅材料成本时，应在前述各原辅材料单耗的基础上，给出原辅材料市价，以此逐项计算原辅材料成本。

设备折旧期通常以8～10年计算，厂房及水工构筑物的折旧期通常以15～20年计算。

计算运行成本时，废水以元/m^3给出，废气以元/$10^4\ m^3$给出，固废物以元/t给出。

如有回收物料及综合利用产品，则还应计算回收及综合利用成本，给出回收及综合利用效益。回收及综合利用成本同样包括原辅材料（药剂）、水、电、蒸气、压缩空气费用，人员工资，设备及构筑物折旧费用，维护费用等。

十、方案附图

应提供如下附图：

(1)工艺流程图（如果有生物处理单元，应提供高程图，以便于审查提升次数的合理性）。

(2)粉体净化技术方案应提供净化系统图。净化系统图为一轴测图，可清楚地标明从吸尘罩、风管、除尘器到排气筒的系统全部设备、管道、管件等。

(3)平面布置图（应标明排气筒数量和位置、废水入口和排口）。

(4)水平衡图。如果废水处理方案中有回用水或套用水流程，应给出实施后全公司水平衡图，其中应标明回用水或套用水来源、回用点及回用量，套用点及套用量，并相应地计算出回用水率或套用水率。

1.6 环境工程主要设备及选择

1.6.1 设备分类

环境工程使用的设备，从特殊材质制造的高温高压反应器到砼结构的生物反应器，种类繁多。与化工设备相似，环境工程设备从整体上可分为两类：一是标准设备或定型设备，它们是经定型鉴定的标准化、系列化设备，如各种机、泵、换热器等；二是非标准设备或非定型设备，它们是根据使用要求专门设计的专用设备，包括大多数环境工程中的反应器、塔器、水工构筑物等。

因为处理对象多种多样，导致其设备或反应器种类繁多，不同的环境工程设备在结构和操作方式上具有不同的特点。

1. 按操作方式分类

按操作方式的不同，环境工程设备可分为连续式和间歇式。

采用连续操作的反应器被称为连续式反应器，其特点是原料连续流入反应器，反应产物则连续从反应器流出。反应器内任何部位的物料组成均不随时间变化，属于稳态操作。环境工程中蒸馏、生化反应等过程属于典型的连续反应。

间歇式反应器的基本特征是：物料一次性加入，一次性卸出，反应器内物料的组成仅随时间变化，属于非稳态过程。混凝、沉淀、萃取、吸附等过程均属于间歇反应过程。

2. 按流体流动或混合状况分类

对于连续反应器，有两种理想的流动模型：一种是反应器内的流体在各个方向完全混合均匀，称为全混流(CSTR)，其主要特征是：反应物加入反应器的同时反应产物也离开反应器，反应器内物料体积不变，物料组成不随时间改变，如混凝、沉淀、氧化/还原反应器等；另一种则是通过反应器的物料以相同的方向、速度向前推进，在流体流动方向上完全不混合，而在垂直于流动方向的截面上完全混合，所有微元体在反应器中所停留的时间都是相同的，该流动模型称为平推流、活塞流或柱塞流(PFR)，如离子交换与吸附柱等。

实际上，流体流动方式往往介于上述两种理想流动模型之间，称为非理想流动(混合)模型。非理想生物反应器需要考虑流动和混合的非理想性，如：流体在连续操作反应器中的停留时间分布、微混合问题、反应器轴向或径向扩

(弥)散及反应器操作的震荡问题等。间歇操作的非理想生物反应器需要考虑混合时间、剪切力分布、各组分浓度和温度分布等复杂问题。

3.按反应器结构特征及动力输入方式分类

按照反应器的主要结构特征(如外形和内部结构)的不同,可分为罐(釜)式、塔式、膜式反应器等,差别主要反映在外形(长径比)和内部结构上的不同。

罐式反应器用于间歇、流加和连续三种操作模式,如化学氧化、还原、沉淀、混凝设备等;而塔式和膜式反应器等则一般适用于连续操作,如吸收、吸附、生化处理设备等。

根据动力输入方式的不同,可分为机械搅拌反应器、气流搅拌反应器和液体环流反应器。机械搅拌反应器采用机械搅拌实现反应体系的混合;气流搅拌反应器以压缩空气作为动力来源;液体环流反应器则通过外部的液体循环泵实现动力输入。

4.按使用材质分类

环境工程设备使用的材质主要有金属材料、塑料及其他高分子材料、复合材料和砼结构及其他非金属材料等。

1.6.2 设备选型和设计基本原则

1.定型及标准设备选型

定型及标准设备有产品目录或样本手册,由不同生产厂家提供。设计的任务是根据要求和介质进行物料计算,以确定设备的类型、规格、材料和数量,并对照产品样本选择某种型号完成订货。

设备选型计算可按以下步骤进行:

(1)根据要求,确定设备工作方式(连续或间断)。

(2)确定设备类型。

(3)根据生产能力要求,计算设备工作能力或容积,确定设备数量。

(4)根据计算结果及已知的工艺条件和介质条件,按产品样本选择定型设备。

(5)根据计算结果及已知的工艺条件和介质条件,绘制非标准设备简图。

设备选型应注意下列要素:

(1)工艺指标　　主要指设备的处理能力和效率,是设备选型的首要指标。

(2)耗费指标　　指设备的投资总额(包括设备的购买与安装、建筑、管理费用等)、运行费用(能耗、人工、折旧费、维修费等)、有效运行时间和使用寿命等；前两者应尽量低，后两者应尽量长。

(3)操作管理指标　　指设备操作和使用的简便性。自动化程度高的设备，其操作管理指标好，但耗费指标高，所以要统筹规划考虑。

(4)其他重要因素　　包括使用单位的经济承受能力、管理水平及发展趋势等，这些也是设备选型时要考虑的。

2. 非定型设备(非标准设备)设计程序

与化学工程项目相似，环境工程项目也大量使用非标准设备。该设计就是根据设计要求，通过物料计算，确定设备型式、尺寸、材料和其他设计要求并制作设备简图，再由化工设备专业人员进行机械设计。在设计时，尽量采用已标准化的图纸。设计的主要内容和程序如下：

(1)确定单元和设备类型。这一步在流程设计时已大致确定，如使用旋风分离器实现气固分离，用离心机过滤进行固液分离等。物料衡算之后，进行设备计算时，仍然有可能改换更为先进的单元过程和设备，从而提出修改。

(2)确定设备材质。根据工艺操作条件、介质等，确定适应要求的设备材质。

(3)汇集设计条件。根据物料衡算和热量衡算，确定设备负荷、转化率和效率要求，确定设备的操作条件如温度、压力、流量、流速、投料方式、投料量、卸料、排渣形式和工作周期等，作为设备设计和工艺计算的主要依据。

(4)选定设备的基本结构形式和基本尺寸。

(5)搅拌器形式、大小及转速。

(6)换热方式及换热面积。

(7)提出设备设计条件和设备草图。

(8)汇总列出设备一览表。

设备简图的主要内容包括设备外形，设备内部结构，接管数量、尺寸、位置、作用和连接方式，附属部件(搅拌器、视镜、液位计等)，设备条件文字说明(如工作温度、压力等)，介质条件(介质的名称、物理化学特性等)。

1.6.3　泵

1. 泵种类

泵种类繁多，可按下列几种方式分类：

(1) 根据泵的工作原理和结构划分

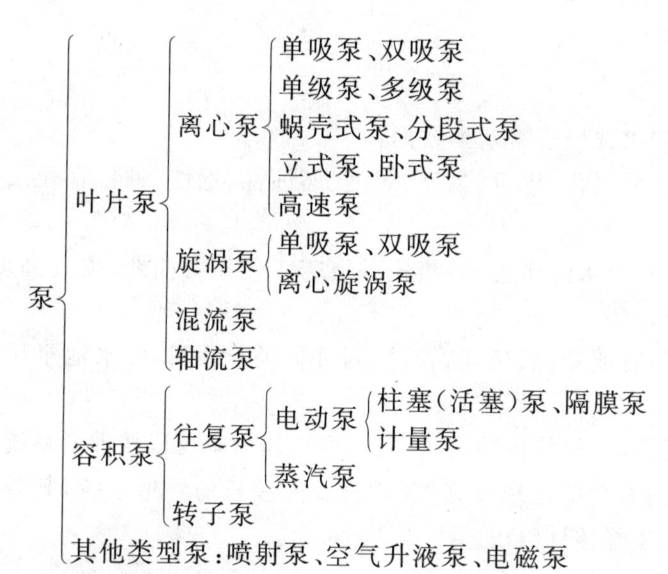

(2)根据介质分类

分为清水泵、污水泵、油泵、耐腐蚀泵、泥浆泵、热水泵等。

(3)从使用安装方式分类

分为普通泵、管道泵、液下泵、潜水泵等。各类泵的适用范围和特性比较见表1-18。

表1-18 各类泵的适用范围和特性比较

指标		叶片泵			容积泵	
		离心泵	轴流泵	旋涡泵	往复泵	转子泵
流量	均匀性	均匀			不均匀	较均匀
	稳定性	不恒定，随管路情况变化而变化			恒定	
	范围(m^3/h)	1.6～30000	150～245000	0.4～10	0～600	1～600
扬程	特点	对应一定流量，只能对应一定扬程			对应一定流量可以达到不同扬程，由管路系统确定	
	范围	10～2600 m	2～20 m	8～150 m	0.2～100 MPa	0.2～50 MPa
效率	特点	在设计点最高；偏离愈远，效率愈低			扬程高时，效率降低很少	扬程高时，效率降低很大
	范围	0.5～0.8	0.7～0.9	0.25～0.5	0.7～0.85	0.6～0.8
结构特点		结构简单、造价低、体积小、重量轻、安装检修方便			结构复杂、震动大、体积大、造价高	同叶片泵
适用范围		黏度较低的各种介质(水)	适用于大流量、低扬程、黏度较低的介质	适用于小流量、较高压力的低黏度清洁介质	适用于高压力、小流量的清洁介质	适用于中低压力、中小流量、黏度高的介质

2. 选型步骤

(1)基本数据

按照物料计算，列出选型所需基本数据：

①介质的特性：介质名称、比重、黏度、温度、腐蚀性、毒性、颗粒直径及含量等。

②所需流量、压力：吸水池压力，后接设备所需工作压力曲线、提升高度，管道系统中的压力降。

③管道系统数据：管道管径、长度；管件、附件种类及数目，吸水池至后接设备的几何标高等。

如果是小型处理设施、较简单的管道系统，则该压力降可以按占全系统的20%～30%进行估算；而大型处理设施、复杂且长度较长的管道系统，其管道系统的压降需经管网压降核算给出。

(2)确定泵型

根据已知的工艺条件及已知泵的特性，首先决定泵的型式再确定尺寸。从被输送物料的基本性质(如物料的温度、黏度、挥发性、毒性、化学腐蚀性，以及溶解性和物料是否均一等)出发，来确定泵的基本形式。在选择泵的形式时，应以满足项目要求为主。

介质为剧毒、贵重、强腐蚀或有放射性等不允许泄露的介质时，应选用无泄漏泵(如屏蔽泵、磁力泵)或带有泄漏收集和泄漏报警装置的双端面机械密封；如介质为液化烃等易挥发液体，应选用低气蚀余量泵。

(3)确定流量、扬程

根据流量大小选用单吸泵、双吸泵或小流量离心泵。

若已有最小、正常、最大流量，泵的流量一般不应小于最大流量；若只有正常流量，应该考虑留有一定的裕量。在环境工程中，因为流量变化较大，流量裕量应不小于15%。

在确定和计算扬程时，首先计算出需要的扬程，经泵后获得的用来克服两端容器的位能差，两端容器上静压力差，两端全系统的管道、管件和装置的阻力损失，及两端的速度差引起的动能差。按照扬程高低选用单级泵、多级泵或高速离心泵等。

(4)确定泵的安装形式和高度

根据安装条件选择卧式泵、立式泵、液下泵、管道泵等。为了减少泄漏，酸碱、药剂储罐配置的料泵可以用液下泵。

(5)确定泵的台数和备用率

环境工程中,有连续工作或要求较高的场合,需要采用"一用一备"或"两用一备"的形式,如废水提升泵、过滤泵、吸附泵等;间歇式工作场合,可以单台配置,如加药泵等。

(6)校核泵的轴功率

泵的样本上的功率和效率都是用水试验出来的,当输送介质不是清水时,应考虑密度、黏度等对泵的流量、扬程性能的影响。对于工业废水,其中污染物浓度不大于1%时,可以视作清水。

(7)其他

如果已确定冷却水或驱动蒸气的消耗量,如何进行配用电动机选择等。

1.6.4 风机

1. 风机种类

风机是环境工程中经常使用的空气动力设备,是依靠输入的机械能,提高气体压力并排送气体的机械。

按使用材质分类,风机可以分为铁壳风机、玻璃钢风机、塑料风机、铝风机、不锈钢风机等。

按作用原理不同,风机可以分为叶片式风机、容积式风机两类。叶片式是通过叶轮旋转将能量传递给气体的;容积式是通过工作室容积周期性改变将能量传递给气体的。这两类风机又有不同形式,叶片式风机按气流进入叶轮后的流动方向可分为离心式、轴流式、斜流式和混流式风机等;容积式风机主要形式有往复式风机、回转式风机(如罗茨风机)等。

按工作压力(全压)大小(表1-19),风机可分为风扇(标准状态下,风扇额定压力小于98 Pa)、通风机(设计条件下,额定压力范围为98～14710 Pa)、鼓风机(额定压力范围为14710～196120 Pa)和空气压缩机(工作压力大于196120 Pa)。工业废气收集、处理、通风除尘中常使用通风机;废水生化处理曝气中常用的罗茨风机则属于鼓风机。

按用途,风机可分为压入式局部风机(简称压入式风机,其隔爆型电动机置于流道外或流道内)和抽出式局部风机(简称抽出式风机,其隔爆型电动机置于防爆密封腔);还可分为通用风机、排尘风机、工业通风换气风机、锅炉引风机、矿用风机等。

按加压形式,风机可分为单级、双极或多级加压风机,如4－72型风机是单级加压风机,罗茨风机是多级加压风机。

表 1-19　按工作压力进行分类的通风机

风机分类	按风压分类	风机全压(Pa)	风机全压(mmH_2O)
离心式风机	低压风机	≤980	≤100
	中压风机	980～2942	100～300
	高压风机	2942～14710	300～1500
轴流式风机	低压风机	≤490	≤50
	高压风机	490～4900	50～500

2. 风机性能参数

参数主要有流量、压力、功率、效率、转速。

流量也称风量，以单位时间内流经风机的气体体积表示；压力也称风压，是指气体在风机内的压力升高值，有静压、动压和全压之分；功率是指风机的输入功率，即轴功率。风机有效功率与轴功率之比称为效率。

3. 风机选型步骤

(1)确定风机工作条件下的大气压强，输送气体的温度、密度；调查系统工作特点和拟采用的风机工作方式以及工况调节方法。

(2)根据实际需要确定每台风机工作的最大流量。按设计规定，考虑一定的设计裕量，一般裕量取值为 0.1～0.2，比转数大时取较小值。比转数定义为几何相似的通风机在全压为 1 Pa、风量为 1 m^3/s 时的转速。

(3)计算所需最大工作压力(全压)。根据系统管路布置计算最大工作压力；设计裕量取值为 0.1～0.2，比转数大时取较大值。

(4)参数变换计算。风机的性能参数风压是指在标况下的全压。标况是指压力为 101.3 kPa、温度为 20℃、相对湿度为 50%的大气状态。

工业上使用风机时，多数情况下其进气不是标况，而是任一非标准状况，两种状态下的空气物性参数不同。空气密度的变化将使标况下的风机全压也随之变化，在非标况下应用风机性能曲线时，必须进行换算。

相似定律表明，当一台风机进气状态变化时，其相似条件满足 $\lambda=1$(即叶轮直径 $D_2=D_{2m}$)、$n=n_m$、$\rho\neq\rho_m$，此时相似三定律为

$$Q/Q_m=1 \tag{1-10}$$

$$P/P_m=\rho/\rho_m \tag{1-11}$$

$$N/N_m=\rho/\rho_m \tag{1-12}$$

若标准进气状态的风机全压为 P_{20}(N/m^2)，空气密度为 ρ_{20}；非标况下的空气密度为 ρ，风机全压为 P，则全压关系有

$$P_{20}=\rho_{20}\frac{P}{\rho} \tag{1-13}$$

一般风机的进气状态就是当地的大气状态，根据理想气体状态方程 $PV=nRT$ 有

$$\frac{\rho_{20}}{\rho}=\frac{P_{20}}{P_a}\frac{T}{T_{20}} \tag{1-14}$$

式中，P_a、ρ、T 是风机在使用条件（当地大气状态）下的当地大气压、空气密度和温度。

根据式(1-9)，可得

$$Q_{20}=Q \tag{1-15}$$

把式(1-13)代入式(1-10)可得

$$P_{20}=P\times\frac{P_{20}}{P_a}\times\frac{T}{T_{20}}=P\times\frac{101325}{P_a}\times\frac{273+t}{293} \tag{1-16}$$

把式(1-13)代入式(1-11)可得

$$N_{20}=N\times\frac{101325}{P_a}\times\frac{273+t}{293}(\mathrm{kW}) \tag{1-17}$$

式中，Q、P、N 是风机在使用条件下的流量（m^3/s）、全压（N/m^2）和功率（kW）；标况是指大气压为 101325 N/m^2、温度为 20℃。换算后的 Q_{20}、P_{20} 和 N_{20} 可作为风机的选择参数。

(5)根据风机产品样本选型。选型的方法可联系性能表、性能曲线、无量纲性能曲线、性能选择曲线，选择其中之一。

风机性能是风机选型的另一个控制条件。一般还应根据风机的选择参数计算风机的比转数。注意选择较高效率的风机，并保持风机在高校工作区运行；尽量选择转速高、叶轮直径小的风机。对于负荷较小、工况简单的系统，其风机可以一次选定；而负荷较大、工况比较复杂的系统，往往需要进行不同型号风机之间的性能比较和综合分析，来确定最合理的风机型号。

在选型中，尽量避免风机出现非稳定运行状况的可能，以避免风机运行时产生旋转脱硫、喘振和抢风等不正常现象。

(6)确定风机工况调节方式。根据所选风机的性能曲线和管路性能曲线，考虑系统管路布置方式和风机运行方式，图解装置运行工况和风机运行参数。如果需要调节运行工况的，应该按照调节方式图解调节工况，确定相应的参数。对于可使用多种方法调节时，应该进行不同方法的经济性分析，来确定最合理的调节方法。

1.6.5 塔设备

1. 概述

塔设备是化工、石化和环境工程中最常用的设备之一，有多种类型。各类塔设备常用作气液或液液两相之间的相际传质、传热作用。精馏、吸收、解吸和萃取等可在塔设备中完成单元操作。

按塔的内部构成结构，塔设备可分为逐级接触式（筛板塔等）和连续接触式（填料塔、膜式塔）等。

气液两相间传质的塔设备主要有两类：填料塔和板式塔。

(1)装在填料塔内一定高度的填料层液体从塔顶喷下，沿填料表面呈薄膜状向下流动。气体由塔底进入，呈连续相由下而上同液膜逆流接触，完成传质过程。在传质过程中，气体和液体的组成沿塔高连续变化。

(2)板式塔内装有一定数量的塔板，液体水平地流过塔板，经降液管再流入下一层塔板；气体以鼓泡或喷射方式穿过板上液层时，相互接触进行传质。在传质过程中，气体与液体的组成沿塔高呈阶梯式的变化。板式塔传质效率比填料塔高，关键是塔板。按塔板结构不同，又可分泡罩塔、浮阀塔、筛板塔等。

选择塔型的基本原则有：①生产能力大，弹性好；②满足工艺要求，分离效率高；③运转可靠性高，操作、维修方便；④结构简单、加工方便、造价较低；⑤塔压降小。对于真空塔或要求塔压降低的塔来说，压降小的意义更为明显。

2. 填料塔

(1)概述

填料塔(packed tower)是以塔内的填料作为气液两相接触的传质设备。它是连续接触式气液传质设备，两相组成沿塔竖直方向连续变化，在正常操作状态下，气相为连续相，液相为分散相。填料塔的塔身底部装有填料支承板，乱堆或整砌放置的填料在支承板上。填料的上方安装填料压板，以防被上升气流吹动。液体从塔顶经液体分布器喷淋到填料上，并沿填料表面下降，湿润填料。气体从塔底进入，经气体分布装置分布后，与液体逆流连续上升通过填料层的空隙，在填料表面，气液两相密切接触进行传质（表 1-20）。

填料塔结构简单，阻力小，是目前应用较多的一种净化气体的装置。

表 1-20 填料塔主要参数

参数	数值	备注
空塔速度	0.5～1.5 m/s	
填料层的阻力	400～600 Pa/m	

(2)填料

填料(packing)有很多种类,按装填方式的不同,分为散装填料和规整填料。

①散装填料。散装填料是具有一定几何形状和尺寸的颗粒体,一般以随机的方式堆积在塔内,又称乱堆填料或颗粒填料。按结构特点不同,散装填料分为环形填料、鞍形填料、环鞍形填料及球形填料等,主要有拉西环、鲍尔环、阶梯环、弧鞍填料、矩鞍填料、金属环矩鞍填料、球形填料等。

拉西环填料于1914年由拉西(F. Rashching)发明,为外径与高度相等的圆环。拉西环填料的气液分布较差,传质效率低,阻力大,通量小,已较少使用。

对拉西环进行改进就有了鲍尔环,它是在拉西环的侧壁上开出两排长方形的窗孔,被切开的环壁的一侧仍与壁面相连,另一侧向环内弯曲,形成内伸的舌叶,诸舌叶的侧边在环中心相搭。鲍尔环环壁开孔,提高了环内空间与表面的利用率,气流阻力变小,液体分布均匀。与拉西环相比,鲍尔环的气体通量可增加50%以上,传质效率提高30%左右,应用广泛。

对鲍尔环进行改进产生了阶梯环。与鲍尔环相比,阶梯环高度减少了一半,并在一端增加了一个锥形翻边。由于高径比减少,使气体绕填料外壁的平均路径缩短,减少了气体通过填料层的阻力。锥形翻边使得填料的机械强度增加,还使填料之间由线接触为主变成以点接触为主,使填料间的空隙增加了,还成了液体沿填料表面流动的汇集分散点,促进液膜的表面更新,有利于提高传质效率。阶梯环性能优于鲍尔环,成为目前所使用的环形填料中最为优良的一种。

弧鞍填料是鞍形填料的一种,形状如同马鞍,一般由瓷质材料制成。它具有表面全部敞开、不分内外,液体在表面两侧均匀流动,表面利用率高,流道呈弧形,流动阻力小等的优点;缺点是易发生套叠,使一部分填料表面被重合,传质效率降低。弧鞍填料强度较差、易破碎,应用不多。

将弧鞍填料两端的弧形面改为矩形面,且两面大小不等,即成为矩鞍填料。堆积时不会套叠,液体分布较均匀。矩鞍填料一般使用瓷质材料制成,性能优于拉西环。目前,国内绝大多数瓷拉西环已被瓷矩鞍填料取代。

金属环矩鞍填料(国外称为 Intalox)是结合环形和鞍形特点而设计出的一种新型填料,一般以金属材料制成,又称为金属环矩鞍填料。环矩鞍填料将环形填料和鞍形填料的优点集于一体,综合性能优于鲍尔环和阶梯环,在散装填料中应用较多。

球形填料一般是塑料注塑而成,结构多样。球体为空心,可以允许气体、液体从其内部通过。因为球体结构的对称性,填料装填密度均匀,不易产生空穴和架桥,所以气液分散性能好。

②规整填料。规整填料是按一定的几何构形排列、整齐堆砌的填料。规整填料种类繁多,按几何结构的不同可分类为格栅填料、波纹填料、脉冲填料等。

a. 格栅填料是条状单元体按一定规则组合而成的,结构形式多样。工业上应用最早的格栅填料为木格栅填料。目前应用较为普遍的有格里奇格栅填料、网孔格栅填料、蜂窝格栅填料等,其中以格里奇格栅填料最具代表性。格栅填料的比表面积较小,主要用于要求压降小、负荷大及防堵等场合。

b. 波纹填料是目前工业上应用最广的规整填料,它是由许多波纹薄板组成的圆盘状填料,波纹与塔轴的倾角有30°和45°两种,组装时相邻两波纹板反向靠叠。各盘填料垂直装于塔内,相邻的两盘填料间交错90°排列。波纹填料按结构不同可分为网波纹填料和板波纹填料两类,按材质又有金属、塑料和陶瓷等之分。

c. 网波纹填料的主要形式是金属丝网波纹填料,它是由金属丝网制成的。该填料压降小,分离效率高,特别适合精密精馏及真空精馏装置,为难分离物系、热敏性物系的精馏提供了有效的手段。该填料尽管造价高,但因性能优良仍旧得到了广泛的应用。

板波纹填料的一种主要形式是金属板波纹填料。该填料的波纹板片上冲压有许多5 mm左右的小孔,起到粗分配板片上的液体、加强横向混合的作用。波纹板片上轧成细小沟纹,起到细分配板片上的液体、增强表面润湿性能的作用。金属孔板波纹填料强度高,耐腐蚀性强,特别适合大直径塔及气液负荷较大的场合。另一种有代表性的板波纹填料是金属压延孔板波纹填料。它与金属孔板波纹填料的主要区别在于其板片表面不是冲压孔,而是刺孔,用辗轧方式在板片上辗出很密的孔径为0.4～0.5 mm的小刺孔。其分离能力类似于网波纹填料,但抗堵能力比网波纹填料强,并且价格便宜,应用较为广泛。

波纹填料的优点为结构紧凑,阻力小,传质效率高,处理能力大,比表面积大(常用的有125、150、250、350、500、700 m^2/m^3 等几种);缺点为不适于处理黏度大、易聚合或有悬浮物的物料，且装卸、清理困难，造价高。

d.脉冲填料是由带缩颈的中空棱柱形个体按一定方式拼装而成的一种规整填料。填料组装后形成带缩颈的多孔棱形通道，其纵面流道交替收缩和扩大，气液两相通过时产生强烈的湍动。在缩颈段，气速最高，湍动剧烈，从而强化传质；在扩大段，气速减到最小，实现气液两相分离。流道收缩、扩大的交替重复，实现了“脉冲”的传质过程。脉冲填料处理量大、压降小，是真空精馏的理想填料，因液体分布性能优良使其放大效应减少，适用于大塔径的场合。

(3)填料的性能评价

填料的几何特性是评价填料性能的基本参数，包括比表面积、空隙率、填料因子等。

①比表面积。填料表面积与填料体积之比称为比表面积，以 a 表示，其单位为 m^2/m^3。比表面积愈大，所提供的气液传质面积愈大，因此，比表面积是评价填料性能优劣的一个重要指标。

②空隙率。空隙体积与填料体积之比称为空隙率，以 ε 表示，其单位为 m^3/m^3 或以百分数表示。填料的空隙率越大，气体通过的能力越大且压降越小，因此，空隙率是评价填料性能优劣的又一重要指标。

③填料因子。填料的比表面积与空隙率三次方的比值，即 a/ε^3，称为填料因子，以 φ 表示，其单位为 1/m。填料因子分为干填料因子与湿填料因子。填料未被液体润湿时的填料因子称为干填料因子，它反映填料的几何特性；填料被液体润湿后，填料表面覆盖了一层液膜，a 和 ε 均发生相应的变化，此时的填料因子称为湿填料因子，它表示填料的流体力学性能。φ 值越小，表明流动阻力越小。

④表面湿润性。表面润湿性与填料材质有关。常用的材质有陶瓷、金属、塑料三种，其中陶瓷填料的润湿性能最好，塑料填料的润湿性能最差。金属、塑料材质的填料，可采用表面处理方法，改善其表面的润湿性能。

通常根据效率、通量及压降这三个要素来衡量填料性能的优劣。在相同条件下，比表面积越大，气液分布越均匀；表面润湿性越好，传质效率越高；空隙率越大，通量越大，压降也越小。

(4)填料塔设计程序

①汇总设计参数和物性数据处理。根据气液平衡数据绘制气液平衡线，根据操作线方程绘制操作线，得到实际气液比。

②选用填料。填料是填料塔内气—液接触的核心元件，填料层高度和填料类型直接影响传质效果，所以，选择填料是一个重要内容。

③确定塔径 D。气体的体积流量和适宜的空塔气速决定了塔径，前者由生产条件决定，后者则在设计时规定。

$$D=\sqrt{\frac{4V}{\pi u}} \tag{1-18}$$

式中：V——气体的体积流量，m^3/s；

u——空塔气速，m/s，$u=(0.5\sim0.8)u_f$。

泛点气速 u_f 可以用 Bain-Hougen（贝恩—霍根）关联式计算：

$$\lg\left[\frac{u_f}{g}\cdot\frac{a}{\varepsilon^3}\cdot\frac{\rho_G}{\rho_L}\cdot\mu_L^{0.2}\right]=A-1.75\left(\frac{L}{G}\right)^{1/4}\left(\frac{\rho_G}{\rho_L}\right)^{1/8} \tag{1-19}$$

式中：u_f——泛点气速，m/s；

g——重力加速度，9.81 m/s^2；

a/ε^3——干填料因子，m^{-1}；

μ_L——液相黏度，mPa·s；

L、G——液相、气相的质量流量，kg/h；

ρ_G、ρ_L——液体、气体的密度，kg/m^3。

用上法计算出的塔径需根据有关设计规范进行圆整。

④验算。应根据实际塔径验算塔内的喷淋密度是否大于最小喷淋密度。如果密度太小，则不能保证填料充分湿润，应重新调整计算。

填料塔中气液两相的传质主要是在填料表面流动的液膜上进行的。要形成液膜，表面必须被液体充分润湿，而塔内的液体喷淋密度及填料材质的表面润湿性能则决定了填料表面的润湿状况。

液体喷淋密度是指单位塔截面积上，单位时间内喷淋的液体体积，以 U 表示，单位为 $m^3/(m^2\cdot h)$。为保证填料层充分润湿，必须确定液体喷淋密度大于最小喷淋密度，以 U_{min} 表示。最小喷淋密度通常采用下式计算，即

$$U_{min}=L_{W\,min}a \tag{1-20}$$

式中：U_{min}——最小喷淋密度，$m^3/(m^2\cdot h)$；

$L_{W\,min}$——最小润湿速率，$m^3/(m\cdot h)$；

a——填料的比表面积，m^2/m^3。

最小润湿速率是指在塔的截面上，单位长度的填料周边的最小液体体积流量。其值可由经验公式计算，也可采用经验值。对于直径不超过 75 mm 的散装填料，取最小润湿速率 $L_{W\,min}=0.08\ m^3/(m\cdot h)$；对于直径大于 75 mm 的散装填料，取 $L_{W\,min}=0.12\ m^3/(m\cdot h)$。

实际操作时，液体喷淋密度应大于最小喷淋密度。若密度过小，可采用增

大回流比或液体再循环的方法加大液体流量，来保证填料表面的充分润湿；也可通过减小塔径来实现。

⑤计算填料层高度 Z。这一步骤是填料塔设计中重要的一环，通常采用“传质单元法”和“等板高度法”。

⑥计算塔的总高度 H：

$$H=H_d+Z+(n-1)H_f+H_b \tag{1-21}$$

式中：H_d——塔顶空间高度(不包括封头)，m；

H_f——液体再分布器的空间高度，m；

H_b——塔底空间高度，m；

n——填料层分层数。

⑦塔的其他附件设计和选定：

◆ 支撑板。支撑板常被设计者忽视，进而使得阻力过大，尤为明显的是孔板式支撑。一般要求满足两个条件，即自由截面积不小于填料的空隙率；支撑板强度足以支承填料重量。

◆ 液体喷淋装置。它直接影响到塔内填料表面的有效利用率。形式多样，常见的有弯管式、缺口管式、多孔直管式、莲蓬头式喷洒器、分布盘等。

◆ 液体再分布装置。为了防止液相沿塔壁流动，所以每隔一定高度都会安置液体再分布装置。常见的有截锥式和升气管式再分布器。

◆ 气体分布器。为保证气体分布的均匀性，对于500 mm以下的小塔，进气管可伸至塔中心，末端截成45°向下，使气流转折而上；对于大塔，可以制成向下的喇叭形扩大口或制成盘管式。

◆ 除雾器。当空塔气速较大、塔顶喷淋装置可能产生溅液或工艺过程严格要求气相中不允许夹带雾沫时需装置除雾器。常用的除雾器有折板除雾器、丝网除雾器、旋流板除雾器。也可以在液相喷淋装置与气体出口之间装一段干填料实施填料除雾等。

⑧压降计算。塔的压降与填料、塔内构件、空塔气速、喷淋密度等相关。吸收操作中，需根据压力降以确定动力消耗；精馏操作中，需根据压力降确定釜压。目前一般采用根据埃克特通用图而重新绘制的填料层压降和填料塔泛点的通用关联图求得压降(图1-4)。

⑨绘制塔设备结构图。向设备专业人员提供工艺设计条件以绘制塔设备简图，并标注必要的尺寸，注明各管口的位置等。

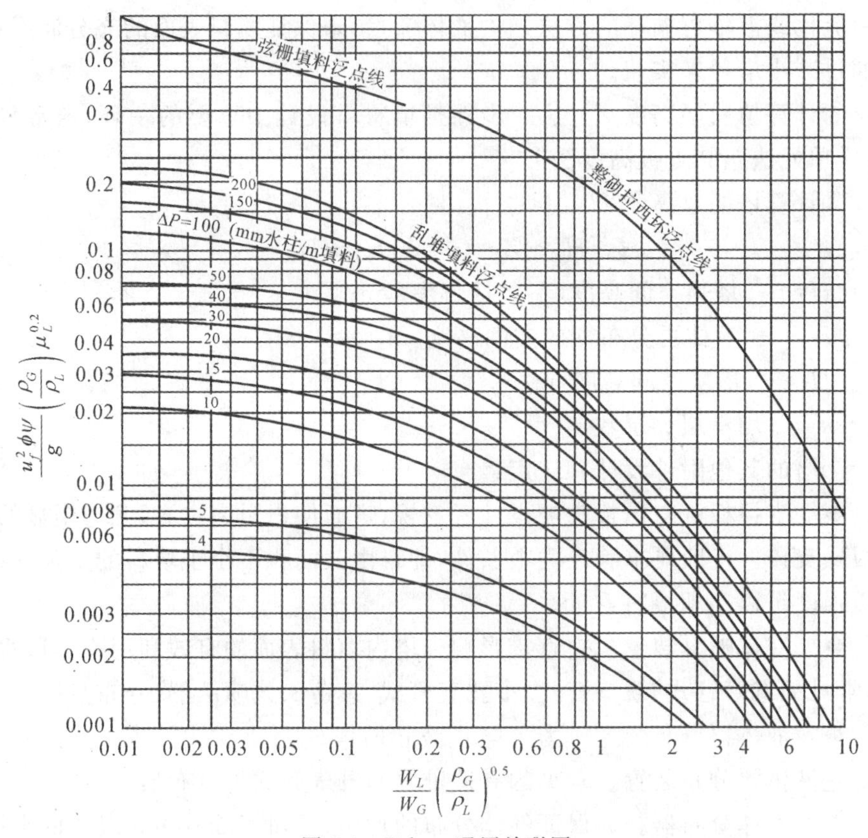

图 1-4　Eckert 通用关联图

3. 浮球塔

浮球塔是在塔内的筛板上放置一定数量的小球。气流通过筛板时，小球在气流的冲击下浮动旋转，并互相碰撞，同时吸收从上往下喷淋的中和水，使通过球面的气体与之反应，吸收气中混入的酸雾。因为球面的液体不断更新，气体不断向上排放，使过程得以连续进行。

浮球塔风速高，处理能力大，体积小，吸收效率高。但随着小球的运动，有一定程度的返混，并且在塔内段数多时阻力较大(表 1-21)。

表 1-21　浮球塔主要参数

参数	数值	备注
空塔速度	2～6 m/s	
每段塔阻力	400～1600 Pa	
浮球直径	25～38 mm	

4. 泡罩塔

泡罩塔塔内设有若干层塔板，每层塔板的一侧装有一至数根降液管。管顶高出上层塔板一定距离，用以在该层塔板内形成一定的水层深度。管底深入下层液体一定距离，用以形成水封，阻止气流沿降液管流动。废水经上层降液管流入下层塔板后，沿水平方向由一侧流向另一侧，并由该层降液管流向下一层塔板。废水由塔顶进入，如此逐层流下，最后从塔底排出。每层塔板上都设有短管(蒸气通道)，其上覆以钟形泡罩。蒸气由塔底进入，通过各层塔板，由塔顶排出。蒸气在通过各层塔板时，由蒸气通道上升，从泡罩底部的齿缝或小槽分散成细小气流冲入液内，以气泡形式溢出液面。当气流速度适合时，一部分蒸气分散于液体内，形成泡沫，同时将液体质点分散成雾滴夹带出液面。充满板间空间的雾滴和气流构成了主要的传质接触面积。

泡罩塔操作稳定、弹性大、塔板效率高、液沫夹带少；但是气流阻力大、板面液流落差大、布气不均匀、泡罩结构复杂、造价高等。

5. 浮阀塔

浮阀塔(valve tower)是一种高效传质设备，具有生产能力高、结构简单、造价低、塔板效率高、操作弹性大等优点，应用广泛。该塔构造和泡罩塔基本相同，区别仅是用浮阀代替了泡罩和升气管。操作时气流从下向上吹起浮阀，从浮阀周边水平地吹入塔板上的液层，两相接触。由于阀片的开启程度随吹入塔内的蒸气流量的变化而不同，因此能保持良好的泡沫状态所需的阀缝开度，从而在较大的蒸气流量范围内，都获得较高的传质效率(表 1-22)。

表 1-22 浮阀塔板间距的选择

塔径(m)	0.3～0.5	0.5～0.8	0.8～1.6	1.6～2.4	2.4～4.0
塔板间距(mm)	200～300	250～450	300～450	350～600	400～600

6. 筛板塔

筛板塔也叫泡沫塔。这种喷淋塔在每层筛板上都有一定厚度的中和液，中和液由上向下喷淋在每一个筛板上形成一定液位的水池后，再溢出流往下一层筛板；筛板上有一些可以让气体通过的小孔，气体从孔中进入溶液后生成许多小泡，使气液发生中和反应，达到净化气体的效果。

筛板塔结构简单，制造方便，成本低，造价约为泡罩塔的 60%，为浮阀塔的 80%；压降小，处理量比泡罩塔大 20%；吸收率高，比板效率高 15%。主要缺点是弹性小，筛孔容易阻塞且操作不稳定，只适用于气液负荷波动不大的场合。筛板塔主要参数如表 1-23 所示。

表 1-23　筛板塔主要参数

参数	数值	备注
筛板上液体高度	约 30 mm	
空塔速度	1.0～3.5 m/s	
筛板开孔率	10%～18%	
筛板孔径	3～8 mm	推荐使用 4～5 mm

7.降膜吸收器

降膜吸收器属湿壁式表面吸收装置，工作时吸收剂通过布膜器垂直地沿列管内壁以薄膜状下降，气体自上而下或自下而上通过内管空间，气液两相在流动的液膜上进行传质反应。列管外通冷却水或冷却剂以除去吸收过程中释放出的热量。

该吸收器过去多用石墨降膜式吸收器，经过发展改进成了石墨改性聚丙烯降膜式吸收器，其许多性能超过了石墨降膜式吸收器。

聚丙烯的密度仅为 0.91～0.93 g/cm^2，制成的设备轻便；熔点为 164～1740℃，安全使用最高温度可达 110～125℃，在无外力作用的情况下达 150℃时，最低使用温度为−10℃；具有无毒性、不易结垢、不对介质造成污染等特点(表 1-24)。

表 1-24　石墨改性聚丙烯降膜式吸收器性能参数

参数	数值	备注
工作温度	−5～125℃	
吸收剂用量	1～2 $m^3/(h\cdot m^2)$	根据气体浓度而定
工作压力	正压≤0.3 MPa;负压≤0.1 MPa	
液泛气速	5～10 m/s	逆流操作时
并流操作气速	15～30 m/s	实际多采用并流操作
冷却水温度	<20℃	水量需根据操作工艺条件进行热量衡算确定

石墨改性聚丙烯降膜式吸收器通常与水喷射真空机相配合使用。当吸收后的物料要求达到较高浓度时，可采用单循环式吸收(吸收液流量可调节)，反复循环。

该吸收器适用于化工、石油、医药、食品、油脂、印染、冶金、环保、轻工等行业生产中的伴随放热且具有腐蚀性气体的吸收步骤。在环境工程领域常用于 H_2S，SO_2，NH_3 等工业废气的吸收，得到的产品浓度比绝热吸收高 5%；采用二级串联循环吸收时，吸收效率可达 98%以上。

吸收剂与被吸收气体可逆流操作，也可并流操作。逆流操作时上升的流体将导致液膜厚度增加，流速降低；并流操作时将会使液膜厚度减小，流速增加，在气体流速相同的情况下，并流时的流体阻力比逆流时小得多。因此，并流时气速可高达 15～30 m/s，但吸收推动力比逆流时小。生产中大多采用并流操作（表 1-24）。

1.7 环境工程设计图纸构成及制图要求

1.7.1 计算机辅助绘图

直接利用 AutoCAD 软件进行制图是最基本的计算机辅助制图。AutoCAD 软件具有强大的绘图功能，与传统制图方式比较，只是将图板、铅笔、尺等工具换成了计算机，提高了效率；进一步的计算机辅助制图则是利用 CAD 二次开发成的绘图模块软件进行工艺流程图、管道图、设备布置图、水工构筑物结构图等的自动或半自动制图；利用 AutoCAD LISP 语言、VB 语言等编程进行参数化绘图等。参数化绘图（parametric drawing）是指用一组参数来定义几何图形的尺寸数值并构造尺寸关系，然后提供给设计人员进行几何造型的一种方法，一般用于形状比较定型的零部件绘图。绘图时，用一组参数约束拟绘几何图形的一组结构尺寸系列，参数与设计对象的控制尺寸对应，当赋予不同的参数序列值时，就可改变原几何图形绘制出新的目标几何图形。

1.7.2 计算机绘图国家标准

采用计算机绘图时，除应遵照有关绘图标准、规范外，还应遵照绘图用计算机信息交换标准和我国已经颁布的几项有关计算机绘图的国家标准。

《机械工程 CAD 制图规则》（GB/T 14665—2012）适用于在计算机及其外围设备中显示、绘制、打印机械工程图样及相关技术文件，表 1-25 给出了该标准中关于计算机绘图图线、图层、线宽、字高等的一些规定。

1. 图纸幅面及格式

（1）图纸幅面在工程制图中，常用的图纸幅面有 A0、A1、A2、A3、A4。它们的具体规格见表 1-25。

表 1-25 幅面及图框尺寸

幅面代号	A0	A1	A2	A3	A4
$B \times L$(mm×mm)	841×1189	594×841	420×594	297×420	210×297
A 装订边距(mm)	25				
C 其余边距(mm)	10			5	

有时,因为特殊需要,会采用一些加长图或其他的非标准图,其尺寸见表1-26。

表 1-26 图纸长边加长尺寸 单位:mm

幅面代号	长边尺寸	长边加长后尺寸								
A0	1189	1338	1487	1635	1784	1932	2081	2230	2378	
A1	841	1051	1261	1472	1682	1892	2102			
A2	594	892	1041	1189	1338	1487	1635	1784	1932	2081
A3	420	631	841	1051	1261	1472	682	1892		

注:有特殊需要的图纸,可采用 $B \times L$ 为 841 mm×892 mm 与 1180 mm×1261 mm 的幅面。

(2)图框格式 在图纸上必须用粗实线画出图框,其格式见图 1-5。在图纸的右下角一般应画出标题栏,一般情况下标题栏中的文字方向为看图方向。

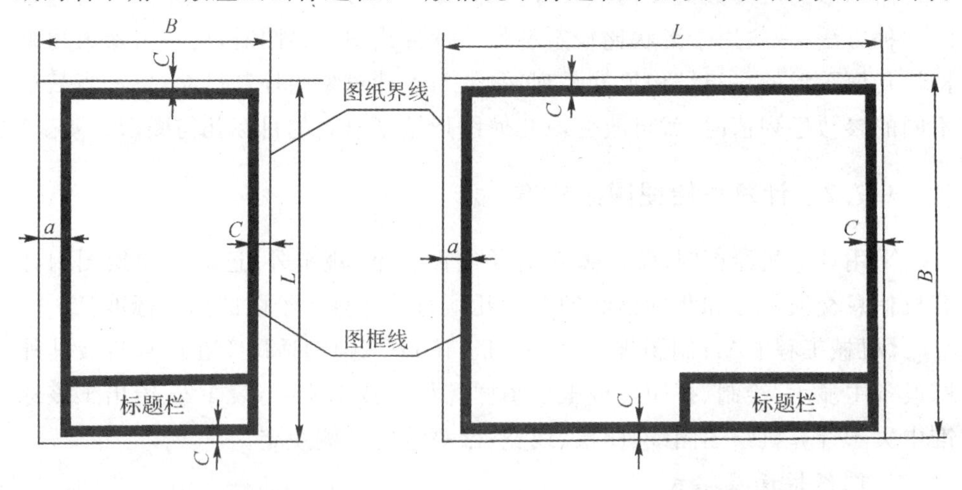

图 1-5 工程制图图框示例

(3)标题栏 标题栏一般位于图纸的右下角,其格式和尺寸要遵循国家标准 GB/T 10609.1—1989 的规定。学生作业用标题栏格式如图1-6所示。

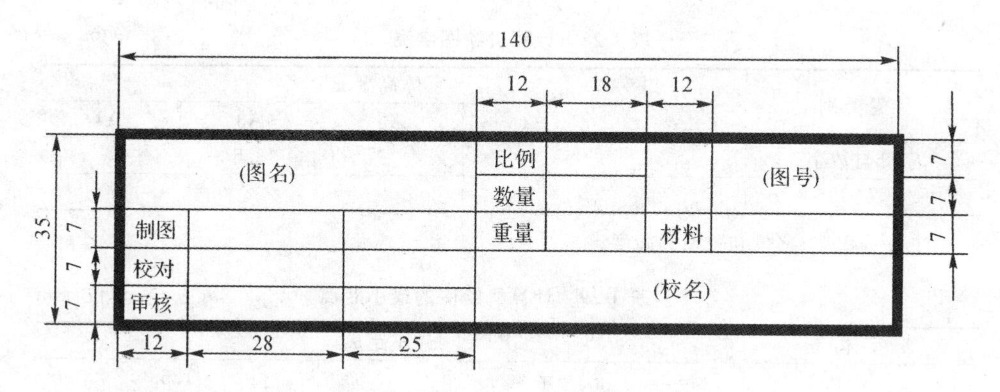

图 1-6 标题栏示例(单位:mm)

2. 绘图比例

工程绘图时,应根据图样的用途和被绘物体的复杂程度,优先从下列常用比例中选用:如 1∶1、$1:1\times10^n$;1∶2、$1:2\times10^n$;1∶5、$1:5\times10^n$(其中 n 为正整数)。

也可以按需要选用中间的比例,如:1∶5、$1:5\times10^n$;1∶25、$1:25\times10^n$;1∶3、$1:3\times10^n$;1∶4、$1:4\times10^n$;1∶6、$1:6\times10^n$(其中 n 为正整数)。

3. 图线

(1)基本图线 根据国家标准《技术制图 图线》(GB/T 17450—1998),在机械制图中常用的线型有实线、虚线、点画线、双点画线、波浪线、双折线等,具体规定见表 1-27。

表 1-27 计算机绘图图线颜色和图层的规定

图线类型	图线颜色
粗实线	白色
细实线	绿色
波浪线	
双折线	
细虚线	黄色
粗虚线	白色
细点画线	红色
粗点画线	棕色
细双点画线	粉红色

汉字一般在输出时采用正体,并采用国家正式公布和推行的简化字;字母和数字一般应以斜体输出;小数点应占一位,并位于中间靠下处。计算机绘图字高及最小距离如表 1-28 和表 1-29 所示。

表 1-28　计算机绘图字高　　　　单位:mm

<table>
<tr><th rowspan="2">字符类别</th><th colspan="5">字体高度 h</th></tr>
<tr><th>A0</th><th>A1</th><th>A2</th><th>A3</th><th>A4</th></tr>
<tr><td>字母与数字</td><td colspan="2">5</td><td colspan="3">3.5</td></tr>
<tr><td>汉字</td><td colspan="2">7</td><td colspan="3">5</td></tr>
</table>

注:h 为汉字、字母和数字的高度。

表 1-29　计算机绘图的最小距离　　　　单位:mm

<table>
<tr><th>字体</th><th colspan="2">最小距离</th></tr>
<tr><td rowspan="3">汉字</td><td>字距</td><td>1.5</td></tr>
<tr><td>行距</td><td>2</td></tr>
<tr><td>间隔线或基准线与汉字的间距</td><td>1</td></tr>
<tr><td rowspan="4">字母与数字</td><td>字符</td><td>0.5</td></tr>
<tr><td>词距</td><td>1.5</td></tr>
<tr><td>行距</td><td>1</td></tr>
<tr><td>间隔线或基准线与字母、数字的间距</td><td>1</td></tr>
</table>

注:当汉字与字母、数字混合使用时,字体的最小字距、行距等应根据汉字的规定使用。

(2)图线的宽度　图线的宽度 b 应根据图的大小和复杂程度,在下列数系中选择:0.18 mm、0.25 mm、0.35 mm、0.50 mm、0.70 mm、1.00 mm、1.40 mm、2.00 mm(表 1-30)。

表 1-30　计算机绘图线宽

<table>
<tr><th>组别</th><th>1</th><th>2</th><th>3</th><th>4</th><th>5</th><th>一般用途</th></tr>
<tr><td rowspan="2">线宽(mm)</td><td>2.00</td><td>1.40</td><td>1.00</td><td>0.70</td><td>0.50</td><td>粗实线、粗点画线、粗虚线</td></tr>
<tr><td>1.00</td><td>0.70</td><td>0.50</td><td>0.35</td><td>0.25</td><td>细实线、波浪线、双折线、细虚线、细点画线、细双点画线</td></tr>
</table>

建筑工程图一般使用 3 种线宽,且互成一定的比例,即粗线、中粗线、细线的比例为 b,$0.5b$,$0.35b$。当选定了粗实线的宽度 b,则中粗线、细线的宽度也就随之确定。在通常情况下,粗线的宽度应按图的大小和复杂程度在 0.5～2.0 mm 之间选择。在同一图样中,同类图线的宽度应一致。图纸图框和标题栏线线宽见表 1-31。

表 1-31　图纸图框和标题栏线线宽　　　　单位:mm

图纸幅画	图框线	标题栏外框线	标题栏分隔线
A0、A1	1.4	0.7	0.35
A2、A3、A4	1.0	0.7	0.35

(3)图线的画法(图 1-7)

①各类图线相交时,应尽量在线段处相交。

②在同一张图样中,同类图线的宽度应基本一致,细虚线、细点画线及细双点画线的线段长短和间隔应各自大致相等,并且收尾处应是线段。

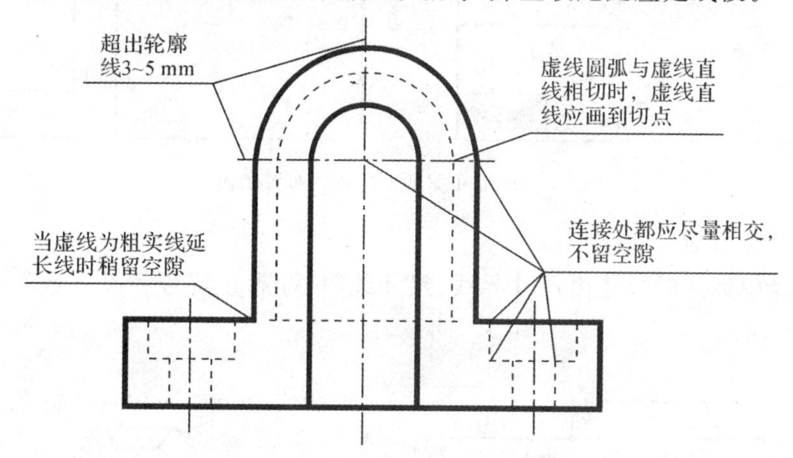

图 1-7　图上的文字标注示例

③当细虚线成为粗实线的延长线时,虚、实线的连接处应留在空隙。

④绘制圆的对称中心线时,圆心应为线段的交点,对称中心线的两端应超出圆弧 3～5 mm。

⑤在较小的图形上绘制细点画线或细双点画线有困难时,可用细实线代替。

⑥当各种线条重合时,应按粗实线、虚线、点画线的优先顺序画出。

4. 图面布置

(1)在图面编排上,应极力避免图与图之间(例如平面与剖面之间)、图与文字说明之间、图后表格之间空隙过大和过分拥挤现象。

(2)图面编排要求布置紧凑、比例恰当、工程内容表达清楚。

(3)能够用 A2 图表达清楚的,就不要 A1 图。

(4)构筑物设计图的图面位置,一般可采用图 1-8 所示的两种形式表示。

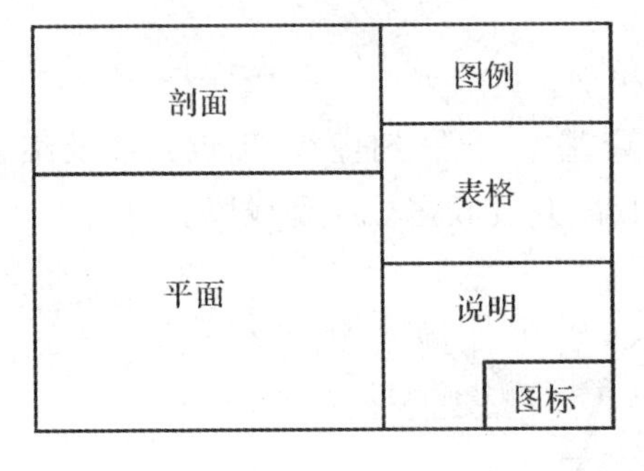

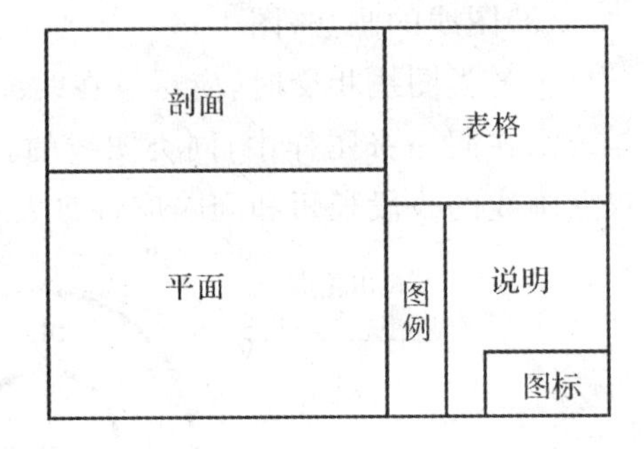

图 1-8　图形在图纸上的位置布置示例

5. 尺寸标注

图样中标注的尺寸由尺寸界线、尺寸线、尺寸起止符号和尺寸数字组成，如图 1-9 所示。

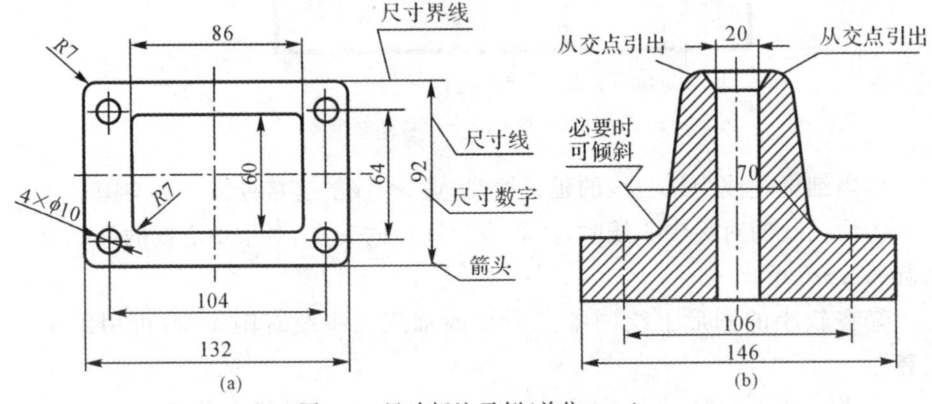

图 1-9　尺寸标注示例(单位:mm)

(1)尺寸界线　尺寸界线是度量尺寸的范围，有用细实线绘制，并由图形放热轮廓线、轴线或对称中心线处引出；也可利用轮廓线、轴线或对称中心线作为尺寸界线。尺寸界线一般应与尺寸垂直，必要时才允许倾斜，如图 1-9(b)所示。

(2)尺寸线　要与所度量的线段平行，用细实线绘制。尺寸线与尺寸线不应相交，不能用其他图线代替，一般也不得与其他图线重合或画在其延长线上。一般大尺寸线注在小尺寸线的外面，以免尺寸线与尺寸界线相交。

(3)尺寸终端　尺寸终端一般采用箭头形式。在位置不够的情况下，允许用斜线或圆点代替箭头。

箭头：箭头的形式如图 1-10(a)所示，适用于各种类型的图样。箭头尖端与尺寸界线接触，不得超出或离开。

斜线：如图 1-10(b)所示，斜线用细实线绘制，图中的 h 为字高。采用斜线形式时，尺寸线与尺寸界线必须互相垂直。

(4)尺寸数字　尺寸数字一般标在尺寸线的上方，也允许注在尺寸线中断处，尺寸数字不能被其他图线通过，否则应将图线断开。

(5)常用的尺寸标注方法

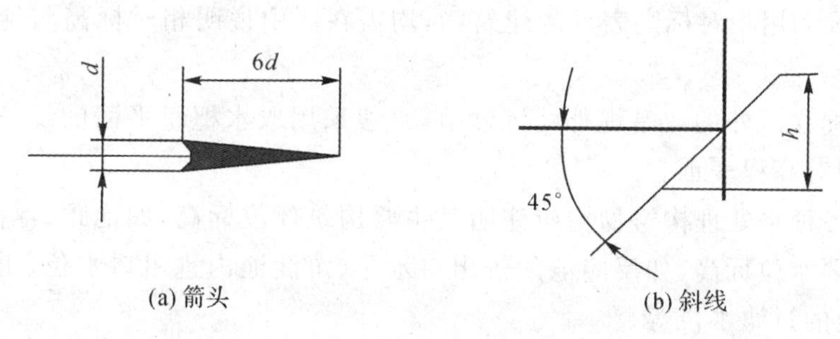

图 1-10　尺寸箭头

①半径、直径的尺寸注法　应在数字之前加符号“ϕ”或“R”。

②球体的尺寸标注　标注球面直径或半径时，应在符号“ϕ”或“R”前面加注符号“S”。

③小尺寸的注法　在图形上的较小尺寸，在没有足够的位置画箭头或注写数字时，可按图 1-11 的形式标注。标注小圆弧半径的尺寸线，不论其是否画到圆心，其方向必须通过圆心。

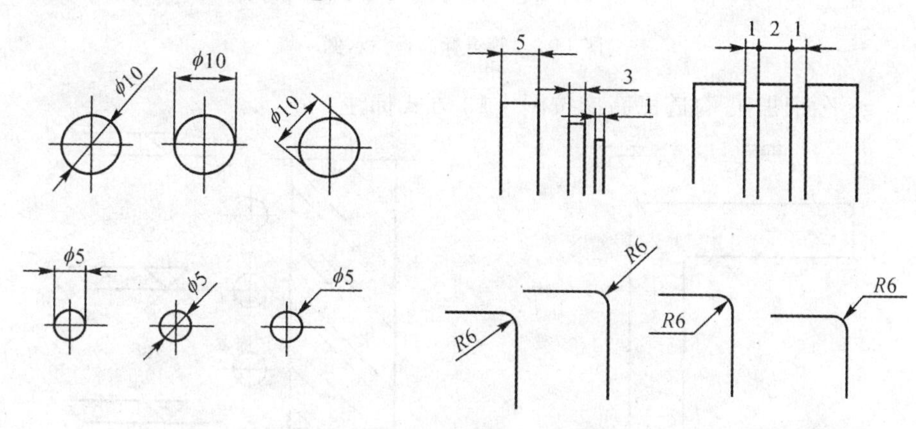

图 1-11　小尺寸的标注示例

④标高的注法　一律以 m 为单位，标注到小数点后 3 位。零点的标高应表示为±0.000，在一个详图上表示不同标高时，构筑物一般用“标高”名称，流程图可用“高程”名称。

标高或高程表示方法如下所示：

a.加药间、反应沉淀(澄清)池、滤池均采用相对标高，加药间以室内地坪为±0.000；沉淀(澄清)池、滤池以池底标高为±0.000。

b.送水泵房、清水池一般采用绝对高程；如确因需要，也可采用相对标高表示，并须和建筑物采用的相对标高一致。

c.凡采用相对标高表示的建筑物，均需在图中说明相对标高与绝对标高的关系。

d.建在厂外的或是堤外的沉砂池，一般采用取水枢纽平面的统一高程系统，用绝对高程表示。

e.各种水处理构筑物均应注明其主要构筑部位标高，如池顶、池高；必须注明主要水位标高，如反应池的进出口水位、沉淀池内进出口水位、出水槽水位、滤池的过滤水位等。

f.平面图、系统图中，管道标高应按图1-12所示的方式标注。

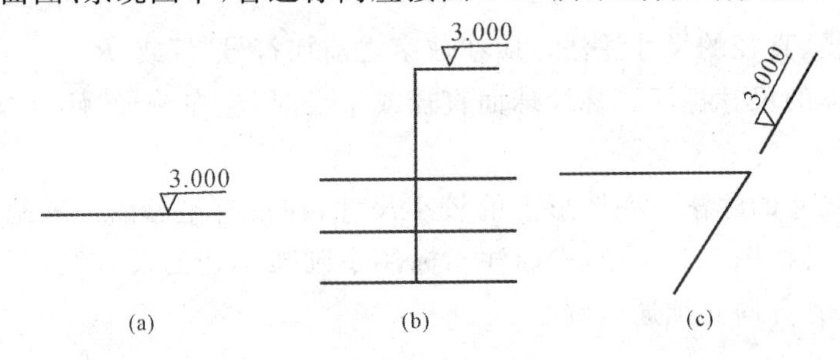

图1-12 管道标高标注示例

g.平面图中，沟道标高应按图1-13方式标注。

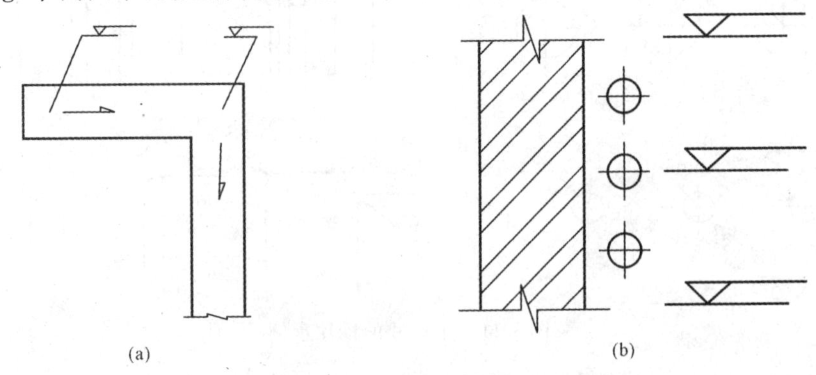

图1-13 沟道标高标注示例

h.剖面图中，管道标高应用图1-12(a)中的方法标注。

⑤斜度的标注

a. 斜度：一直线（或平面）对另一直线（或平面）的倾斜程度称为斜度[图1-14(a)]，斜度的大小就是它们夹角的正切值。

b. 斜度符号的画法如图 1-14(b)所示。

c. 斜度的标注方法如图 1-14(c)所示。注意：图样上标注斜度符号时，其斜度符号的斜边应与图中斜线的倾斜方向一致。斜度的大小以 1∶x 表示。

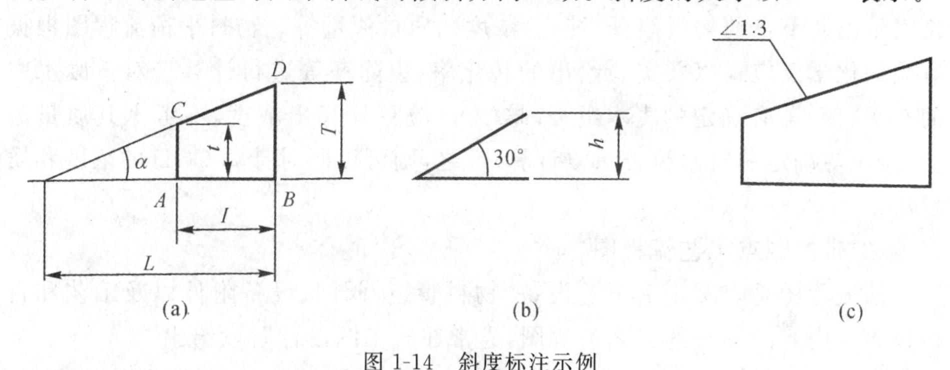

图 1-14　斜度标注示例

6. 字体

工程图样上常用的文字有汉字、阿拉伯数字、拉丁字母，有时也用罗马数字、希腊字母。

字体高度（用 h 表示，单位为 mm）的公称尺寸系列为 1.8 mm、2.5 mm、3.5 mm、5 mm、7 mm、14 mm、20 mm 等 8 种。字体高度称为字体的号数。字母及数字分 A 型和 B 型，在同一张图上只允许采用一种类型的字体，A 型字体的笔画宽度（d）为字高（h）的 1/14，B 型字体的笔画宽度（d）为字高（h）的 1/10。

1.7.3　环境工程图

环境工程图包括工艺流程图、设备图、水工构筑物池体图、设备布置图和管道布置图等。

1. 工艺流程图

工艺流程图是表达工艺生产流程的图样。一般有如下几种：

(1)工艺流程示意图

示意图是一种表示生产工艺过程的定性图纸，它在生产路线确定后、物料衡算设计开始前制作。有框图和流程简图两种表示方法。

(2)物料平衡流程图

流程示意图完成后,开始进行物料衡算,再将衡算结果标注在流程中,即成为物料平衡流程图。它说明设施内物料组成和物料量的变化,单位以批、日计(对间歇式操作)或以小时计(对连续式操作)。从工艺流程示意图到物料平衡流程图,工艺流程由定性转为定量。

物料平衡流程图只画出关键设备和有物料变化的设备节点,图下方用表格表示出各节点的物料组分、纯度(浓度)、质量流量等。物料平衡流程图根据有关的化学反应式以及实验给出的转化率、去除率等进行计算。对于废水中的COD值,若有确定的废水组分时,COD应只计算出浓度,不考虑其质量流量,避免与确定的废水组分重复计算;反之,则可以同时计算COD的浓度和质量流量。

(3)带控制点工艺流程图

该流程图是表示全部工艺设备、物料管道、阀门、设备附件以及工艺和自控仪表等内容的详细的工艺流程图,通常在施工图设计阶段给出。

流程图中的线条,如厂房各层地平线、标高,用细实线画,标高单位为m;设备示意图按其大致几何形状画出,不要求其相对位置准确和外形比例;主要物料管线的流向箭头,用粗实线画;药剂、动力(水、蒸气、真空、压缩空气等)管线的流向箭头,用次细实线画;必要的设备附件,如阻火器、管道过滤器等和计量、控制仪表、阀门等,用细实线画。

设备流程号是将所采用的设备按车间、分类进行编号。

流程图中要注明必要的文字注释,如物料的来源和去向等。

图中要有图例,是用文字对照流程中画出的有关管线、阀门、附件、计量、控制仪表等的图形。

图中还要有图签,用以表明图名,设计单位,设计、制图、审核人员签名,图纸比例,图号,日期等,其位置一般在图纸右下角。

(4)高程图

高程是指某点沿铅垂线方向到绝对基面的距离,称为绝对高程,简称高程(标高)。某点沿铅垂线方向到某假定水准基面的距离,称为假定高程。

在环境工程图中,由最主要、最长流程上的废水处理构筑物、设备用房的正剖面简图和单线管道图(渠道用双细线)共同表达废水处理流程及流程的高程变化图,称为"高程图"。

现在我国的高程基准是按青岛验潮站1952—1979年的观测资料推算的,并命名为"1985年国家高程基准"。

2. 废水处理工程总平面图

(1)比例及布图方向

废水处理工程总平面图的比例及布图方向均按工程规模大小、能清楚显示整个处理工程总体平面布置的原则来选择。

(2)建筑总平面图

建筑总平面图包括以下内容：测量坐标系统、施工坐标系统或主要构、建筑群轴线与测量坐标轴的交角；废水处理流程所涉及的处理构筑物(如调节池、曝气池、沉淀池等)、设备用房(如泵房、鼓风机房等)以及主要辅助建筑物(如控制室、分析化验室、机修间、办公楼等)的平面轮廓；工程所处地形等高线、地貌(如河流、湖泊等)、周围环境(如主要公路、铁路、企业、村庄等)以及该地区风玫瑰图、指北针。

(3)管渠图

主要类型有原水(即未经处理的水，包括给水或污水)水管、污泥(回流污泥、剩余污泥)管、雨水管(渠)、构筑物事故排水管及放空管、该处理工程自身所需的饮用水管和排水管(渠)等，以及相应的管道图例。其中渠道应用建筑总平面图图例表示。

(4)图线

管道均画单粗线，构筑物及主要辅助建筑物的平面轮廓线画中粗线，水体、道路及渠道等都画细线。

3. 环境工程设备图

(1)设备图类别

环境工程中非标准设备众多，主要是各种罐、塔、反应器等，与化工设备类似。同样，环境工程设备图也与化工设备图类似。通常，根据主次关系、具体表示部位等，设备图可分为设备总图、装配图、部件图、零件图、管口方位图、表格图及预焊接件图等。作为施工设计文件的还有工程图、通用图和标准图。

总图(general chart)是表示设备及附属装置的全貌、组成和特性的图样，反映了设备各主要部分的结构特征、装配连接关系、主要特征尺寸和外形尺寸，并标明技术要求、技术特性等技术资料的图样。

装配图(assembly drawing)是表示设备的结构、尺寸、各零部件间的装配连接关系，并写明技术要求和技术特性等技术资料的图样。

部件图(parts drawing)是表示可拆或不可拆部件的结构形状、尺寸大小、技术要求和技术特性等技术资料的图样。

零件图(detail drawing)是表示设备零件的结构形状、尺寸大小及加工、热处理、检验等技术资料的图样。

管口方位图(nozzle bearing diagram)是表示环境工程设备管口方向位置以及管口与支座、地脚螺栓的相对位置的图样。

表格图(tabular drawing)是对于那些结构形状相同、尺寸大小不同的设备、部件、零部件,用综合列表的方式表达各自的尺寸大小的图样。

标准图(standard graph)是经国家有关主管部门批准的标准化或系列化设备、部件或零件的图样。

通用图(universal graph)是经过生产考验、结构成熟、能重复使用的系列化设备、部件和零件的图纸。

(2)设备图基本内容

绘有设备本身的各种视图,由标题栏、明细表、设备净重、管口表、技术特性表、技术要求、修改表、签字栏等基本内容构成了一份完整的设备图。各栏除“技术要求”栏用文字说明外,其余均以表格形式列出。

①标题栏。主要用来说明图纸的主题,包括:设计单位名称,设备(项目)名称,本张图纸名称,图号,设计阶段,比例,图纸张数(共_张、第_张),以及设计、制图、校核、审核、审定等人的签字及日期。

②明细表。明细表用以说明组成图纸的各部件的详细资料,置于标题栏上方并与标题栏等宽,一般格式如表 1-32 所示。

表 1-32　明细表一般格式

件号	图号或标准号	名称	数量	材料	重量(kg)		备注

③管口表。管口表是将本设备的各管口用英文小写字母自上而下按顺序填入表中,以表明各管口的位置和规格等(表 1-33)。

表 1-33　管口表

件号	公称尺寸	连接尺寸标准	连接面形式	用途或名称

④技术特性表。该表是环境工程设备图的一个重要组成部分,它将设备的设计、制造、使用的主要参数(设计压力、工作压力、设计温度、工作温度、各部件的材质、焊缝系数、腐蚀裕度、物料名称、容器类别及所接触物料的特性

等)、技术特性以列表方式供施工、检验、生产中执行。

⑤技术要求。以文字形式对化工设备的技术条件、应该遵守和达到的技术指标等逐条给出。

⑥其他。

(3)设备图的表达特点

由于环境工程设备结构特点的要求,一张环境工程设备装配图,除了与一般机械装配图相同的内容(一组视图、必要的尺寸、技术要求、明细表及标题栏)外,还有技术特性表、接管表、修改表、选用表以及图纸目录等内容,以满足化工设备图的特定的技术要求。

①视图配置灵活。对于主体结构为回转体的设备图,其基本视图常采用两个视图。

②细部结构的表达方法。罐、塔这类设备的各部分结构尺寸相差悬殊,按缩小比例画出的基本视图中,很难兼顾到把细部结构也表达清楚,所以使用局部放大图和夸大画法来表达这些细部结构并标注尺寸。

③断开画法、分段画法及整体图。对于过高或过长的环境工程设备,如塔、换热器及贮罐等,为了采用较大的比例清楚地表达设备结构和合理地使用图幅,常使用断开画法,即用双点画线将设备中重复出现的结构或相同结构断开,使图形缩短,简化作图。

④多次旋转的表达方法。一些环境工程设备壳体上分布着众多的管口、开口及其他附件,为了在主视图上表达它们的结构形状及位置高度,可使用该表达方法。

⑤管口方位的表达方法。环境工程设备壳体上众多的管口和附件方位的确定在安装、制造等方面都是至关重要的。为将各管口的方位表达清楚,在环境工程设备中,用基本视图配合一些辅助视图将其基本结构形状表达清楚,此时,往往用管口方位图来代替俯视图表达出设备的各管口及其他附件(如地脚螺栓等)的分布情况。

⑥简化画法。在绘制环境工程设备图时,为了减少一些不必要的绘图工作量,提高绘图效率,在不影响视图正确、清晰地表达结构形状,不使读图者产生误解的前提下,大量地采用各种简化画法,如各种塔填料、设备附件的画法,管道用单线图或双线图替代三视图等。

4.水工构筑物计算和池体图

水工构筑物指具有一定工艺作用的钢筋混凝土或砖混结构的池体,包括废水池、各种沉淀池、气浮池、生物处理池、中间池等。

环境工程设计人员应该完成的设计任务包括水工构筑物工艺计算和池体简图设计。

工艺计算主要内容包括池有效容积、外形尺寸、配管计算等。

池体简图内容包括池体尺寸、形式(地下式、地上式或半地下式等)、形状(圆形、矩形等);池内附属设备及构件布置的预留管、预留孔位置、尺寸、数量;池内安装附属管道、填料、刮泥排泥等设备、工作梯、泵、栏杆、照明灯杆等的预埋尺寸、位置、数量;防腐要求及处理等。

池体简图完成后交土建专业人员进行池体结构设计,绘制模板图、配筋图、详图等。如果简图中所提设计要求土建专业人员无法满足,则设计人员应进行适当修改。池体结构设计完成后,设计人员按照结构设计确定池壁等结构尺寸,最终完成池体工艺总图。

水工构筑物池体图包括如下部分:

(1)池体工艺总图

池体工艺总图是用来表示构筑物的结构,表达池体整体尺寸、外形轮廓、池壁厚度、池内附属设备及构件之间关系、布置的图样。构筑物的细部可另以详图表示。

(2)详图

池体工艺总图中表达总体结构尺寸,一般选用较小的比例尺,对于构筑物中的管道安装、细部构造、附属设备等只能给出一个大略的情况。这样就必须用较大的比例尺,将工艺总图中的局部构造单独放大绘制详图。

详图直接作为制作加工、施工安装之用,因此必须具体、明确、清楚。视图须达到以下要求:每一细部都能显示;尺寸要完整,相互节点间的安装尺寸或关系尺寸必须齐全,并用文字或材料符号明确给出各种材料的种类、规格;标出零件与管道间的连接关系;附非标准管配件的展开图;包含标准管件或零件的标准图集名称、编号以及详图编号。

(3)模板图

它是表示构筑物或构件的外形和预埋件位置、数量的图样。

(4)配筋图

将钢筋混凝土结构看成是透明体,该图主要表示构筑物或构件的钢筋型号、规格、形状、数量和布置方式。

配筋图中,构筑物或构件的外形用细实线画出,钢筋用粗实线画出,并给出钢筋表等。

5.设备布置图

设备布置设计的最终表达形式是设备布置图等一系列图样，包括以下内容：

(1)总平面布置图

该图显示设施在厂区的方位、面积以及公用工程的各类管线与本设施的接口方位、标高、数量。

(2)设备布置图

该图显示了设施中所有设备在厂房建筑内外安装布置的情况，包括平面布置图、立面布置图等。

平面布置图包括：①与设备安装有关的建(构)筑物的结构形状和相对位置；②厂房或框架的定位轴线尺寸；③厂房或框架内外所有设备的平面布置及编号名称；④所有设备的定位尺寸以及设备基础的平面尺寸和定位尺寸。

立面布置图包括：①厂房或框架内外所有设备在每个楼面或平台的安装布置情况和编号名称，以及设备基础的立面形状、标高；②厂房或框架的定位轴线尺寸及标高。

(3)首页图

首页图是设施内设备布置图需分区绘制时，提供分区概况的图样。

(4)设备安装详图

设备安装详图是表示用来固定设备的支架、吊架、挂架及设备的操作平台、附属的栈桥、钢梯等结构的图样。

(5)管口方位图

管口方位图是表示设备上各管口方位、管口与支座、地脚螺栓等相对位置以及安装设备和管线时确定方位的图样。

6.管道设计图

管道设计图包括工艺管道布置图、蒸气(或压缩空气、惰性气体等)管布置图、管段图、管架图、管件图、管配件展开图等，表明装置的管道、管件、阀门、管架及仪表检测点的位置，安装情况，管段、管件的详细结构等。

(1)管道和仪表流程图

管道和仪表流程图用来表示设备外接的管道系统、仪表的符号及管道识别代号等。

(2)管道布置图

它是表示设施内各设备、水工构筑物和过程控制仪表之间管路的空间走向、重要管配件及控制点安装位置的图样。管道布置图是在设备布置图上添加管路及其管配件的图形或标记而制成的。管道布置图中，设备及构筑物的图形用细实线画出，管线采用粗实线或中实线。

管道布置图分为平面布置图和立面布置图。

平面布置图包括：①管线的平面布置、定位尺寸、编号、规格和介质流向箭头，以及各管道的坡度、坡向，横管的标高等；②管配件、阀件及仪表控制点的平面位置及定位尺寸；③管架、管墩的平面位置及定位尺寸。

立面布置图包括：①管线的立面布置、标高、编号、规格和介质流向箭头等；②管配件、阀件及仪表控制点的立面布置及标高。

单线图表示法是指在小比例尺的管道图中，常将管道的壁厚和管腔看成是一条线的投影；双线图表示法是指对于各类废气处理、粉体净化工程中的风管等直径较大的管道，常以两根线表示管子和管件形状，而不再用线条表示管子壁厚。

管道布置设计应符合安全规范、保证正常生产和便于操作、检修，应尽量节约材料及投资，并做到整齐和美观。

(3)管段图

它是表示自一台设备到另一台设备(或另一管段)间的一段管线及其所附管件、阀门、仪表控制点的配置情况的立体图样，常用轴侧图的形式表示。

(4)管架图

它是表示管架的具体结构、制造及安装尺寸的图样。管道、保温材料、建(构)筑物等一般以细实线或双点画线表示，管架本身则用中实线等较粗线条表示。

(5)管件图

它是表示管件具体构造及详细尺寸，以供制造加工和安装之用的图样，其内容和画法与一般机械零部件相同。

(6)管配件展开图

管配件展开图就是提供加工制作图纸的图样，是将管配件的表面按其实际形状和大小摊平在一个平面上得到的图形。各类废气处理、粉体净化工程中的风管等的转弯、分支和变径所需要的管配件常需进行加工制作。

2

水污染控制工程设计案例

2.1 水污染控制工程设计的基本内容和要求

2.1.1 设计计算说明书

水污染工程设计计算说明书编写的主要内容及要求：

1.前言

主要介绍设计任务的来源、设计原则和依据、设计范围和设计标准、该类污水处理的国内外现状，以及选定设计工艺的先进性等。

污水处理厂设计的总体原则：

(1)实用性：以解决现实问题为主，坚持为领导决策服务、为经营管理服务、为生产建设服务。

(2)先进性：采用成熟技术，兼顾未来发展趋势，既量力而行，又适当超前，留有发展余地。

(3)可扩展性：系统便于扩展，以保护前期投资有效性和后续投资的连续性。

(4)经济性：以节约成本为基本出发点，建立一个运行可靠、满足实际需求的监控系统。

(5)易用性：系统操作简便、直观，以利于各个层次人员使用。

(6)可靠性:确保系统可靠运行,关键部分应有安全措施。

(7)可管理性:系统从设计、器件设备等选型都必须考虑到系统可管理性和可维护性。

(8) 开放性:采用符合国际标准的产品,保证系统具有开放性的特点。

2. 设计原始资料(略)

3.工艺设计方案的比较和选择

当基础资料收集齐全、能满足设计需要时,设计人员根据一些设计原则,结合实际情况具体分析,提出几种不同的方案进行比较选择。

、方案拟定:根据企业或所在区的总体规划,提出几种方案,再根据所在单位的污水量、水质、现有排水设施、地形、气候、受纳水体等因素,以一定的处理效率为基点,结合环保要求,确定所采用的处理方案、工艺方案及构筑物形式。

方案比较与选择:方案比较时必须对所提方案在同等标准及深度的基础上进行技术、经济比较,应列举各个方案的优缺点,尽力使比较上升到定量标准上,用可靠的数据作后盾。

(1)技术方面:

①项目是否符合国家产业政策,能否满足环境保护等各项政策方针要求;

②处理工艺技术是否具有先进性、成熟性,能否保证出水稳定达标,技术装备能否满足清洁生产的要求;

③操作管理上是否方便,控制系统是否先进;

④布局是否合理,用地是否符合开发区的土地利用规划及总体规划;

⑤地形、地质、方位是否有利于施工;

⑥是否具有改扩建的可能性。

(2)经济方面:

①基建投资和年经营管理费用的比较;

②土石方量及占地面积比较(在充分考虑必要条件之后);

③三材的经济比较;

④劳动力的比较;

⑤动力设备及动力耗费比较。

(3)方案选择:经以上两方面的比较,综合考虑其他条件,经多方权衡确定出最佳方案。

(4)工程内容包括污水处理厂(站)总体布置及主要处理构筑物形式、设计数据取用、结构尺寸、材料和主要设备的数量。

(5)可以针对本设计过程,发表自己的看法或对设计本身提出自己的改进方法。

在水污染控制工程课程设计中，计算书也是说明书中的一部分，其编写过程包括以下几个步骤：

(1) 水质、水量分析

①根据建设单位提供的设计资料和设计要求确定污水处理程度(虽然设计书已给出，但希望进一步翻阅资料作进一步论证)。

②由原始资料确定污水处理站规模和污水处理站设计流量。

③分析污水水质特性、污水的可生化性、主要去除目标、污水低温适应性以及污水处理标准等。

(2)确定污水处理方法

①根据处理程度及其他因素，确定污水处理方法。

②画出通过比较后所得的工艺流程示意图。

(3)污水处理设施的设计计算

各单元处理构筑物的设计计算，要求首先列出其所需参数的取值，再根据有关规定计算污水处理构筑物或设施的主要工艺尺寸，并列出所采用的全部计算表公式和相应计算草图。其中设计规定如下：

①根据设计区域的排水制来确定，若为分流制，污水流量总变化系数取1.4。

②处理构筑物流量：曝气池之前，各种构筑物按最大日最大时流量设计；曝气池之后(包括曝气池)，构筑物按平均日平均时流量设计。

③处理设备设计流量：各种设备选型计算时，按最大日最大时流量设计。

④灌渠设计流量：按最大日最大时流量设计。

⑤各处理构筑物不应小于2组(格或座)，且按并联设计。

⑥各处理构筑物形式自定，设计参数参见教材、室外排水设计规范及设计手册等资料。

(4)污水处理厂高程的设计计算

污水处理厂的水流依靠重力流动，以减少运行费用。为此，必须精确计算其水头损失(初步设计或扩初设计时，精度要求可较低)。水头损失包括以下几种：

①水流流过各处理构筑物的水头损失，包括从进池到出池的所有水头损失在内，可参考教材列表中水头损失估算。

②水流流过连接前后两构筑物的管道(包括配水设备)的水头损失，包括沿程与局部水头损失。

③水流流过量水设备的水头损失。

水力计算时，应选择一条距离最长、水头损失最大的流程进行计算，并应适当留有余地，以使实际运行时能有一定的灵活性。计算水头损失时，一般应以近期最大流量（或泵的最大出水量）作为构筑物和灌渠的设计流量。计算涉及远期流量的灌渠和设备时，应以远期最大流量为设计流量，并酌加扩建时的备用水头。

设置终点泵站的污水处理厂，水力计算常以接受处理后污水水体的最高水位作为起点，逆污水处理流程向上倒推计算，以使处理后污水在洪水季节也能自流排出，而水泵需要的扬程则较小，运行费用也较低。但同时应考虑到构筑物的挖土深度不宜过大，以免土建投资过大和增加施工上的困难。还应考虑到因维修等原因需将池水放空而在高程上提出的要求。

在作高程计算时还应注意污水流程与污泥流程的配合，尽量减少需抽升的污泥量。污泥干化场、污泥浓缩池（湿污泥池）、消化池等构筑物高程的决定，应注意它们的污泥水自动排入污水干管或其他构筑物的可能性。

2.1.2 工程设计图纸要求（以课程设计为例）

1. 污水处理厂（站）总平面图

（1）总平面布置原则参考教材污水处理厂（站）设计篇章，应按初步设计深度要求完成，重点考虑厂区功能区划，处理构筑物布置、构筑物之间、构筑物与灌渠之间、附属构筑物、道路、绿化地带及厂区界限等的关系。充分利用地形，使挖、填土方量平衡，并考虑扩建可能性，留有适当的扩建余地。总平面布置应紧凑，以减少占地和连接管长度，但构筑物之间应保持一定的距离，一般为5～10 m，特殊要求如消化池、贮气柜为20 m左右。

（2）厂区平面布置时，各构筑物之间的连接灌渠应简单、短捷，避免迂回交叉。除处理工艺管道之外，还应在空气管、自来水管与超越管等各种管道之间及其与构筑物、道路之间留有适当间距，以细线绘出坐标网和道路，以粗线绘出各种管道线，并注明主管管径。

（3）辅助建筑物的位置应按方便、安全原则确定。污水处理厂（站）厂区内应适当规划机房（水泵、风机、剩余污泥、回流污泥、变配电用房）、办公（行政、技术、中控用房）、机修及仓库等辅助建筑，如鼓风机房应靠近曝气池，回流污泥泵房应靠近二次沉淀池，变电所应靠近耗电量大的构筑物。还要求标出各种处理构筑物和辅助构筑物的高程。

（4）污泥处理按污泥来源及性质确定，本课程设计仅根据所选方案在流程图中画出污泥处理流程，不作设计计算。污泥处理部分场地面积预留。

(5)污水处理厂(站)厂区主要车行道宽6～8 m,次要车行道宽3～4 m,一般人行道宽1～3 m,道路两旁应留出绿化带及适当间距。

(6)厂区总面积自定,图面参考《给水排水制图标准》(GB/T 50106—2001),重点表达构(建)筑物外形及其连接灌渠,内部构造不表达,各构(建)筑物之间要设有必要的超越管线及全站总事故排出管。

(7)总平面图上必须标明构(建)筑物一览表[说明各构(建)筑物的名称、数量及主要外形尺寸],图例、主要设备和材料一览表,主要技术指标一览表等。

(8)总平面图上必须标明风向玫瑰图(画于图的右上方)以及坐标,表明主要构(建)筑物的位置、尺寸,并附比例尺。

绘制总平面图,比例尺为1∶200～1∶1000,常用1∶500。

2. 污水处理厂(站)流程图

(1)高程布置的任务:确定各处理构筑物和泵房的标高,确定连接灌渠尺寸标高,确定各部位的水面标高。

(2)高程布置的原则:污水处理流程在各构筑物之间靠重力自流,相邻两构筑物之间的高差即流程的水头损失。

(3)高程布置结果:绘制污水与污泥纵断面或流程图,比例为横向与平面布置相同,纵向为1∶50～1∶100。

(4)标高或高程表示方法:见本书第1章工程制图的基本规定中关于标高的注法。污水处理厂(站)流程图上应绘出处理构筑物或设备的名称、位号、图例、说明等。

3. 污水处理厂(站)高程图

4. 污水处理厂(站)土建图纸

5. 污水处理厂(站)工艺图

6. 污水处理厂(站)配电控制图

2.2 水污染控制工程设计案例一:城市污水处理工程设计

2.2.1 设计任务书

1. 工程名称

江南某城市污水50×10^4 m^3/d A/O处理工艺方案(初步)设计。

2.基础资料

(1)污水进水水量、水质

污水处理量:50×10^4 m^3/d,$K=1.4$。

进水水质:$COD_{Cr}=350$ mg/L,$BOD_5=200$ mg/L,$SS=250$ mg/L,$NH_3-N=30$ mg/L,$TP=4.5$ mg/L,$pH=6.0\sim7.0$。

(2)出水水质要求

污水经过二级处理后应符合以下具体要求:

$COD_{Cr}\leqslant60$ mg/L,$BOD_5\leqslant20$ mg/L,$SS\leqslant20$ mg/L,$NH_3-N\leqslant15$ mg/L,$TP\leqslant0.5$ mg/L。

(3)处理工艺流程(建议) 污水拟采用A/O工艺处理,具体流程可参阅教科书或其他资料。

(4)厂址及场地现状 污水处理厂地势平坦,自南向北逐渐升高,地面标高为60.00 m,地面坡度为5‰。本次设计考虑远期发展。

场地坐标:					
	X	0.00	860.00	0.00	860.00
(m)	Y	0.00	0.00	580.00	580.00

来水水位(m):X为350.00,Y为50.00。

管内底标高为57.00 m,管径$D=1000$ mm,充满度$h/D=0.60$。

(5)污水排水接纳河流资料 接纳水体:位于场区西边,最高洪水位(50年一遇)56.08 m。

(6)气象资料 该市地处内陆中纬度地带,属大陆性季风气候。年平均气温为24℃;夏季主导风为东南风;历年平均降水量为1520 mm;历年平均相对湿度为81%。

3.设计任务

江南某城市拟新建一座二级污水处理厂,要求学生们根据所学专业知识提出一套切实可行的污水处理工艺方案,并进行比较选择;对主要处理构筑物的工艺尺寸、主要高程进行设计计算,设计深度应符合初步设计深度要求。

(1)依据水质情况,独立完成城市污水处理厂设计方案的制订,确定适宜的工艺流程;

(2)主体构筑物、设备的设计计算和选型(格栅、调节池、A/O池、沉淀池、污泥浓缩池等);

(3)确定平面布置和高程布置的方案;

(4)绘制平面布置图和高程图;

(5)编写课程设计说明书。

4.工程设计的基本内容

(1)在设计过程中,培养独立思考、独立工作能力以及严肃认真的工作作风。

(2)课程设计的核心内容要求:

①方案选择应论据充分,具有说服力,尽量用数据论证;

②设计参数选择有根据,合理、全面;

③计算所选用的公式依据充分,有参数说明,计算结果必须准确;

④说明书中必须列有处理构筑物、设备一览表,包括名称、型式(型号)、主要尺寸、数量、参数等;

⑤图纸应正确表达设计意图,符合设计、制图规范,线条清晰、主次分明、粗细适当,数据标绘完整,并附有一定文字说明。

总平面布置图1张(A2图纸),即污水处理工程纵剖面图,包括构筑物标高、水面标高、地面标高、构筑物名称。

(3)设计说明书格式参见本书"1.3.2 课程设计的成果要求"章节,应内容完整、绘制计算草图、文字通顺、条理清楚、计算准确。

(4)说明书要求打印(1.0万~1.5万字),可用计算机绘图;参考文献按标准要求编写,必须在15篇以上。

2.2.2 工艺原理

A/O工艺,也叫厌氧—好氧工艺法,A(Anaerobic)是厌氧段,用于脱氮除磷;O(Oxic)是好氧段,用于去除水中的有机物。

污水中的氨氮,在充氧条件下(O段),被硝化菌硝化为硝态氮,大量硝态氮回流至A段;在厌氧条件下,通过兼性厌氧反硝化菌的作用,以污水中有机物作为电子供体,硝态氮作为电子受体,从硝态氮还原为无污染的氮气,逸入大气而达到最终脱氮的目的。

硝化反应:$NH_4^+ + 2O_2 \longrightarrow NO_3^- + 2H^+ + H_2O$。

反硝化反应:$6NO_3^- + 5CH_3OH^-$(有机物)$\longrightarrow 5CO_2\uparrow + 7H_2O + 6OH^- + 3N_2\uparrow$。

A段DO不大于0.2 mg/L,O段DO为2~4 mg/L。在厌氧段,异养菌将污水中的淀粉、纤维、碳水化合物等悬浮污染物转化成可溶性有机物,当这些经厌氧水解的产物进入好氧池进行好氧处理时,可提高污水的可生化性及氧的效率;在缺氧段,异养菌将蛋白质、脂肪等污染物进行氨化(有机链上的N或氨基酸的氨基)游离出氨(NH_3,NH_4^+),在充足供氧条件下,自养菌的硝化

作用将 NH_3—N(NH_4^+)氧化为 NO_3^-，通过回流控制返回至A池，从而在厌氧条件下，异养菌的反硝化作用将 NO_3^- 还原为分子态氮(N_2)，完成C、N、O在生态中的循环，实现污水无害化处理。

2.2.3 设计方案的比较和确定

根据《城市污水处理及污染防治技术政策》(建成〔2000〕124号)，我国城市污水处理厂按照规模一般分为3个等级，即 10×10^4 t/d以下(含 10×10^4 t/d)、$(10\sim20)\times10^4$ t/d(含 20×10^4 t/d)和 20×10^4 t/d以上。城市污水处理厂采用的工艺基本上包括了世界各国的先进工艺，主要有活性污泥法、AB工艺、A/O工艺、A^2/O工艺、水解(酸化)、氧化沟、SBR等污水处理工艺。

1.工艺流程选择的原则

保证出水水质达到要求；处理效果稳定，技术成熟可靠、先进适用；降低基建投资和运行费用，节省电耗；减小占地面积；运行管理方便，运转灵活；污泥需达到稳定；适应当地的具体情况。

2.影响工艺流程选择的因素

(1)技术因素　处理规模；进水水质特性，重点考虑有机物负荷、氮磷含量；出水水质要求，重点考虑对氮磷的要求以及回用要求；各种污染物的去除率；气候等自然条件，如北方地区应考虑低温条件下稳定运行；污泥的特性和用途。

(2)技术经济因素　批准的占地面积和征地价格；基建投资；运行成本；自动化水平、操作难易程度、当地运行管理能力。

3.污水处理工艺流程的比较和选择方法

(1)技术的合理性分析　在方案初选时可以采用定性的技术比较，城市污水处理工艺应根据处理规模、水质特性、排放方式、水质要求、受纳水体的环境功能以及当地的用地、气候、经济等实际情况和要求，经全面的技术比较和初步经济比较后优选确定。常用生物处理方法的比较见表2-1。

表2-1　常用生物处理方法的比较

工艺方法	BOD_5去除率	N、P去除率	污泥负荷	投资	能耗	占地	受纳水体环境要求	城市经济
活性污泥法	90%～95%	低	中、低	大	高	大	不严格要求控制N、P	不发达
AB工艺	90%～95%	较高	高、中	一般	一般	一般	严格要求控制N、P	发达
氧化沟	90%～95%	较高	高、中	较小	低	较大	严格要求控制N、P	发达
A/O工艺	90%～95%	高	中	一般	一般	大	严格要求控制N、P	发达
A^2/O工艺	90%～95%	高	中	一般	一般	大	严格要求控制N、P	发达

续表

工艺方法	BOD_5 去除率	N、P 去除率	污泥负荷	投资	能耗	占地	受纳水体环境要求	城市经济
SBR	90%～95%	一般	中、低	小	较低	较小	不严格要求控制 N、P	不发达
CASS	90%～95%	较高	低	一般	一般	较小	不严格要求控制 N、P	不发达
水解—好氧法	90%～95%	一般	高	较低	较低	较小	不严格要求控制 N、P	发达
生物接触氧化法	90%～95%	一般	高、中	较高	较高	较小	不严格要求控制 N、P	发达
高负荷生物滤池	90%～95%	较低	高、中	低	低	较小	不严格要求控制 N、P	发达

①根据进水有机物负荷选择处理工艺　进水 BOD_5 负荷较高（如＞250 mg/L）或可生化性能较差时，可以采用 AB 法或水解—生物接触氧化法、水解—SBR 法等；进水 BOD_5 负荷较低时，可以采用 SBR 法或常规活性污泥法等；进水 BOD_5 负荷一般时，可以采用 A/O 工艺等。本次课程设计由于进水 BOD_5 为 200 mg/L，负荷一般，所以建议采用 A/O 工艺。

②根据处理级别选择处理工艺　二级处理工艺可选用氧化沟法、SBR 法、水解—好氧法、AB 法和生物滤池法等成熟工艺技术，也可选用常规活性污泥法；二级强化处理要求脱氮除磷，工艺流程除可以选用 A/O 工艺、A^2/O 工艺外，也可选用具有脱氮除磷效果的氧化沟法、CASS 法和水解—生物接触氧化法等。本次课程设计由于要求脱氮除磷，所以建议采用 A/O 工艺。

③根据占地面积选择处理工艺　地价贵、用地紧张的地区可采用 SBR 工艺；在有条件的地区，可利用荒地、闲地等，采用各种类型的土地处理和稳定塘等自然净化技术，但在北方寒冷地区不宜采用。本项目由于建设在市郊，土地比较宽广，经济较为发达，因此，建议采用 A/O 工艺。

④根据气候条件选择处理工艺　冰冻期长的寒冷地区应选用水下曝气装置，而不宜采用表面曝气；生物处理设施需建在室内时，应采用占地面积小的工艺，如 SBR 等；水解池对水温变化有较好的适应性，在低水温条件下运行稳定，北方寒冷地区可选择水解池作为预处理，较温暖的地区可选择各种 A/O 工艺、A^2/O 工艺、氧化沟和 SBR。本次课程设计在江南某城市，当地年平均气温为 24℃，所以建议采用 A/O 工艺。

⑤根据回用要求选择处理工艺　严重缺水地区要求污水回用率转高，应选择 BOD_5 和 SS 去除率高的污水处理工艺，如采用氧化沟工艺等，使 BOD_5 和 SS 均达到 20 mg/L 以下甚至更低；如果出水将在相当长的时期内用于农业灌溉以解决缺水问题，则处理目标以去除有机物为主，适当保留肥效。

总之,从技术上各项指标来看,A/O工艺技术先进而成熟,对水质变化适应性强,出水达标且稳定性高,污泥易于处理,脱氮除磷效果较好,因此,污水处理工艺方案的选择是合理的。

(2)技术经济的合理性分析　方案选择比较时需要考虑的主要技术经济指标包括处理单位水量投资、削减单位污染物投资、处理单位水量电耗和成本、削减单位污染物电耗和成本、占地面积、运行性能可靠性、管理维护难易程度、总体环境效益等。

①根据基建投资选择处理工艺　为了节省投资,应尽量采用国内成熟的、设备国产化率较高的工艺。污水处理厂的投资一般为800～1600元/吨,利用国内资金建设的城市污水处理厂平均投资为1164元/吨左右,利用国外贷款建设的城市污水处理厂平均投资为1517元/吨左右,利用国外贷款建设的项目比国内资金高约30%。污水处理厂设施建设投资宜控制在1000元/吨左右。

基建投资较小的处理工艺有水解—SRR法、SBR法及其变型、水解—活性污泥法等。用水解池作预处理可以提高对有机物的去除率,并改善后续二级处理构筑物污水的生化性能,可使总的停留时间比常规法少30%。

氧化沟、A/O工艺在用于以去除碳源污染物为目的的二级处理时,与各种活性污泥法相比,优势不明显,但用于必须去除氮、磷的二级强化处理时,则投资和运行费用明显降低。

②根据运行费用选择处理工艺　运行费用主要包括:一是提升泵房电耗,一般占运行费用的20%～30%,主要与出水水位标高、进水管管底高程和工艺流程损失有关;二是鼓风机房电耗,一般占运行费用的50%～60%,主要与进出水BOD_5或氨氮等要素有关。污水处理设施运行费(包括折旧费)宜控制在0.5元/吨左右。

③易于管理　目前城市污水处理所采用的工艺基本上是基于活性污泥法类型的,因此,曝气设备的选择是运行管理的关键。目前,国内广泛使用的曝气方式可分为机械曝气和鼓风曝气两种。机械曝气设备主要有表面曝气机、转刷(转碟)曝气机等;在使用上,设备可靠耐用、维护简单,但效率低,动力消耗大。鼓风曝气设备主要有穿孔管、固定式微孔曝气器及可变微孔管等;鼓风曝气比机械曝气的充氧效率高、动力消耗低,但维修时需将构筑物中水放空,维护复杂。近些年来广泛采用的效率最高的橡胶膜微孔曝气器,其曝气膜片在污水的侵蚀下很容易损坏,而且在SS较高的情况下易堵塞。

④定量化经济比较的方法　年成本法:将各方案的基建投资和年经营费

用按标准投资收益率，考虑复利因素后，换算成使用年限内每年年末等额偿付的成本——年成本。比较年成本最低者为经济可取的方案。

净现值法：将工程使用整个年限内的收益和成本(包括投资和经营费)按照适当的贴现率折算为基准年的现值，收益与成本现行总值的差额即净现值。净现值大的方案较优。

(3)污水处理工艺流程的多目标决策选择方法　多目标决策是根据模糊决策的概念，采用定性和定量相结合的系统评价法。其按工程特点确定评价指标，一般可以采用5分制评分，效益最好的为5分，最差的为1分。同时，按评价指标的重要性进行级差量化处理(加权)，分为极重要、很重要、重要、应考虑和意义不大5级。取意义不大权重为1级，依次按 $2n-1$ 进级，再按加权数算出评价总分，总分最高的为多目标系统的最佳方案。

进行工艺流程选择时，可以先根据污水处理厂的建设规模、进水水质特点和排放所要求的处理程度，排除不适用的处理工艺，然后根据表2-2的权重指标进行定量评价。

表2-2　评价指标项目及权重表(5分制评分)

序号	评价指标项目	权重(%)	A/O工艺设计方案得分
1	基建投资	16	0.72
2	年经营费指标	16	0.672
3	占地面积	8	0.36
4	受纳水体的性质及环境功能	10	0.45
5	水质特点和回用要求	8	0.36
6	气候等自然条件	4	0.168
7	工艺流程的成熟程度	18	0.81
8	能源能耗和节能效果	8	0.336
9	工程施工量、难易程度、建设周期	6	0.27
10	运行管理方便	6	0.27
	合计	100	4.416

4. 设计方案及工艺流程的确定

根据技术、经济的定性、定量比较，筛选出以下几个可比工艺：氧化沟、SBR、A^2/O 工艺进行优缺点类比。

(1) A^2/O 工艺

①基本原理　A^2/O 工艺是 Anaerobic-Anoxic-Oxic 的英文缩写，它是厌氧—缺氧—好氧生物脱氮除磷工艺的简称。该工艺处理效率一般能达到：BOD_5 和SS均为90%～95%，总氮为70%以上，磷为90%左右，一般适用于

要求脱氮除磷的大中型城市污水厂。但 A^2/O 工艺的基建费和运行费均高于普通活性污泥法，运行管理要求高。所以目前对我国国情来说，当处理后的污水排入封闭性水体或缓流水体引起富营养化，从而影响给水水源时，才采用该工艺。

②A^2/O 工艺特点　污染物去除效率高，运行稳定，有较好的耐冲击负荷；污泥沉降性能好；厌氧、缺氧、好氧 3 种不同的环境条件和不同种类微生物菌群的有机配合，能同时具有去除有机物、脱氮除磷的功能；脱氮效果受混合液回流比大小的影响，除磷效果则受回流污泥中央带 DO 和硝酸态氧的影响，因而脱氮除磷效率不可能很高；在同时脱氮除磷去除有机物的工艺中，该工艺流程最为简单，总的水力停留时间也少于同类其他工艺；厌氧—缺氧—好氧交替运行下，丝状菌不会大量繁殖，污泥体积指数 *SVI* 一般小于 100，不会发生污泥膨胀；污泥中磷含量高，一般为 2.5%以上。

③A^2/O 工艺缺点　反应池容积比 A/O 脱氮工艺还要大；污泥内回流量大，能耗较高；用于中小型污水厂费用偏高；沼气回收利用经济效益差；污泥渗出液需化学除磷。

(2)氧化沟工艺

①基本原理　氧化沟(Oxidation ditch)是活性污泥法的一种变型。污水和活性污泥在曝气渠道中不断循环流动，水力停留时间长，有机负荷低，本质上属于延时曝气系统

②氧化沟工艺特点　工艺流程简单，运行管理方便，不需要初沉池和污泥消化池；运行稳定，处理效果好。氧化沟的 BOD 平均处理水平可达到 95%左右；由于氧化沟水力停留时间长、泥龄长和循环稀释水量大，因此能承受水量、水质的冲击负荷，对浓度较高的工业废水有较强的适应能力；由于氧化沟泥龄长，一般为 30 d，污泥在沟内已好氧稳定，所以污泥产量少，因而管理简单，运行费用低；可以脱氮除磷；基建投资省、运行费用低。

③氧化沟工艺缺点　当废水中的碳水化合物较多，N、P 含量不平衡，pH 值偏低，氧化沟中污泥负荷过高，溶解氧浓度不足，排泥不畅等情况发生时易引发丝状菌性污泥膨胀；非丝状菌性污泥膨胀主要发生在废水水温较低而污泥负荷较高时。微生物的负荷高，细菌吸取了大量营养物质，由于温度低，代谢速度较慢，积贮起大量高黏性的多糖类物质，使活性污泥的表面附着水大大增加，*SVI* 值很高，形成污泥膨胀。

在氧化沟中，为了获得其独特的混合处理效果，混合液必须以一定的流速在沟内循环流动。一般认为，最低流速应为 0.15 m/s，不发生沉积的平均流

速应达到 0.3～0.5 m/s。氧化沟的曝气设备一般为曝气转刷和曝气转盘，转刷的浸没深度为 250～300 mm，转盘的浸没深度为 480～530 mm。与氧化沟水深(3.0～3.6 m)相比，转刷的浸没深度只占了水深的 1/10～1/12，转盘也只占 1/6～1/7，因此造成氧化沟上部流速较大(约为 0.8～1.2 m/s，设置更大)，而底部流速很小(特别是在水深的 2/3 或 3/4 以下，混合液几乎没有流速)，致使沟内产生大量积泥(有时积泥厚度达 1.0 m)，大大减少了氧化沟的有效容积，降低了处理效果，影响了出水水质。

若进水中带有大量油脂，处理系统不能完全有效地将其除去，部分油脂富集于污泥中，经转刷充氧搅拌，产生大量泡沫；泥龄偏长，污泥老化，也易产生泡沫。

当废水中含油量过大时，整个系统泥质变轻，在操作过程中不能很好地控制其在二沉池的停留时间，易造成缺氧，产生腐化污泥上浮。当曝气时间过长时，在池中发生高度硝化作用，使硝酸盐浓度升高，在二沉池易发生反硝化作用，产生氮气，使污泥上浮。另外，废水中含油量过大时，污泥可能挟油上浮。

(3)SBR 工艺

①基本原理　在反应器内预先培养驯化一定量的活性污泥，当废水进入反应器与活性污泥混合接触并有氧存在时，微生物利用废水中的有机物进行新陈代谢，将有机物降解并同时使微生物细胞增殖。其处理过程主要由初期的去除与吸附作用、微生物的代谢作用、絮凝体的形成与絮凝沉淀性能几个净化过程完成。

②SBR 工艺特点　理想的推流过程使生化反应推动力增大，效率提高，池内厌氧处于交替状态，净化效果好；运行效果稳定，污水在理想的静止状态下沉淀，需要时间短、效率高，出水水质好；耐冲击负荷，池内有滞留的处理水，对污水有稀释、缓冲作用，有效抵消水量和有机污物的冲击；工艺过程中的各工序可根据水质、水量进行调整，运行灵活；处理设备少，构造简单，便于操作和维护管理；反应池内存在 DO、BOD_5 浓度梯度，有效控制活性污泥膨胀；SBR 法系统本身也适合于组合式构造方法，利于废水处理厂的扩建和改造；脱氮除磷，适当控制运行方式，实现好氧、缺氧、厌氧状态交替，具有良好的脱氮除磷效果；工艺流程简单、造价低。主体设备只有一个序批式间歇反应器，无二沉池、污泥回流系统，调节池、初沉池也可省略，布置紧凑，占地面积省。

③SBR 工艺缺点　容积及设备利用率低(一般小于 50%)，间歇周期运行，对自控要求高，变水位运行，电耗增大；脱氮除磷效率不太高；污泥稳定性不如厌氧硝化好；若发生污泥膨胀，处理困难且难以恢复。

本设计日处理水量为 50×10^4 m^3/d，污水中含有 COD、BOD、SS 等污染物以及较高浓度的氮、磷污染物，鉴于城市污水经二级处理后对氮、磷污染物指标的达标控制要求，通过以上工艺的比较，结合水量、水质特点，不难看出，A/O工艺和 A^2/O 工艺能够满足既能去除 COD 等有机污染物，又能达到脱氮除磷的效果，使出水各项指标稳定达标。但对目前我国国情来说，当处理后的污水排入封闭性水体或缓流水体引起富营养化，从而影响给水水源时，才采用 A^2/O 工艺。因此江南某城市 50×10^4 m^3/d 污水处理工艺推荐采用缺氧/好氧(A/O)的生物脱氮工艺。A/O 工艺具有如下特点：

a. 效率高。该工艺对废水中的有机物、氨氮等均有较好的去除效果。当总停留时间达到一定数值，由生物脱氮后的出水再经过混凝沉淀，可将 COD 值降至 100 mg/L 以下，其他指标也达到排放标准，总氮去除率在 70%以上。

b. 流程简单，投资省，操作费用低。该工艺是以废水中的有机物作为反硝化的碳源，故不需要另加甲醇等昂贵的碳源。尤其是反硝化反应产生的碱度可以补偿好氧池中进行硝化反应对碱度的需求。

c. 缺氧反硝化过程对污染物具有较高的降解效率。如 COD、BOD_5 和 SCN^- 在缺氧段去除率分别为 67%、38%和 59%，酚和有机物的去除率分别为 62%和 36%，故反硝化反应是最为经济的节能型降解过程。

d. A 段搅拌，只起使污泥悬浮从而避免 DO 增加的作用；O 段的前段采用强曝气，后段减少气量，使内循环液的 DO 含量降低，以保证 A 段的缺氧状态。内循环工艺流程，使污水处理装置不但能达到脱氮的要求，而且其他指标也达到排放标准。

e. A/O 工艺的耐负荷冲击能力强。当进水水质波动较大或污染物浓度较高时，本工艺均能维持正常运行，故操作管理也很简单。

确定的工程流程如图 2-1 所示。

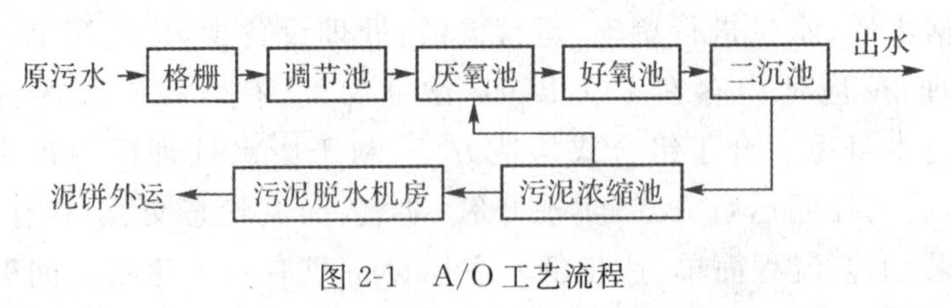

图 2-1　A/O 工艺流程

(4)其他工程方案

①沉淀池类型选择　沉淀池的类型主要有辐流式、平流式、竖流式 3 种，其优缺点比较见表 2-3。

表 2-3 沉淀池类型的比较

沉淀池类型	描述
平流式沉淀池	由流入装置、沉淀区、缓冲区、污泥区及排泥装置等组成。流入装置由配水槽与挡板组成。流出装置由流出槽与挡板组成。缓冲层的作用是避免已沉淀的污泥被水流搅起以及缓冲冲击负荷;污泥区起贮存、浓缩、和排泥作用。排泥方式有静水压法、机械排泥法
辐流式沉淀池	池型呈圆形或正方形,直径(边长)为6～60 m,池周水深1.5～3.0 m,用机械排泥,池底坡度不宜小于0.05,可用作初沉池或二沉池
竖流式沉淀池	池型呈圆形或正方形。为了池内水流分布均匀,池径不宜太大,一般采用4～7 m。沉淀区呈柱形,污泥斗为正方锥形

辐流式沉淀池工艺成熟,适用范围广,故本设计采用辐流式二沉池。

②污泥处理　污泥处理的工艺流程一般有以下几种:

a. 生污泥→浓缩→硝化→机械脱水→最终处置

b. 生污泥→浓缩→机械脱水→最终处置

c. 生污泥→浓缩→硝化→机械脱水→干燥焚烧→最终处置

d. 生污泥→浓缩→自然干燥→堆肥→农田

由于该工艺选用A/O工艺,污泥量较少,运行稳定,因此综合比较各处理工艺,确定选用生污泥→浓缩→机械脱水→最终处置工艺。其中浓缩、脱水比较情况如表2-4所示。

表 2-4 污泥浓缩、脱水比较

项目	方案一	方案二
主要构建筑物	(1)污泥贮泥池 (2)浓缩、脱水机房 (3)污泥堆棚	(1)污泥贮泥池 (2)脱水机房 (3)污泥堆棚
主要设备	(1)污泥浓缩脱水机 (2)加药设备	(1)浓缩池刮泥机 (2)脱水机 (3)加药设备
占地面积	小	大
絮凝剂总用量	3.0～4.0 kg/(T·DS)	≤3.5 kg/(T·DS)
对环境影响	无大的污泥敞开式建筑物,对周围环境影响小	污泥浓缩池露天布置,有气味
总土建费	小	大
总设备费	大	小

从表 2-4 可看出，方案一与方案二各有优缺点，本工程污泥处理工艺推荐采用机械浓缩、脱水方案。

目前，污泥机械浓缩、脱水采用最多的有三种类型：一是带式压滤机；二是板框压滤机；三是卧螺式离心脱水机。其中，带式压滤机在国内的应用较早，技术较成熟，多用于处理城市污水处理厂的污泥；板框压滤机则结构简单、制造容易、设备紧凑，适用于间歇操作的场合；离心脱水机在国内使用较多，尤其是印染等轻工行业。三种污泥脱水方式的比较详见表 2-5。

表 2-5　污泥脱水方式比较

方法	优点	缺点
带式压滤机	(1)泥饼含固率、固体回收率高 (2)对污泥特别适应 (3)设备价格低于离心脱水机 (4)现已国产化，进口机易损零件也可在国内加工制作	(1)进泥波动，导致跑料 (2)加药难于控制适应 (3)只能用高分子絮凝剂 (4)冲洗水量大 (5)操作人员要求高、操作环节差 (6)设备运行维护较烦
板框压滤机	(1)泥饼含固率高 (2)可用无机絮凝剂	(1)结构复杂、间断操作 (2)占地大、工作人员多 (2)操作人员要求高
离心脱水机	(1)可连续操作 (2)系统封闭，对周围影响较小 (3)操作人员劳动强度小 (4)自控程度高 (5)操作环节优越	(1)国产设备有待改进，设备价格稍高 (2)操作人员水平要求高 (3)耗电量稍大、噪声较大

从表 2-5 可看出，带式压滤机、板框压滤机与离心脱水机各有优缺点。从长远的运行角度以及结合本工程的实际情况来考虑，本工程的污泥机械脱水方式推荐采用国产离心脱水机设备。

2.2.4　处理单元的设计计算

1. 格栅的设计

(1)设计基本参数的确定

①格栅结构形式的确定　格栅的作用：去除废水中粗大的悬浮物和杂物。格栅按栅条隙分为：粗(coarse)格栅(50～100 mm)、中(medium)格栅(10～40 mm)、细(fine)格栅(2～10 mm)。按筛余物清理方式分为：人工清理(manually cleaned screen)和机械清理(mechanically cleaned screen)。

②格栅的设计基本参数　栅条断面形状选用迎水面为半圆的矩形，栅前

水深 $h=1$ m，过栅流速 $v=0.9$ m/s，安装倾角 $\alpha=60°$。粗格栅设计为四个格栅并排建立，设计采用栅宽度 $S=0.01$ m，栅条间隙 $b=60.0$ mm，粗格栅 2 个格栅之间的间隔为 0.1 m。中格栅设计 4 个格栅并排建立，栅条宽度 $S=0.01$ m，栅条间隙 $b=20$ mm，中格栅 2 个格栅之间的间隔为 0.1 m。

设计流量：日平均流量 $Q=50\times10^4\ \mathrm{m^3/d}=20833.333\ \mathrm{m^3/h}=5.787(\mathrm{m^3/s})$。

日最大流量：$Q=K_zQ_d=1.4\times5.787\ \mathrm{m^3/s}=8.102\ \mathrm{m^3/s}=29167.2(\mathrm{m^3/h})$。

(2)设计计算草图(图 2-2)

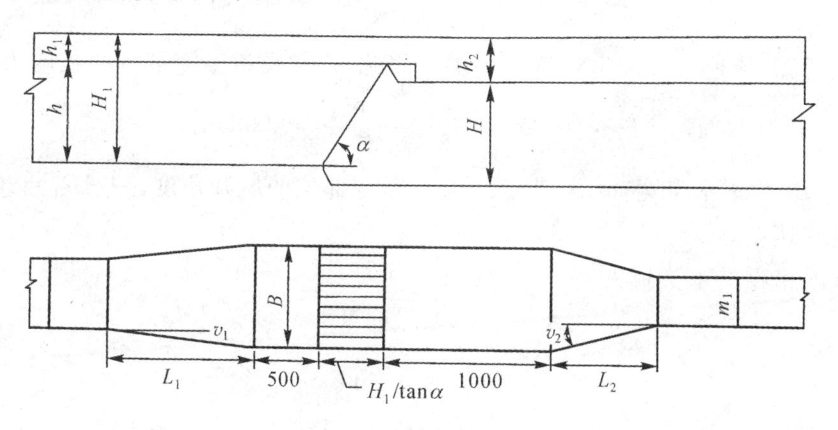

图 2-2 格栅设计计算草图(单位:mm)

(3)粗格栅的设计计算 格栅的截污主要对水泵起保护作用。设计粗格栅 4 个，提升泵选用螺旋泵，格栅栅条间隙为 60 mm。

①单个格栅的流量和格栅间隙数 n

$$Q'_{\max}=\frac{Q_{\max}}{4}=2.026(\mathrm{m^3/s})$$

$$n=\frac{Q'_{\max}\times\sqrt{\sin\alpha}}{bhv}=\frac{2.026\times\sqrt{\sin 60°}}{0.06\times1.0\times0.9}=34.9(\text{根})(\text{取 }n=35\text{ 根})$$

式中，$Q_{\max}$ 为最大设计流量，m³/s(这里取值为 8.102 m³/s)；b 为栅条间距，m；h 为栅前水深，m；α 为格栅倾角(°)；v 为污水流经格栅的速度，m/s。

②实际过栅流速 v

$$v=\frac{Q'_{\max}\times\sqrt{\sin\alpha}}{bhn}=\frac{2.026\times\sqrt{\sin 60°}}{0.06\times1.0\times35}=0.898(\mathrm{m/s})$$

式中，n 为栅条间隙数，根。由上式知，流速为 0.6～1.0 m/s，符合要求。

③栅槽宽度 B

设计采用栅条宽度为 10 mm，即 $S=0.01$ m。

单个格栅的宽度：

$$B' = S(n-1) + bn = 0.01 \times (35-1) + 0.06 \times 35 = 2.44(\text{m})$$

式中，b 为栅条间距，m；S 为栅条宽度，m。

栅槽总宽度：$B = 4B' + 0.1 \times 3 = 4 \times 2.44 + 0.3 = 10.06(\text{m})$。

④进水渠道渐宽部位的长度 L_1

根据最优水力断面计算，进水渠道宽 $B_1 = 9.8$ m，取进水渠道渐宽部位的展开角 $\alpha_1 = 20°$，则进水渠内的流速：

$$v_1 = \frac{Q_{\max}}{hB_1} = \frac{8.102}{1.0 \times 9.8} = 0.83(\text{m/s})$$

由上式知，流速<0.9 m/s，符合要求。因此，进水渠道渐宽部分的长度 L_1 为

$$L_1 = \frac{B - B_1}{2\tan \alpha_1} = \frac{10.06 - 9.8}{2 \times 0.364} = 0.36(\text{m})$$

式中，B_1 为进水渠宽，m；α_1 为进水渠道渐宽部位的展开角度，一般 $\alpha_1 = 20°$；v_1 为进水速度，m/s。

⑤格栅的水头损失 h_2

$$h_2 = kh_0$$

$$h_0 = \xi \frac{v^2}{2g} \sin \alpha$$

式中，h_0 为计算水头损失，m；v 为污水流经格栅的速度，m/s；ξ 为阻力系数，其值与栅条断面的几何形状有关；α 为格栅的放置倾角(°)；g 为重力加速度，9.81 m/s²；k 为考虑到格栅受污染物堵塞后阻力增大的系数，可用式 $k = 3.36v - 1.32$ 求得，一般采用 $k = 3$(城市污水的格栅水头损失一般取 0.1～0.4 m)。

选取栅条断面形状为半圆矩形，则栅条阻力系数 $\xi = \beta\left(\frac{S}{b}\right)^{\frac{4}{3}}$，其中 β 取 1.83。因此，$\xi = 1.83 \times \left(\frac{S}{b}\right)^{\frac{4}{3}} = 1.83 \times \left(\frac{0.01}{0.06}\right)^{\frac{4}{3}} \approx 0.17$。

格栅水头损失：

$$h_2 = k\xi \frac{v^2}{2g} \sin \alpha = 3 \times 0.17 \times \left(\frac{0.898^2}{2 \times 9.81}\right) \times \sin 60° \approx 0.02(\text{m})$$

⑥栅后槽的总高度 H

取栅前渠道超高 $h_1 = 0.3$ m，则有

$$H = h + h_1 + h_2 = 1.0 + 0.3 + 0.02 = 1.32(\text{m})$$

式中，h 为栅前水深，m；h_2 为格栅的水头损失，m；h_1 为格栅前渠道超高，一般 $h_1 = 0.3$ m。

⑦格栅的总长度 L

$$L=L_1+L_2+1.0+0.5+\frac{H_1}{\tan\alpha}$$

$$=0.36+\frac{0.36}{2}+1.0+0.5+\frac{1.3}{\tan 60^\circ}=2.79(\mathrm{m})$$

式中，L_1 为进水渠道渐宽部分的长度，m；α 为格栅的放置倾角(°)；L_2 为格栅槽与出水渠道连接处的渐窄部位的长度，一般 $L_2=0.5L_1$；H_1 为格栅前的渠道深度，m。

⑧每日栅渣量 W

在格栅间隙为 60 mm 的情况下，设栅渣量为每 1000 m^3 污水产渣 0.02 m^3，则

$$W=\frac{86400Q_{\max}W_1}{1000K_Z}=\frac{86400\times 8.102\times 0.02}{1000\times 1.4}=10(\mathrm{m^3/d})$$

式中，W_1 为栅渣量，$m^3/(10^3\ m^3$ 污水)；K_Z 为生活污水总流量变化系数。由于 $W>0.2\ m^3/d$，适用机械除渣。

⑨ 设备选型

根据计算结果，设计选用深圳市新环机械工程设备有限公司 RGS 三索钢丝绳牵引式机械格栅 4 台，其技术参数如表 2-6 所示。

表 2-6 RGS 三索钢丝绳牵引式机械格栅技术参数

型号	格栅宽度	格栅间隙	过流水深	安装倾角	过栅流速	电机功率
RGS	1000～4000 mm	15～100 mm	1000 mm	60°	0.9 m/s	1.5 kW

(4)中格栅的设计计算　中格栅的设计计算、设备选型参照粗格栅。

2. 调节池的设计

(1)设计基本参数的确定

①调节池类型的确定　废水的流量和污染物的含量是随时间变化的。调节池的作用为缓冲有机物负荷冲击，控制 pH 值，减少对物理、化学处理系统的流量波动，防止高浓度的有毒物质进入生物处理系统，保证生物处理系统连续进水。

调节池包括：均量池，可均化水量；均质池，可均化水质；均化池，既能均量，又能均质。

在设计中采用差流式均化调节池。

②调节池的设计基本参数　由于污水设计流量较大，为减少调节池个数和占地面积，设计水里停留时间 $t=2$ h，有效水深 $h=5$ m。

(2)设计计算草图(略)

(3)调节池的设计计算　设计调节池12间,4池为一组。

①调节池有效容积V

$$V=Q_{max}t=29167.2\times2=58334.4(m^3)$$

式中,Q_{max}为最大设计流量,m^3/s;t为调节时间,h。

②单个调节水池面面积F

$$F=V/(12h)=58334.4/(12\times5)=972.24(m^2)$$

式中,h为有效水深,m。

③调节池长度、总高

取池宽$b=25$ m。

池长:$l=\frac{F}{b}=\frac{972.24}{25}=38.89(m)$(取$l=40$ m)。

取池超高$h_1=0.5$ m,则池总高为

$$H=h_1+h=0.5+5=5.5(m)$$

④调节池规格　设计单个调节池的规格为(长×宽×高)40.0 m×25.0 m×5.5 m。

3. A/O曝气池的设计

(1) 设计基本参数的确定　如无试验资料时,可采用经验数据,见表2-7。

表2-7　A/O法设计参数表

项目	数值	项目	数值
污泥负荷率N_s (kg BOD_5/(kg MLSS·d))	≤0.18	污泥体积指数SVI	≤100
TN污泥负荷 (TN/(kg MLSS·d))	≤0.05	污泥回流比R(%)	50~100
水力停留时间HRT(h)	A段≤2;O段2.5~6	混合液浓度MLSS (mg/L)	3000~5000
污泥龄θ_c(d)	>10	溶解氧DO(mg/L)	A段趋近于0;O段为1~2

根据表2-7,本次课程设计基本参数的选取和计算如下:

①污泥负荷:$N_s=0.18$ kg BOD_5/(kg MLSS·d)($N_s>0.1$ kg BOD_5/(kg MLSS·d))。

②污泥体积指数:$SVI=100$。

③回流污泥浓度X_r

$$X_r=\frac{10^6}{SVI}\times r=\frac{10^6}{100}\times1=10000(mg/L)=10(kg/m^3)$$

式中，r 为考虑污泥受沉淀池影响的系数，取 1.0～1.2。

④污泥回流比 $R=60\%$。

⑤曝气池混合污泥浓度 X

$$X=\frac{R}{1+R}\times X_r=\frac{0.6}{1+0.6}\times 10000=3750(\text{mg/L})$$

⑥TN 去除率 η_{TN}

$$\eta_{TN}=\frac{TN_0-TN_e}{TN_0}=\frac{30-15}{30}=50\%$$

式中，TN_0 为进水缺氧池污水总氮，mg/L；TN_e 为出水总氮，mg/L。

⑦混合液的内回流比 $R_内$

$$R_{内}=\frac{\eta_{TN}}{1-\eta_{TN}}=\frac{0.50}{1.0-0.50}=100\%$$

⑧回流污泥量 Q_r

$$Q_r=RQ=0.6\times 50\times 10^4=3\times 10^5(\text{m}^3/\text{d})$$

(2)设计计算草图(图 2-3)

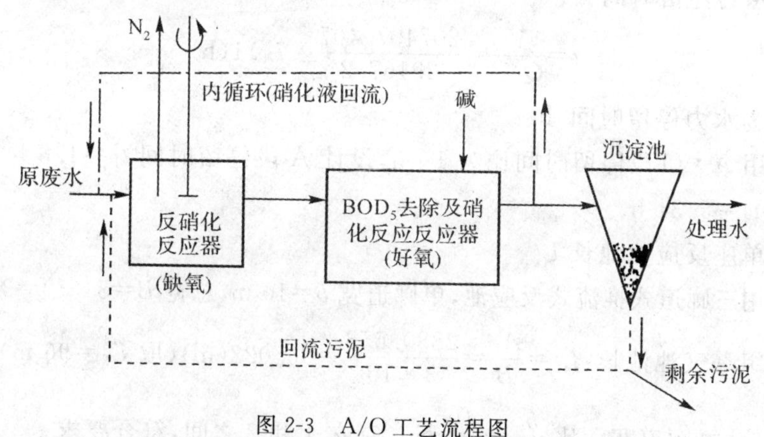

图 2-3 A/O 工艺流程图

(3)A/O 曝气池的设计计算

①可否采用 A/O 法的判据

COD/TN＝350/30＝11.667＞10；BOD/TP＝200/4.5＝44.3＞30，可采用 A/O 法。

②生化反应池总容积 V

$$V=\frac{Q_{max}S_0}{N_sX}=\frac{50\times 10^4\times 1.4\times 200}{0.18\times 3750}=207407.407(\text{m}^3)$$

式中，V 为生化反应池总容积，m^3；Q_{max} 为平均设计流量，m^3/d；S_0 为生化反应池进水 BOD_5 浓度，kg/m^3；X 为污泥浓度，kg/m^3；N_s 为 BOD_5 污泥负荷，

kg BOD_5/(kg MLSS·d)。

③好氧、厌氧反应容积

$$\frac{V_1}{V_2}=3:1$$

$$V_1=155555.4(m^3), V_2=51851.8\ m^3$$

式中,V_1 为好氧段容积,m^3;V_2 为厌氧段容积,m^3。

④反应池总有效面积 A

设有效水深 $H_1=6.0$ m,则

$$A=\frac{V}{H_1}=\frac{207407.407}{6.0}=34567.901(m^2)$$

⑤单座反应池有效面积 S

设计 2 组反应池,每组 6 座 A/O 池,则每座面积

$$A_1=\frac{A}{n}=\frac{34567.901}{2\times 6}=2880.658(m^2)$$

⑥水力停留时间 t

$$t=\frac{V}{Q_{max}}=\frac{207407.407}{29167.2}=7.11(h)$$

式中,t 为水力停留时间,h。

采用 A∶O 段停留时间比为 1∶3,设计 A 段停留时间 $t_1=1.8$ h,O 段停留时间 $t_2=5.31$ h。

⑦单座反应池池长 L_1

采用三廊道式推流式反应池,单廊道宽 $b=10$ m,总宽 $B=3\times 10=30$(m)。

单组曝气池池长:$L_1=\frac{A_1}{B}=\frac{2880.658}{3\times 10}=96.022$(m)(取 $L_1=96$ m)。

校核:每廊道宽深比 $\frac{b}{H_1}=\frac{10}{6.0}\approx 1.7$,在 1 和 2 之间,符合要求。

反应池总长 $L=3L_1=288$ m,则 $L>(5\sim 10)b$,符合要求。

⑧剩余污泥量 W

$$W=YQ(S_0-S_e)-K_dX_VV+0.5Q(L_0-L_e)$$

式中,W 为剩余污泥量,kg/d;Y 为污泥产率系数,kg/kg BOD_5,一般为 0.5~0.7(取 $Y=0.55$);K_d 为污泥自身氧化系数,d^{-1},一般为 0.05;S_0-S_e 为生化反应池去除 BOD_5 浓度,kg/m^3;Q 为平均日污水流量,m^3/d;L_0-L_e 为反应器去除的 SS 浓度,kg/m^3;X_V 为挥发性悬浮固体浓度,kg/m^3,$X_V=0.7X$;V 为生化反应池总容积,m^3。

a. 降解 BOD 生成污泥量 W_1

生化反应池去除 BOD_5 浓度：

$$S_0-S_e=(200-20)(mg/L)=0.18(kg/m^3)$$

$$W_1=YQ(S_0-S_e)=0.55\times50\times10^4\times0.18=4.95\times10^4(kg/d)$$

b. 内源呼吸分解泥量 W_2

$$f=\frac{MLVSS}{MLSS}=0.7(\text{取值范围为 }0.5\sim0.8)$$

挥发性悬浮固体浓度：$X_V=fX=0.7\times3750=2625(mg/L)$。

取污泥自身氧化速率 $K_d=0.05\ d^{-1}(0.05\sim0.1\ d^{-1})$，则

$$W_2=K_dX_VV=0.05\times207407.407\times2.625=27222.222(kg/d)$$

c. 不可生物降解和惰性悬浮物量(NVSS)W_3

NVSS 约占 TSS 的 50%，则 A/O 池去除的 SS 浓度：

$$L_0-L_e=250-20=230(mg/L)=0.23(kg/m^3)$$

$$W_3=0.5Q(L_0-L_e)=0.5\times50\times10^4\times0.23=5.75\times10^4(kg/d)$$

d. 剩余污泥量 W

$$W=W_1-W_2+W_3=4.95\times10^4-27222.222+5.75\times10^4=79777.778(kg/d)$$

每日生成的剩余活性污泥量：

$$X_W=W_1-W_2=4.95\times10^4-27222.222=22277.778(kg/d)$$

⑨ 湿污泥量 Q_S

污泥含水率：$P=99.2\%(99.2\%\sim99.6\%)$，则

$$Q_S=\frac{W}{1000(1-P)}=\frac{79777.778}{1000(1-0.992)}=9972.222(m^3/d)$$

式中，Q_S 为湿污泥量，m^3/d；P 为污泥含水率，%。

⑩ 污泥龄 θ_c

$$\theta_c=\frac{VX_V}{X_W}=\frac{207407.407\times2.625}{22277.778}=24.439(d)$$

式中，θ_c 为污泥龄，d。由上式知，$\theta_c>10$ d，符合要求。

⑪ 曝气池所需空气量计算

a. 需氧量计算 O_2

$$O_2=a'QS_r+b'N_r-b'N_D-c'X_W$$
$$=a'Q(S_0-S_e)+b'[Q(N_{k_0}-N_{k_e})-0.12X_W]$$
$$-b'[Q(N_{k_0}-N_{k_e}-NO_e)-0.12X_W]\times0.56-c'X_W$$

$$=1\times50\times10^4\times\frac{200-20}{1000}+4.6\times(50\times10^4\times\frac{30-15}{1000}-0.12\times22277.778)$$

$$-4.6\times0.56\times(50\times10^4\times\frac{30-15-0}{1000}-0.12\times22277.778)$$

$$-1.42\times22277.778$$

$$=1014754.727(\mathrm{kg/d})$$

式中，a'为活性污泥微生物分解有机物过程的需氧率，即活性污泥微生物每代谢 1 kg BOD_5 所需要的氧量，取 1 kg O_2/kg；b'为活性污泥好氧与厌氧分解氨氮过程的需氧率，取 4.6 kg O_2/kg；c'为污泥的氧当量系数，完全氧化一单位的细胞需要 1.42 单位的氧；Q 为日平均污水流量，m^3/d；S_r 为生化反应池去除 BOD_5 浓度，kg/m^3；N_r 为氨氮去除量，kg/m^3；N_D 为硝态氮去除量，kg/m^3；X_W 为剩余活性污泥量，kg/d。

b. 曝气池供气量计算 O_s

$$O_s=K_0O_2$$

$$K_0=\frac{C_s}{\alpha(\beta C_{sm}-C_0)\times1.024^{T-20}F}$$

式中，C_s 指 20℃水平溶解氧饱和度值，取 9.17 mg/L。

$$C_{sm}=C_s(\frac{O_t}{42}+\frac{P_b}{2.066\times10^5})$$

$$O_t=\frac{21(1-E_A)}{79+21(1-E_A)}\times100\%=17.536\%$$

式中，E_A 为氧转移率，取 $E_A=20\%$。

空气扩散器出口的绝对压力 P_b 为

$$\begin{aligned}P_b&=1.013\times10^5+9.81\times10^3\times H_1\\&=1.013\times10^5+9.81\times10^3\times6.0\\&=1.602\times10^5(\mathrm{Pa})\end{aligned}$$

20℃时曝气池混合液中平均溶解氧饱和浓度为

$$C_{sm}=C_s(\frac{O_t}{42}+\frac{P_b}{2.066\times10^5})=9.17(\frac{17.536}{42}+\frac{1.602\times10^5}{2.066\times10^5})=10.94(\mathrm{mg/L})$$

$$\begin{aligned}K_0&=\frac{C_s}{\alpha(\beta C_{sm}-C_0)\times1.024^{T-20}F}\\&=\frac{9.17}{0.8\times(0.95\times10.94-2)\times1.024^{(20-20)}\times0.8}=1.71\end{aligned}$$

$$O_s=K_0O_2=1.71\times1014754.727=1735230.584(\mathrm{kg/d})=72301.274(\mathrm{kg/h})$$

好氧反应池平均时供气量为

$$G_S=\frac{O_s}{0.28E_A}=\frac{72301.274}{0.28\times20\%}=1291094.184(\mathrm{m^3/h})$$

⑫空气管道系统计算　在相邻的两个廊道的墙壁上设一根干管，共 18 根干管，取立管间的间距为 6.0 m；一条干管上设 16 对配气竖管，共 32 条配气竖管。如图 2-4 所示，全部曝气池共有 576 条配气竖管。

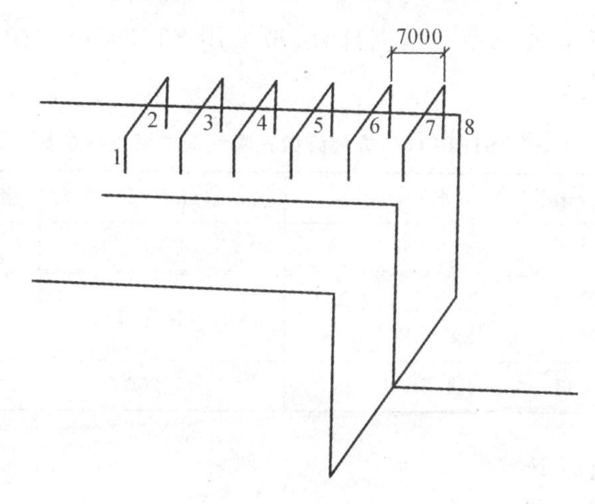

图 2-4　空气管道系统(单位:mm)

a. 最大供气量：$G_{S\max}=1.4G_S=1.4\times1291094.184=1807531.858(\mathrm{m^3/h})$

每根立管的供气量：$q=\frac{G_{S\max}}{32\times18}=\frac{1807531.858}{576}=3138.076(\mathrm{m^3/h})$。

b. 每个扩散器的服务面积为 1 m²，则所需数量为 $m=\frac{1807531.858}{1}\approx$ 1807532(个)。为安全设计，本设计采用 1807532 个扩散器。

c. 每个立管上安设的空气扩散器数：$m_0=\frac{m}{32\times18}=\frac{1807532}{576}\approx3138$(个)。

d. 每个扩散器的配气量：$q_0=\frac{q}{m_0}=\frac{3138.076}{3138}=1.000(\mathrm{m^3/h})$。

(4)A/O 工艺设备选型设计

①鼓风机的选型　选择型号为 CM75L 的鼓风机 24 台，22 台使用 2 台备用。该型号的鼓风机运转性能好，可靠性能高，它比一般离心机的叶轮外径小 30%～40%，故转子转矩小，一般能满足要求，其主要性能参数见表 2-8。

表 2-8　鼓风机典型机组主要性能参数

型号	进口流量($\mathrm{m^3/min}$)	进口压力(MPa)	排空压力(MPa)	轴功率(kW)	电机功率(kW)
CM75L	1400	0.098	0.17	1750	2000

② 鼓风机房的设置　鼓风机房的平面尺寸：$L\times B=50\ \text{m}\times 40\ \text{m}$。

风机出口风压：$p=h_1+h_2+h_3+h_4+\Delta h$

式中，$h_1+h_2=0.2$ m；曝气器淹没水头 h_3 取 4.8 m；曝气阻力 h_4 取 0.4 m；富余水头 Δh 取 0.5 m。则

$$p=0.2+4.8+0.4+0.5=5.9(\text{m})$$

③ 微孔曝气器的选型　根据计算，拟采用 STEDCO 型橡胶膜微孔曝气器，具体参数见表 2-9。

表 2-9　STEDCO 型橡胶膜微孔曝气器主要性能参数

型号	规格(mm)	水深(m)	供气量(m^3/(h·个))	服务面积(m^2/个)
STEDCO	ϕ300	6	2～6	0.7～1.3
充氧能力(kg/h)	氧利用率(%)	理论动力效率(kg/(kW·h))	阻力损失(Pa)	质量(kg/个)
0.24～0.54	15～33	4.5～6.0	≤3200	1

4. 沉淀池的设计

(1)设计基本参数的确定

①沉淀池类型的确定　按水流方向划分，沉淀池可分为平流式、辐流式和竖流式 3 种。沉淀池的设计一般作以下规定：

a. 沉淀池的设计作分期建设考虑，当污水为自流进入时，设计流量为每期的最大设计流量；

b. 当污水为提升进入时，设计流量为工作泵的最大组合流量；

c. 对于城市污水厂，沉淀池的个数不应少于 2 个。

② 沉淀池的设计基本参数(表 2-10)

表 2-10　城市污水沉淀池的设计数据

类别	沉淀池位置	沉淀时间(h)	表面负荷(m^3/(m^2·h))	污泥量(干物质)(g/(人·d))	污泥含水率(%)	固体负荷(kg/(m^2·d))	集水槽堰口负荷(L/(s·m))
初次沉淀池	单独沉淀池	1.5～2.0	1.5～2.5	16～36	95～97		≤2.9
	二级处理前	0.5～1.5	2.0～4.5	14～26	95～97		≤2.9
二次沉淀池	活性污泥后	1.5～4.0	0.6～1.5	12～32	99.2～99.6	≤150	≤1.7
	生物膜法后	1.5～4.0	1.0～2.0	10～26	96～98	≤150	≤1.7

沉淀池直径不宜小于 16 m；超高不少于 0.3 m；缓冲层高采用 0.3～0.5 m；贮泥斗斜壁的倾角，方斗不宜小于 60°，圆斗不宜小于 55°；排泥管直径不小于

200 mm。

(2)设计计算草图　辐流式沉淀池结构见图 2-5，二沉池计算草图见图 2-6。

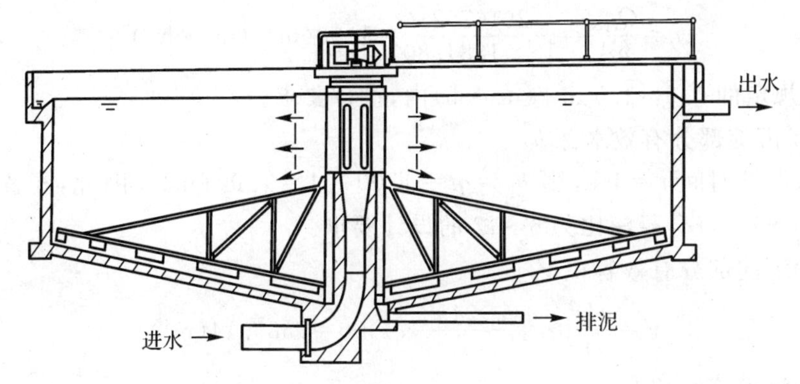

图 2-5　辐流式沉淀池结构

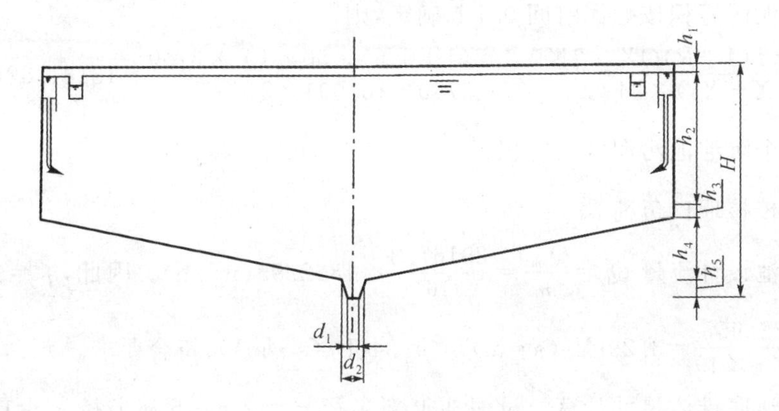

图 2-6　二沉池计算草图

(3)沉淀池的设计计算

①沉淀部分水面面积 A

设池个数 $n=16$ 个，表面负荷 $q=1.1\ m^3/(m^2 \cdot h)$，则

$$A=\frac{Q_{max}}{nq}=\frac{29167.2}{16\times 1.1}=1657(m^2)$$

式中，Q_{max} 为最大设计流量，m^3/h；q 为表面负荷，$m^3/(m^2 \cdot h)$；n 为池的个数。

②池子直径 D

$$D=\sqrt{\frac{4A}{\pi}}=\sqrt{\frac{4\times 1657}{\pi}}=45.94(m)(取\ D=49\ m)$$

③实际水面面积 A

$$A=\frac{\pi D^2}{4}=\frac{\pi\times 49^2}{4}=1884.80(\text{m}^2)$$

④ 实际表面负荷 q

$$q=\frac{Q_{\max}}{nA}=\frac{29167.2}{16\times 1884.80}=1.00(\text{m}^3/(\text{m}^2\cdot\text{h}))$$

q 值在规定的 0.6～1.5 $\text{m}^3/(\text{m}^2\cdot\text{h})$内，符合要求。

⑤ 沉淀部分有效水深 h_2

取沉淀时间 $t=4$ h，则 $h_2=qt=1.00\times 4=4.00(\text{m})$。因此，径深比为 49/4.0≈12，符合径深比为 6～12 的设计要求。

⑥沉淀部分有效容积 V

$$V=\frac{\pi D^2}{4}h_2=\frac{\pi\times 49^2}{4}\times 4.00=7539.14(\text{m}^2)$$

⑦污泥区容积 V'

污泥区容积按贮泥时间 0.1 h 确定，则

$$V'=\frac{2T(1+R)QX}{(X+X_R)\times 24}=\frac{2\times 0.1\times(1+0.6)\times 50\times 10^4\times 3750}{(3750+10000)\times 24}=18181.82(\text{m}^3)$$

单个沉淀池污泥区的容积：$\frac{V'}{16}=1136.37(\text{m}^3)$

⑧校核堰口负荷 q'

单池设计流量 $Q_0=\frac{Q_{\max}}{n}=\frac{29167.2}{16}=1822.95(\text{m}^3/\text{h})$。因此，$q'=\frac{Q_0}{3.6\pi D}=\frac{1822.95}{3.6\times\pi\times 49}=3.29(\text{L}/(\text{s}\cdot\text{m}))<4.34(\text{L}/(\text{s}\cdot\text{m}))$，符合要求。

⑨池底锥体尺寸计算　设泥斗上部半径 $r_1=2$ m，下部半径 $r_2=1$ m，泥斗坡度为 60°，泥斗高 $h_5=1.73$ m。

$$\text{泥斗容积}:V_1=\frac{\pi h_5}{3}(r_1^2+r_1r_2+r_2^2)=\frac{\pi\times 1.732}{3}\times(2^2+2\times 1+1^2)=12.70(\text{m}^3)$$

设池底坡度 $i=0.08(i=0.05\sim 0.10)$，则圆锥部分高度：

$$h_4=(R-r_1)i=(24.5-2)\times 0.08=1.80(\text{m})$$

$$\text{圆锥部分容积}:V_2=\frac{\pi h_4}{3}(r_1^2+r_1R+R^2)=\frac{\pi\times 1.80}{3}\times(24^2+24\times 2+2^2)=1183.21(\text{m}^3)$$

沉淀池共可贮存污泥体积为 $V_1+V_2=12.70+1183.21=1195.91(\text{m}^3)>\frac{V'}{16}$，符合要求。

⑩ 沉淀池总高度

$H=h_1+h_2+h_3+h_4+h_5=0.30+4.00+0.30+1.80+1.73=8.13(\text{m})$

式中，h_1 为沉淀池超高，m，一般取 0.30 m；h_2 为沉淀部分有效水深，m；h_3 为缓冲层高度，m，一般取 0.30 m；h_4 为污泥区高度，m；h_5 为贮泥斗高度，m。

(4)沉淀池进水系统设计

①进水管计算

单池设计污水流量：

$$Q_0=Q_{\max}/16=1822.95(\text{m}^3/\text{h})=0.506(\text{m}^3/\text{s})$$

$$Q_{进}=(1+R)Q_0=(1+0.6)\times1822.95=2916.72(\text{m}^3/\text{h})=0.810(\text{m}^3/\text{s})$$

管径取 $D_1=800$ mm，进水速度 $v_1=\frac{4Q_{进}}{\pi D_1^2}=\frac{4\times0.810}{3.14\times0.8^2}=1.612(\text{m/s})$

② 进水竖井

进水井径 D_2 为 1.5 m，流速为 0.1～0.2 m/s；出水口尺寸为 0.5 m×1.5 m，共 6 个，沿井壁均匀分布。

流速：$v_2=\frac{Q_{进}}{nBL}=\frac{0.810}{6\times0.5\times1.5}=0.18(\text{m/s})$，符合要求。

孔距：$l=\frac{\pi D_2-0.5\times6}{6}=0.285(\text{m})$。

③ 稳定筒计算

筒中流速：$v_3=0.02\sim0.03$ m/s，取 0.03 m/s。

过流面积：$f=\frac{Q_{进}}{v_3}=\frac{0.810}{0.03}=27(\text{m}^2)$。

直径：

$$D_3=\sqrt{\frac{4f}{\pi}+D_2^2}=\sqrt{\frac{4\times27}{3.14}+1.5^2}=6.054(\text{m})$$

(5)沉淀池出水部分设计

采用两个环形集水槽，池周边一个，池中央一个，单池设计流量为 0.506 m^3/s。

① 环形集水槽内流量

$$q_{集}=\frac{Q_{单}}{2}=\frac{0.506}{2}=0.253(\text{m}^3/\text{s})$$

② 环形集水槽设计

a. 池周边采用周围集水槽，单侧进水，每池只有一个总出水口。

集水槽宽度为

$b_1=0.9\times(k\cdot q_{集})^{0.4}=0.9\times(1.3\times0.253)^{0.4}=0.577(\text{m})$（$b_1$ 取 0.6 m）

式中，k 为安全系数，取 1.2～1.5。

集水槽起点水深为 $h_{起点}=0.75b=0.75\times0.6=0.450(\text{m})$

集水槽终点水深为 $h_{终点}=1.25b=1.25\times0.6=0.750(\text{m})$

槽深取 $(0.450+0.750)\times\frac{1}{2}+0.300=0.900(\text{m})$，其中超高 0.300 m。

b. 池中央采用双侧集水环形集水槽

槽宽取 $b_2=0.8$ m，流速 $v_4=0.6$ m/s。

槽内终点水深：$h_4=\frac{q_{集}}{v_4 b_2}=\frac{0.253}{0.6\times0.8}=0.527(\text{m})$。

槽内起点水深：$h_k=\sqrt[3]{\frac{aq_{集}^2}{gb_2^2}}=\sqrt[3]{\frac{1.0\times0.253^2}{g\times0.8^2}}=0.217(\text{m})$。

$$h_3=\sqrt[3]{\frac{2h_k^3}{h_4}+h_4^2}=\sqrt[3]{\frac{2\times0.217^3}{0.527}+0.527^2}=0.682(\text{m})$$

当水流增加一倍时，$q_{集}=0.506\ \text{m}^3/\text{s}$，$v'_4=0.8$ m/s。

$$h_4=\frac{q_{集}}{v'_4 b_2}=\frac{0.506}{0.8\times0.8}=0.791(\text{m})$$

$$h_k=\sqrt[3]{\frac{aq_{集}^2}{gb_2^2}}=\sqrt[3]{\frac{1.0\times0.506^2}{g\times0.8^2}}=0.344(\text{m})$$

$$h_3=\sqrt[3]{\frac{2{h_k}^3}{h_4}+{h_4}^2}=\sqrt[3]{\frac{2\times0.344^3}{0.791}+0.791^2}=0.900(\text{m})$$

设计取环形槽内水深为 0.6 m，集水槽总高度 0.6＋0.3（超高）＝0.9(m)。采用 90°三角堰。

③ 出水溢流堰的设计

采用出水三角堰（90°），堰上水头（即三角口底部至上游水面的高度）$H_1=0.05$ m。

a. 每个三角堰的流量 Q_1

$$Q_1=1.343H_1^{2.47}=1.343\times0.05^{2.47}=0.0008214(\text{m}^3/\text{s})$$

b. 三角堰个数 n

$n=\frac{Q_{单}}{Q_1}=\frac{0.506}{0.0008214}\approx616$ 个，池周边和中央各一半，为 308 个。

三角堰的中心距（按池周边集水槽计算）：

$$L'=\frac{\pi(D-2b_1)}{308}=\frac{3.14\times(49-2\times0.6)}{308}=0.487(\text{m})$$

c. 集水槽直径设计

池周边集水槽外径与池径相等，内径 $D_1 = D - 2b_1 = 49 - 2\times 0.6 = 47.8(\text{m})$。

池中央集水槽与池周边集水槽流量相同，令单位长度上的流量为 q_d，则

$$q_d \pi D_1 = q_d [\pi D_2 + \pi (D_2 - 2b_2)]$$

得 $D_2 = 24.5\ \text{m}$，内径为 $D_3 = D_2 - 2b_2 = 23.3(\text{m})$。

d. 出水堰上负荷校核

池周边集水槽堰上负荷：

$$q_1 = \frac{q_{集}}{\pi D_1} = \frac{0.253\times 1000}{3.14\times 47.8} = 1.686(\text{m}^3/\text{s}) < 1.7(\text{m}^3/\text{s})$$

池中央集水槽堰上负荷：

$$q_2 = \frac{q_{集}}{\pi(D_2 + D_3)} = \frac{0.253\times 1000}{3.14\times(24.5+23.3)} = 1.686(\text{m}^3/\text{s}) < 1.7(\text{m}^3/\text{s})$$

均符合出水堰负荷设计规范规定。

e. 出水管计算

池周边设置 1 条，管径取 $D_4 = 800\ \text{mm}$，中央设置 2 条，管径取 $D_5 = 400\ \text{mm}$。

周边槽管内流速为

$$v_5 = \frac{4q_{集}}{\pi D_4^2} = \frac{4\times 0.253}{3.14\times 0.8^2} = 0.504(\text{m/s})$$

中央槽管内流速为

$$v_5 = \frac{2q_{集}}{\pi D_5^2} = \frac{2\times 0.253}{3.14\times 0.4^2} = 1.007(\text{m/s})$$

(6) 排泥部分设计

①单池排泥量

总污泥量为回流污泥量加剩余污泥量。

回流污泥量为

$$Q_R = QR = \frac{50\times 10^4}{24}\times 0.6 = 12500(\text{m}^3/\text{h})$$

$$Q_S = 9972.222(\text{m}^3/\text{d}) = 415.509(\text{m}^3/\text{h})$$

总污泥量：

$$Q_{泥总} = Q_R + Q_S = 12500 + 415.509 = 12915.509(\text{m}^3/\text{h})$$

$$Q_{泥单} = \frac{Q_{泥总}}{16} = \frac{12915.509}{16} = 807.219(\text{m}^3/\text{h})$$

② 集泥槽沿整个池径为两边集泥，故其设计泥量为

$$q = \frac{Q_{泥单}}{2} = \frac{807.219}{2} = 403.610(\text{m}^3/\text{h}) = 0.112(\text{m}^3/\text{s})$$

集泥槽宽：$b=0.9q^{0.4}=0.9\times0.112^{0.4}=0.375$(m)(取 $b=0.4$ m)。

起点泥深：$h_1=0.75b=0.75\times0.4=0.3$(m)(取 $h_1=0.4$ m)。

终点泥深：$h_2=1.25b=1.25\times0.4=0.5$(m)(取 $h_2=0.6$ m)。

取槽深$(0.4+0.6)/2+0.3=0.8$(m)。

排泥管直径取 $D_6=300$ mm，则污泥流速

$$v_6=\frac{4Q_{泥单}}{\pi D_6^2}=3.17(\text{m/s})$$

(7)沉淀池设备选型　根据设计要求，选用 W 公司 ZBGS 型周边传动刮泥机 16 台，刮泥机将污泥送至池中心，再由管道排出池外。其主要性能参数见表 2-11。

表 2-11　ZBGS 45—55 刮泥机主要性能参数

型号	池径 D(m)	池深 H(m)	周边线速度(m/min)	驱动功率(kW)
ZBGS 45—55	45～55	3.5～4.5	2.0	0.75×2

5.污泥浓缩池的设计

(1)设计基本参数的确定　剩余污泥进泥含水率 $P_1=99.2\%$，出泥含水率 $P_2=97\%$；污泥回流比 $R=60\%$；设计流量 $Q_S=9972.222$ m^3/d；固体通量 $M=65$ kg/(m^2·d)；污泥浓缩时间 $T=16$ h；贮泥时间 $t=6$ h；池底坡度 $i=0.05$；污泥斗上部半径 $r_1=2$ m，下部半径 $r_2=1$ m。

在无试验资料时可参照表 2-12。

表 2-12　重力浓缩池设计参数

污泥种类	进泥含水率(%)	出泥含水率(%)	水力负荷(m^3/(m^2·d))	固体通量(kg/(m^2·d))	溢流 TSS(mg/L)
初沉池污泥	95～97	92～95	24～33	80～120 (90～144)	300～1000
生物膜	96～99	94～98	2.0～6.0	30～50	200～1000
剩余污泥	99.2～99.6	97～98	2.0～4.0	10～35 (30～60)	200～1000
混合污泥	98～99	95～96	6.0～10.0	25～80	300～800

浓缩时间大于 12 h，小于 24 h；浓缩池的有效水深不小于 3 m，一般 4 m 为宜；定期排泥间隔一般为 8 h。

(2)设计计算草图　辐流式浓缩池计算简图如图 2-7 所示。

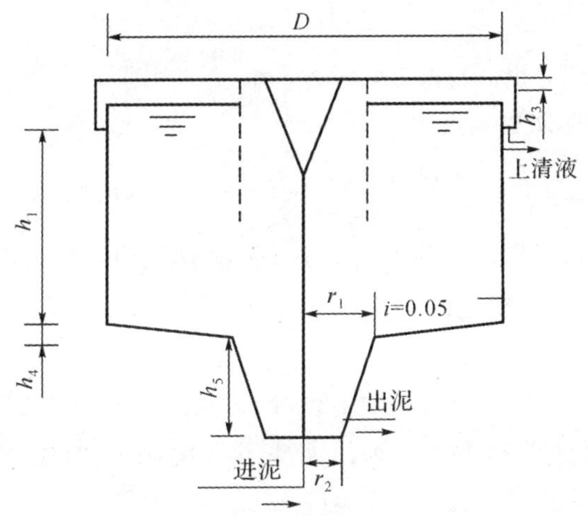

图 2-7 辐流式浓缩池计算简图

(3)浓缩池的设计计算

①计算污泥浓度 C

$$P_1=99.2\%\text{(污泥密度按 1000 kg/m}^3\text{ 计算)}$$

$$C_1=(1-P_1)\times10^3=8(\text{kg/m}^3)$$

$$P_2=97\%$$

$$C_2=30(\text{kg/m}^3)$$

②浓缩池面积 A

采用 6 座辐流式圆形重力连续浓缩池,则浓缩池面积:

$$A=\frac{QC_1}{nM}=\frac{9972.222\times8}{6\times65}=204.558(\text{m}^3)$$

式中,Q 为污泥量,m^3/d;C_1 为污泥固体浓度,kg/L;M 为污泥固体通量,kg/($\text{m}^2\cdot\text{d}$);n 为池子的个数。

③浓缩池直径 D

$$D=\sqrt{\frac{4A}{\pi}}=\sqrt{\frac{4\times204.588}{3.14}}\approx16.143(\text{m})(\text{取 }D=17\text{ m})$$

式中,A 为单池面积,m^3/d。

④ 浓缩池深度的计算

a. 浓缩池有效水深 h_1

取 $T=12$ h,则

$$h_1=\frac{TQ}{24A}=\frac{12\times9972.222}{24\times204.558\times6}=4.063(\text{m})$$

式中,T 为浓缩时间,12 h$<T<$24 h;Q 为污泥量,m^3/d;A 为浓缩池面

积，m^2。

b. 超高 $h_2=0.3$ m；缓冲层 $h_3=0.3$ m。

c. 坡地造成的深度 h_4

$$h_4=\frac{D}{2}i=\frac{17}{2}\times 0.05=0.425(\text{m})$$

式中，D 为池子的直径，m；i 为池底坡度，根据排泥设备取 0.003～0.010，常用 0.05。

d. 污泥斗高度 h_5

$$h_5=(r_1-r_2)\tan\alpha=(2-1)\times\tan 60°=1.732(\text{m})$$

式中，r_1 为污泥斗上半径，m；r_2 为污泥斗下半径，m；α 为泥斗坡度(°)。

e. 有效水深 H_1

$$H_1=h_1+h_2+h_3=4.063+0.300+0.300=4.663(\text{m})$$

f. 浓缩池总高度 H

$H=H_1+h_4+h_5=4.663+0.425+1.732=6.820(\text{m})>3$ m，符合要求。

(4)贮泥斗的设计计算

①浓缩后污泥流量 Q_W

$$Q_W=\frac{100-P_1}{100-P_2}Q=\frac{100-99.2}{100-97}\times\frac{9972.222}{6}$$
$$=434.321(\text{m}^3/\text{d})=18.1(\text{m}^3/\text{h})$$

式中，Q 为污泥量，m^3/d；P_1 为剩余污泥进泥含水率；P_2 为出泥含水率。

按 6 h 贮泥时间计污泥，则贮泥区所需体积为

$$V_1=Q_W t=108.6(\text{m}^3)$$

②贮泥区所需容积 V_2

由于污泥浓缩时间为 12 h，则

$$V_2=\frac{12V_1}{24}=\frac{12\times 108.6}{24}=54.3(\text{m}^3)$$

③污泥斗容积 V_3

$$V_3=\frac{\pi h_5}{3}(r_1^2+r_1r_2+r_2^2)=\frac{\pi\times 1.732}{3}(2^2+1\times 2+1^2)=12.690(\text{m}^3)$$

式中，h_5 为污泥斗高度，m；r_1 为污泥斗上部半径，m；r_2 为污泥斗下部半径，m。

④池底可存污泥容积 V_4

$$V_4=\frac{\pi h_4}{3}(r_1^2+r_1R+R^2)=\frac{\pi\times 0.425}{3}(8.5^2+8.5\times 2+2^2)=41.481(\text{m}^3)$$

式中，h_4 为污泥斗高度，m；r_1 为污泥斗上部半径，m；R 为浓缩池半径，m。

⑤总贮泥容积 V

$V=V_3+V_4=12.690+41.481=54.171(m^3)\approx V_2$，满足设计要求。

(5)回流污泥泵房的设计

①流量　回流量 $Q_R=QR=\frac{50\times10^4}{24}\times0.6=12500(m^3/h)$。本设计设有10台(8用2备)回流污泥泵，每台污泥泵回流污泥量为1562.5 m^3/h。

②设备选型　根据流量与扬程，回流污泥泵拟选用500ZLB—70型，其主要性能参数见表2-13。

表2-13　回流污泥泵主要性能参数

泵型号	流量		扬程(m)	转速(r/min)	功率 P(kW)		泵质量(kg)
	m^3/h	L/s			轴功率	配用功率	
500ZLB—70	1610	447	3.48	730	—	30	—

③ 污泥泵房的布置　共设计2座污泥回流泵房，每座泵房里设4台污泥回流泵，则根据需要，每个污泥泵房的平面尺寸为 $L\times B=40\ m\times15\ m=600\ m^2$。

(6)贮泥池设计计算

① 设计参数　进泥量：经浓缩排出含水率 $P_2=97\%$，$6Q_W=6\times434.321(m^3/d)=2605.926(m^3/d)$。设有贮泥池12座，则贮泥时间 $T=0.5\ d=12\ h$。

② 设计计算

单座池容：

$$V=\frac{6Q_WT}{12}=\frac{2605.926\times0.5}{12}=108.580(m^3)$$

设贮泥池为长方体，且长、宽、高均为5 m，则有效容积：

$$V=LBH=125(m^3)$$

③ 设备选型　选用1PN污泥泵14台(12用2备)，单台流量 Q 为7.2～16 m^3/h，扬程 H 为12～14 m，功率 N 为3 kW。污泥泵主要性能参数见表2-14。

2-14　污泥泵主要性能参数

型号	流量 Q(m^3/h)	扬程 H(m)	功率 N(kW)	质量(kg)
1PN	15	12～14	3	—

(7)污泥脱水设计

① 设计计算　污泥脱水的作用是利用污泥脱水机械对来自浓缩池的活

性污泥进行脱水，使其含水率由97%降至75%以下，从而大大减少了污泥体积，且便于运输。

脱水机房选用带式压滤机5台，设置高分子絮凝剂制备装置1套，并设置配套的絮凝剂投加装置，可以将装置好的聚合物加入到要进行脱水的污泥中混合絮凝，进行脱水，高分子絮凝剂(PAM)投加量约为2‰。

总进泥量为$6\times 434.321=2605.926(m^3/d)$，含水率为97%，出泥含水率≤75%，则干污泥量：

$$G=\frac{Q_{进}(1-P_1)}{1-P_2}=\frac{2605.926\times(1-97\%)}{(1-75\%)}=312.71(m^3/d)$$

取其密度为1000 kg/m^3，则干污泥饼：

$$G'=\rho G=1000\times 312.71(kg/d)=312.71(t/d)$$

每天工作16 h，则在工作时间内的每小时污泥饼量为

$$G''=\frac{G'}{16}=\frac{312.71}{16}=19.54(t/h)$$

② 设备选型　采用带式压缩机，带式压缩机是连续运转的污泥脱水设备，污泥的含水率为96%～98%。污泥经絮凝、重力压滤后，滤饼的含水率可达到70%～80%。带式压缩机由于结构简单、出泥含水率低、稳定、耗能小、管理简单等特点，被广泛采用。

选用DYL—3000型带式压滤机5台(4用1备)，每台工作16 h，其性能见表2-15。

表2-15　DYL型带式压滤机主要性能参数

型号	滤带宽度(mm)	滤带速度(m/min)	主传动	进机污泥含水率(%)	出机滤饼含水率(%)
DYL—3000	3000	0.5～4	1.5 kW	95～98	70～80
泥饼厚度(mm)	产量(干泥)[kg/(m·h)]	投药比(纯药量/干泥量)(%)	质量(t)	外形尺寸(长×宽×高)(mm×mm×mm)	
5～7	90～300	0.18～0.24	7	6500×3700×2120	

③ 脱水间的布置　脱水间平面尺寸为$L\times B=15.0\times 8.0=120.0\ m^2$，内设值班室。

脱水后，污泥通过无轴螺旋输送机1台送至污泥棚内的泥饼运输处，运出厂外处置。

④ 主要构筑物、设备一览表　主要构筑物见表2-16。

表 2-16 主要构筑物一览表

序号	名称	规格	数量(座)	设计参数	主要设备
1	粗格栅	$L\times B$ $=2.79$ m $\times 10.06$ m	4	设计流量 $Q=29167.2\ m^3/h$ 栅条间隙 $b=60.0$ mm 栅前水深 $h=1.0$ m 过栅流速 $v=0.9$ m/s	RGS 三索式钢丝绳牵引式机械格栅 4 台
2	中格栅	$L\times B$ $=4.02$ m $\times 12.86$ m	4	设计流量 $Q=29167.2\ m^3/h$ 栅条间隙 $b=20.0$ mm 栅前水深 $h=1.0$ m 过栅流速 $v=0.9$ m/s	参照粗格栅设备
3	调节池	$L\times B\times H$ $=40$ m$\times 25$ m $\times 5.5$ m	12	设计流量 $Q=29167.2\ m^3/h$ 有效水深 $h=5$ m 水力停留时间 $t=0.5$ h	差流式调节池
4	A/O 池	$L\times B\times H$ $=96$ m $\times 30$ m$\times 6$ m	12	设计流量 $Q=29167.2\ m^3/h$ 进水 $BOD_5=200$ mg/L 出水 $BOD_5=20$ mg/L 进水 NH_3—N=30 mg/L 出水 NH_3—N=15 mg/L 泥负荷 $N_s=0.18$ kg BOD_5/(kg MLSS · d) 污泥回流比 $R=60\%$ 有效水深 $H_1=6.0$ m 三廊道式推流式反应池,单廊道宽 $b=10$ m	CM75L 鼓风机 24 台(22 用 2 备) 进口流量为 1400 m^3/min STEDCO 型橡胶膜微孔曝气器
5	辐流式二沉池	$D\times H$ $=49$ m $\times 8.092$ m	16	设计流量 $Q=29167.2\ m^3/h$ 表面负荷 $q=1.1\ m^3/(m^2\cdot h)$ 沉淀时间 $T=4$ h 池底坡度 $i=0.08$ 泥斗坡度为 60°	ZBGS45—55 型周边传动刮泥机 16 台
6	污泥泵房	$L\times B$ $=40$ m$\times 15$ m	2	每个泵房设 4 台回流泵	500ZLB—70 型回流污泥泵 8 台
7	污泥浓缩池	$D\times H$ $=17$ m $\times 6.820$ m	6	出泥含水率 $P_1=99.2\%$ 进泥含水率 $P_2=97\%$ 污泥浓缩时间 $T=16$ h 固体通量 $M=65$ kg/(m^2 · d) 设计流量 $Q_S=9972.222\ m^3/d$	采用周边驱动单臂旋转式刮泥机,并配置格栅以利于污泥的浓缩
8	贮泥池	$L\times B\times H$ $=5$ m$\times 5$ m $\times 5$ m	12	贮泥时间 $T=12$ h 处理能力 2592.594 m^3/d	1PN 污泥泵 14 台(12 用 2 备)

续表

序号	名称	规格	数量(座)	设计参数	主要设备
9	脱水间	$L\times B$ =15 m ×8 m	1	出泥含水率75%	无轴螺旋输送机1台,DYL—3000型带式压滤机5台(4用1备)

2.2.5 工艺流程与平面布置图

1. 工艺流程图

工艺流程图纸参见本书1.7.3小节课程设计的图纸要求。流程图1张(A2图纸),见图2-8。

污泥负荷 $N_s=0.18$ kg BOD_5/(kg MLSS • d)

2. 总平面布置图

总平面布置图纸参见本书1.7.3小节课程设计的图纸要求。总平面布置图1张(A2图纸),略。

2.2.6 设计进度计划

项目布置时间	年　月　日
设计任务、熟悉设计原理、要求	0.5天
查阅资料、制订方案、拟定工艺流程	1.0天
构筑物、高程设计计算	2.0天
绘制设计图	1.5天
整理数据、编写设计说明书	1.5天

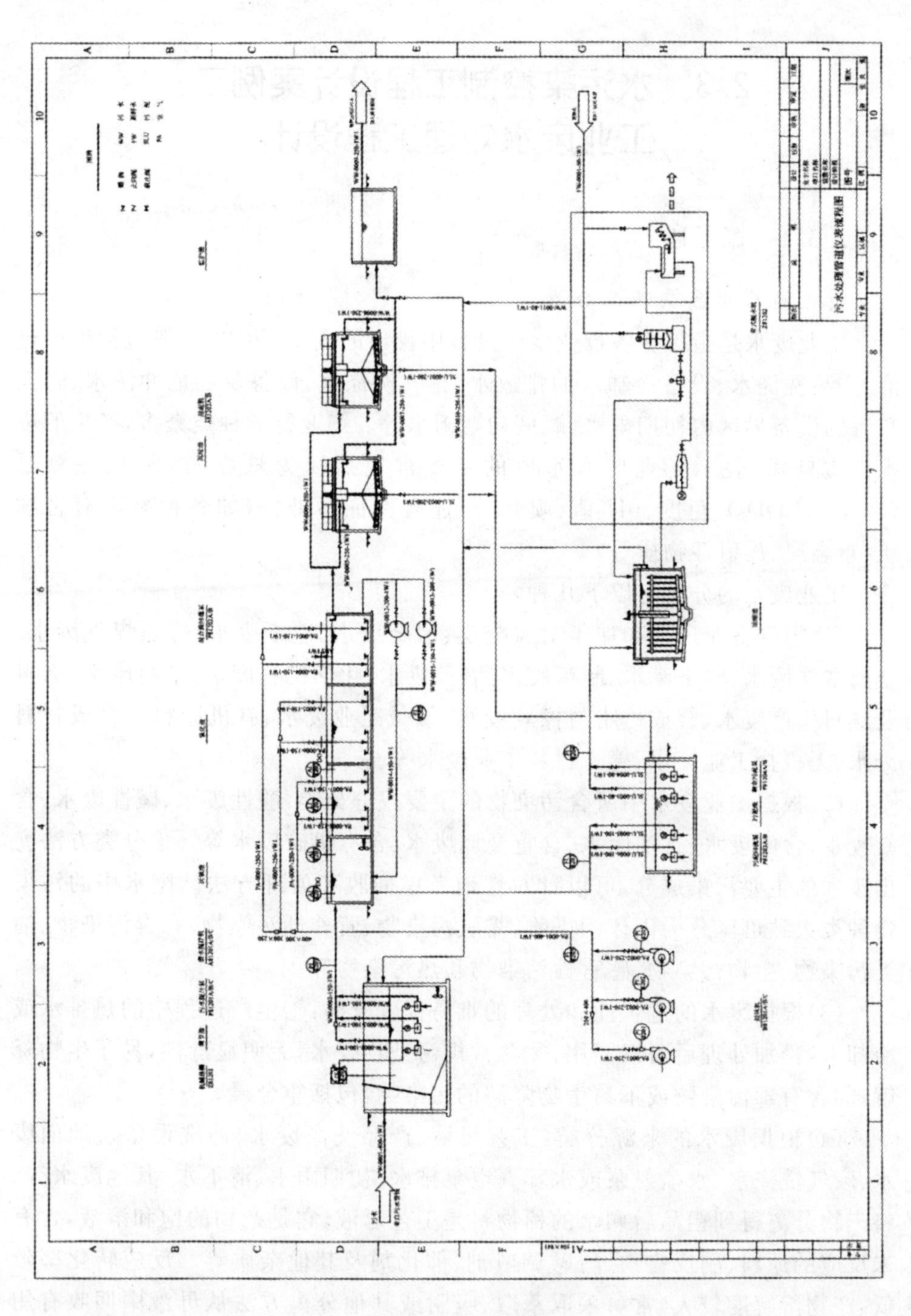

图 2-8 工艺流程图

2.3 水污染控制工程设计案例二：工业废水处理工程设计

2.3.1 概 述

1. 工业废水的来源及分类

工业废水是指工业各行业生产过程中排出的废水、污水，一般包括生产母液、产品洗涤水、设备冷却水的排放水、排气洗涤水、设备及场地冲洗水、露天布置的设备界区内初期雨水、罐区初期雨水等。工业行业种类繁多，产生的废水性质悬殊，表示工业废水水质的主要常规指标为悬浮物(SS)、耗氧量(COD_{Cr}，BOD_5)、色度、pH 值、嗅味等，还有特征污染物(如各种有毒有害物质、重金属、放射性物质等)。

工业废水的分类有以下几种。

(1)根据行业产品和加工对象分类：冶金废水、造纸废水、炼焦煤气废水、金属酸洗废水、印染废水、制革废水、农药废水、化学肥料废水、染料废水、涂料及颜料生产废水、合成树脂与橡胶废水、氯碱工业废水、有机原料及合成材料废水、无机盐工业废水、感光材料工业废水等。

(2)根据工业废水中所含污染物的主要成分分类：酸性废水、碱性废水、含氟废水、含酚废水、含油废水、含重金属废水、含有机磷废水等。该分类方法突出废水的主要污染成分，可以针对性地考虑回收和处理方法。废水中的污染物种类大致可区分为固体污染物、需氧污染物、营养性污染物、有毒污染物、油类污染物、生物污染物、感官性污染物和热污染物等。

(3)根据废水的危害性和处理的难易程度分类：①生产过程中的热排水或冷却水，稍加处理后可以回用；②含常规污染物废水，无明显毒性，易于生物降解；③含有毒污染物或不易生物降解的污染物，包括重金属。

(4)根据废水的来源分类：工艺母液、产品洗涤废水、冲洗设备及地面废水、废气洗涤水、水喷射泵或水环真空泵排水、初期雨水、清下水、其他废水等。将产物分离得到粗品后剩余的稀物料是工艺母液，它是产物的饱和溶液，含有未反应的原料、副反应物、酸碱调节剂、催化剂及其他杂质等。反应转化率较低、产物溶解度较大，常可采取萃取、吸附或其他分离方法从母液中回收有用组分。产品洗涤废水是将粗品进一步洗涤以除去杂质而产生的，它也是产物的饱和溶液，污染物的组成与母液相同，但浓度随着水洗的进程而不断降低。

所以我们常将产品洗涤废水分步收集,后段洗涤废水污染物浓度低,简单处理后可再用作前段洗涤用水。地面冲洗废水是指在生产过程中,难以避免物料的洒落或由于工艺装备落后造成的跑冒滴漏,不得不用大量的水冲洗、清洁、防尘而形成的。同样的,生产场地的初期雨水也含有相当的污染物,需要处理。一些生产工艺中有粉体、易挥发物质加工的生产企业、员工洗工作服污水中也含有相应的污染因子。

一个产品的生产过程可以排出几种不同性质的废水,一种废水又会含有不同的污染物或污染效应。而不同工业行业,虽然产品、原料和工艺过程完全不一样,但也有可能排出性质类似的废水。

2. 工业废水基本处理过程划分

现代废水处理技术,按处理程度划分可分为一级、二级和三级处理。一级处理主要去除废水中悬浮固体和漂浮物质,通过中和或均衡等预处理对废水进行调节以便排入受纳水体或二级处理装置。主要包括筛滤、沉淀等物理处理法。一级处理过后,废水的 BOD 一般只去除 30%左右,达不到排放标准,仍需进行二级处理。

二级处理主要去除废水中呈胶体和溶解状态的有机污染物质,主要采用生物处理等方法,BOD 去除率可达 90%以上,处理水可以达标排放。

三级处理是在一级、二级处理过后,对难降解有机物、氮、磷等营养性物质做进一步处理。采用混凝、过滤、离子交换、反渗透、超滤、消毒等方法进行处理。

图 2-9 是城市污水处理的典型处理流程。

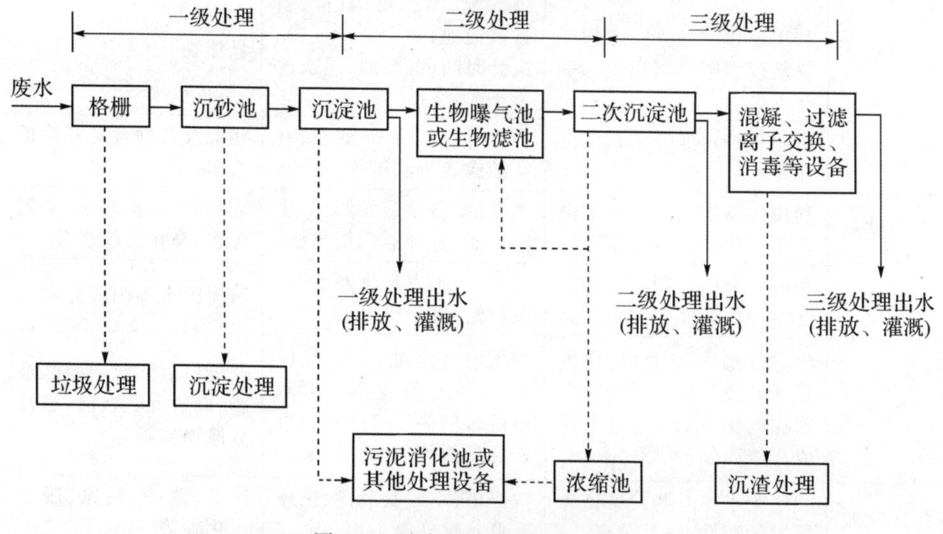

图 2-9 城市污水典型处理流程

现代废水处理单元技术按应用原理可分为物理法、化学法、物理化学法和生物法四类。物理法：利用物理作用来分离废水中的悬浮物或乳浊物，常见的有离心、澄清、过滤、隔油等方法。化学法：利用化学反应来去除废水中的溶解物质或胶体物质，常见的有中和、沉淀、氧化还原、电化学、焚烧等方法。物理化学法：利用物理化学作用来去除废水中的溶解物质或胶体物质，常见的有混凝、气浮、离子交换与吸附、膜分离、萃取、汽提、吹脱、蒸发、结晶等方法。生物处理法：利用微生物代谢作用，使废水中的有机污染物和无机微生物营养物转化为稳定、无害的物质，常见的有活性污泥法、生物膜法、厌氧生物消化法、稳定塘与湿地处理等方法。生物处理法按是否供氧也可分为好氧处理和厌氧处理两类，前者主要有活性污泥法和生物膜法两种，后者包括各种厌氧消化法。

废水处理方法按作用不同又可分为分离和无害化技术两大类。分离方法是将物质从混合物中分离出来或从一种介质转移至另一种介质中，包括沉淀、过滤、蒸发结晶、离心、气浮、吹脱、膜分离、离子交换与吸附等单元技术。分离方法通常会产生一种或几种浓缩液或废渣，需进一步处置。该分离方法应用的制约因素是浓缩液或废渣能否得到妥善处置。氧化还原、化学或热分解、生化处理等属于污染物的无害化技术，可将污染物逐步分解成简单化合物或单质，达到无害化的目的。

环境工程中常见单元过程的原理、主要设备和处理对象见表 2-17 至表 2-20。

表 2-17　常见物理处理工艺单元

单元名称	原理	设备及参数	处理对象
沉淀	利用密度的不同，将悬浮物从废水中分离出去	沉淀池、浮选池、斜板、斜管沉淀池； 沉淀时间：沉淀池、浮选池为 1.5～2 h	悬浮物
过滤	通过各种过滤介质截留悬浮物	格栅、格网、沙子、滤布、真空抽滤或压滤机等	污泥及各种含悬浮物的废水
蒸发结晶	利用物质沸点及冰点不同将废水中的盐分分离	蒸发罐、浸没蒸发器、薄膜蒸发器、各种形式结晶槽	放射性废水黑液、电镀废水、高含盐废水等
离心分离	在离心力的作用下。将密度不同的悬浮物与水分离	离心机、水力旋流器、旋流沉淀池、甩干机等	污泥脱水等固液分离
气浮	将空气通入废水中，使乳状油粒或其他分散物质黏附在气泡上，随气泡上浮成浮渣而除去	加压溶气浮池、叶轮气浮池、射流气浮池等。废水停留时间为 0.5～1 h，可加混凝剂等	造纸白液回收，食油、油脂、染料等乳状液，悬浮分散物质等
挥发吹脱	利用废水中某些污染物易挥发的特性，将其分离	汽提塔、空气吹脱罐、机械及自然曝气等	脱氨、脱酚、脱氰、脱二氧化碳等

表 2-18 常见化学处理工艺单元

处理方法	原理	设备及药剂	处理对象
中和	调节废水 pH 值达到排放标准	中和槽、中和塔、中和滚筒;加酸、加碱或石灰等	酸性或碱性废水
化学沉淀	加入化学药剂,使废水中的可溶物变为不溶物沉淀,然后分离	氢氧化物、硫化物、难溶盐等沉淀剂	重金属、有机酸等
氧化	投入氧化剂或通入氧气使废水中有害物质氧化成无害物质,或进行消毒灭菌	臭氧发生器、湿式氧化;加氯或漂白粉类	有机废水、焦化废水、造纸黑液、医院废水
还原	投入还原剂,使废水中的有毒物质还原成低毒或无毒物质	加还原剂(如通入 SO_2 使废水中的六价铬还原为三价铬)	含有能被还原成低毒或无毒物质的废水,如重铬酸钠废水等
电渗析	以电为能源,通过离子膜的选择性渗透,使废水中杂质析出进而被除去	由前级过滤器、电渗析器和直流电源等组成	电镀废水、放射性废水等,可回收酸、碱和各种物质或除去有毒物质

表 2-19 常见物理化学工艺单元

处理方法	原理	设备及药剂	处理对象
反渗透	利用"半透膜"两边的压差,当在废水的一边施加超过渗透压的压力时,水分子就被压,透过膜进入清水一边,废水被浓缩,有用物质被回收	渗透膜(板式、内管式、外管式及中空纤维衬以渗透膜)、高压泵	低浓度含盐废水
萃取	利用一种物质在两种互不相溶的溶剂中的溶解度不同,使废水中被萃取物进入另一种溶剂中,从而净化废水	萃取塔、萃取器、萃取罐及萃取剂再生器	分离有毒或有用物质(如高浓度含酚废水等),一般用于回收有机物
电解	电解氧化还原作用	电解槽	含氰废水、回收贵重金属
混凝	加絮凝剂,使废水中胶状物质等凝聚沉淀	混凝剂、沉淀槽	含油废水、印染废水等
离子交换	通过树脂进行离子交换,使废水中的有害物质进入树脂而除去	装有离子交换树脂的交换柱及再生装置	重金属废水、电镀废水等
吸附	用吸附剂将废水中有害物吸附除去	装有吸附剂的吸附器及再生装置	有机废水、含酚废水及废水深度处理

表 2-20　常见生物处理单元

处理方法	原理	处理设备	处理对象
好氧处理	在充分供氧的条件下,通过好氧微生物的作用,使废水中的有机物分解	活性污泥池、生物膜池、生物滤池、生物转盘、氧化塘等	焦化、化肥、造纸、印染皮毛、食品、石油化工等废水
厌氧处理	在缺氧条件下,通过厌氧微生物的作用,使废水中的有机物消化分解	各类厌氧反应器	焦化、化肥、造纸、印染皮毛、食品、石油化工等废水

因为工业废水的水质差别大,所以排放水质控制要求依排放标准而定。不同种类的工业废水排放标准和控制项目不一样;同一种工业废水,排放至不同的接纳水体、不同环境功能区域,排放标准和控制项目也不一样;废水梯级套用、回用时,依用水设备、工艺对水质的要求不同其水质控制标准也不同。所以工业废水很难执行像城市生活污水那样的分级处理流程。因此,工业废水处理的基本分级为预处理、高级处理和深度处理(图 2-10)。

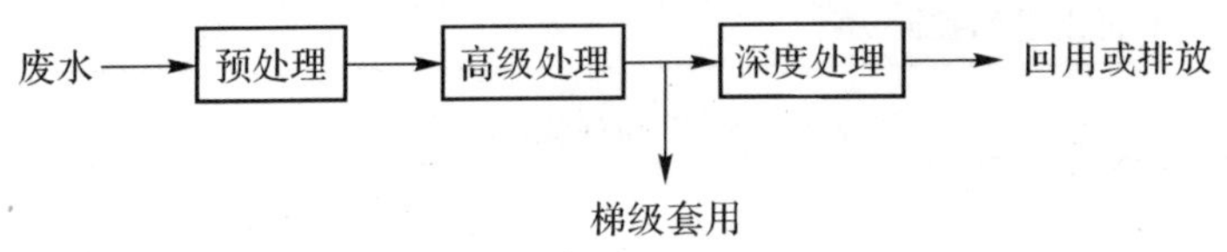

图 2-10　工业废水基本处理程序

工业废水的预处理通常只是机械或简单的物理、化学方法,如冷却加热、固液分离、絮凝分离、化学沉淀等。预处理是要尽量回收废水中的有用物质。重金属应尽可能加以回收利用,主要方法有离子交换法、化学沉淀法、化学置换法等;废酸、废碱可经分离去除杂质后直接回收作其他用途或浓缩后回收;根据废水的具体情况来确定精细化工废水中物质是否回收,要考虑分离效果、分离费用、分离后其他产物的处理等。按废水来源分,物料洗涤水成分较单纯,可以考虑回收;有机化工工艺废水副反应、副产物多,分离困难,一般不考虑回收。预处理也可以调节水质参数,以保证后面高级处理工序的正常运行。如吸附、离子交换、膜分离等必须将废水中悬浮物等机械杂质含量降低到相当程度;离子交换必须去除或转换干扰离子;吸附、离子交换等必须调节废水的酸碱度、温度等;膜分离法必须消毒杀菌等,而初期雨水、冲洗污水、生活污水等低浓度污水可简单处理后用作高含盐废水进行生物处理前的稀释水。预处理还可以降低后面处理单元的负荷。高级处理单元一般单位处理成本较高,从降低处理成本的角度考虑,应采用低成本的预处理方法尽可能去除污染物。

选择性分离或去除效率高,操作条件精细,处理费用相对较高,主要用于分离、去除或分解特定的溶解性污染物的方法，称为高级处理方法，例如吸附、萃取、吸收、离子交换、膜分离、电化学方法等。组分复杂、无回收意义的废水处理常用氧化法，如化学氧化法、湿式氧化、湿式催化氧化法、臭氧氧化、光催化氧化等，这些也属于高级处理方法类。高级处理方法工艺条件苛刻，为了保证能够正常运行和减少运行成本，通常需要预处理。

一般情况下，工业废水经预处理和高级处理后，虽去除了悬浮物、大部分特殊污染物、难降解有机物及重金属，但可能还未达到国家排放标准，还需深度处理才可排放。深度处理通常在生物处理法后接膜分离单元。生物处理能很好地降解低浓度有机物，对于可生物降解的有机污染物，好氧生物处理法可以将其彻底转化为二氧化碳、水以及简单的无机盐。相对于高级处理方法，生物处理工艺简单费用低廉，因此是工业废水最终处理的较理想方法。

经过实验确定的预处理、高级处理和深度处理的方法组合，即对处理对象的基本处理工艺流程，因此，确定处理效果和运行费用是该流程的基本要素。

3.废水处理工程设计基本原则

(1)按各单元酸碱度变化趋势排列流程

废水处理的不同单元过程要求有不同的酸碱度控制值，而频繁调节酸碱度意味着加酸、碱量和处理成本的增加，所加的无机酸、碱中和后形成的盐会对后续处理单元(如膜处理、生化处理等)产生不利影响，因此，按各单元酸碱度变化趋势排列流程，可降低处理成本并使生成的盐量最低。

含悬浮物较多的酸性废水，要采用微电解单元。如果先混凝，需要加碱降低酸度以便混凝，混凝后又需加酸以适应微电解的需要，这样将造成废水中无机盐的升高，同时运行费用上升。可以采用其他方式如机械过滤等去除悬浮物，然后直接进入微电解单元。

(2)先去除悬浮态污染物，后去除溶解态污染物

悬浮态污染物影响大多数深度处理单元的工艺过程和设备的正常运行，应尽量去除；同时一些悬浮态污染物也是COD等指标的构成组分。由于悬浮态污染物的去除较为简单，费用低廉，所以在预处理阶段应先于溶解态污染物去除。

(3)先去除回收特定污染物

当废水中某种组分的浓度很高，具有回收价值，则考虑采用适当方法进行回收，再进行其他单元处理，既回收资源，又降低废水处理的综合成本。

(4)先进行低成本单元

先进行低成本处理单元，使污染物浓度大幅度降低，这对于整个流程的处理效果和降低处理成本是非常重要的。如酸性高色度有机废水常先进行微电

解反应而不先进行中和，这是因为此时微电解可充分利用废水中的酸，减少中和用酸量。

(5)分质处理

分质处理指对于含有不同特征污染物的废水，先分别用对其所含特征污染物有良好回收或去除效果的单元方法进行处理，回收或去除所含的大部分特征污染物，然后混合采用传统方法处理，直到达到排放标准。

分质处理具有高效、相对成本较低的优点，适用于同一个生产过程或同一个企业含有不同特征污染物的废水。

分质处理可提高处理效率。例如，印染废水采用膜分离法实现水回用，如果将后段漂洗废水直接进行膜分离，溶解性固体总量(又称为总溶解固体，TDS)仅为 400 mg/L，污染指数(Silting Density Index，SDI)低，可采用低压反渗透，则能耗较低，产水率为 70%～80%，寿命可达 3 年；但如果印染混合废水经生化后再进行膜分离，TDS 达 2000 mg/L，污染指数 SDI 高，需采用抗污染性反渗透膜元件，产水率为 50%，寿命仅为 1.5 年。两者对比，前者的运行费用大大降低。

此外，分质处理也可减少特征污染物的排放量。以化学沉淀法为例，处理废水中某组分时，其处理后水中该组分的浓度取决于生成的难溶物的溶解度，而与初始浓度无关。对含该组分的高浓度废水先采用化学沉淀法去除该组分，再与其他废水混合进行后续处理，这样不但可以提高回收率，还可以减少组分的排放总量。设某生产过程排放 Q_1 和 Q_2 两股废水，Q_1 含某重金属而 Q_2 不含，采用化学沉淀法处理，处理后废水中重金属浓度为 c。如将 Q_1 单独处理重金属后再将两股水合并排放时，总排口水中的重金属量为 W_1：

$$W_1 = Q_1 \cdot c$$

而如果先将 Q_1、Q_2 混合再处理时，总排口水中的重金属量为 W_2：

$$W_2 = (Q_1 + Q_2) \cdot c$$

显然，$W_1 < W_2$，即分质处理时总排口水中的特征污染物的量小于混合处理时的排放量。

分质处理还可以降低运行费用，因为处理量减小，比如中和剂花费就可减少；处理装置减小，其折旧、维修费也可以减少。

(6)废水处理设施系统图及混合节点的平衡关系

现代工厂中产生的废水往往是有多个产品但其类型却不同，甚至同一个产品会有不同类型的废水。为了高效地处理这些废水，分质收集、分质处理很有必要。因此，需要建立多套预处理单元或设施，表示这些预处理单元或设施名称、功能和单元间废水流向关系的图称为废水处理系统图。

废水处理系统图中，各预处理或设施相连接时，将会出现一些“混合节点”，例如蒸发析盐后的尾气冷凝水与其他生产废水混合进入生化处理单元调节池，调节池就成为混合节点。混合节点中，各股进水的废水总量、各类污染因子总量不变，但各因子的浓度会发生变化，比如不同酸碱度的废水混合，混合节点中废水的 pH 值及含盐量会发生变化。因此，需要通过核算来给出各混合节点的平衡关系。

(7)防止水质恶化或复杂化

达标排放是指按某一排放标准考核时，废水能够满足其任一项指标的限值而不仅仅是几项指标达标。

化学法、物化法等废水处理中，需添加一些化学处理药剂，如氧化剂、还原剂、中和剂、混凝剂、沉淀剂等。考虑这些药剂时，除了高效、低用量等要求外，还要注意所添加的化学药剂不能使水质恶化或复杂化，造成二次污染，使其不能够全面达到排放标准。比如含有较高浓度的碱性废水若后接厌氧单元，其中和剂不能用硫酸，否则中和形成的硫酸根将在厌氧时被还原成硫化氢和硫离子，造成水质恶化和二次污染。

(8)影响回用水水质的因素

现今，经处理设施排放的尾水再经深度处理后回用是一种新潮流。TDS 是深度处理的一项主要水质指标，其构成物质为溶解性有机物和无机盐。经各种物化和生化处理后，溶解性有机物大部分被降解，但除蒸发析盐和膜分离外，大部分物化和生化处理无法去除无机盐。因此，尾水中(TDS 贡献主要为无机盐)如采用的深度处理单元不具有脱盐能力，那么，随着水的回用，生产用水中无机盐的含量将会持续升高。

常用的尾水深度处理系统有膜分离、树脂吸附和生物滤池＋精滤等，其中，后两者对以无机盐为主要贡献的 TDS 均无去除能力。

如图 2-11 所示的是生产—废水处理—回用水处理系统，假设生产系统每次产生并经废水处理系统尾水排放的 TDS(其贡献主要为无机盐)浓度为 1，深度处理系统对 TDS 无去除能力，尾水经深度处理后回用系数为 a，第 n 次回用后，排水(p 点)中 TDS 浓度系数为 $k_{p,n}$，即

$$k_{p,n}=1+a+a^2+\cdots+a^n=\frac{1-a^{n+1}}{1-a} \tag{2-1}$$

式中：$k_{p,n}$——第 n 次回用后排水中的 TDS 浓度系数；

a——深度处理后水回用系数，$0<a<1$。

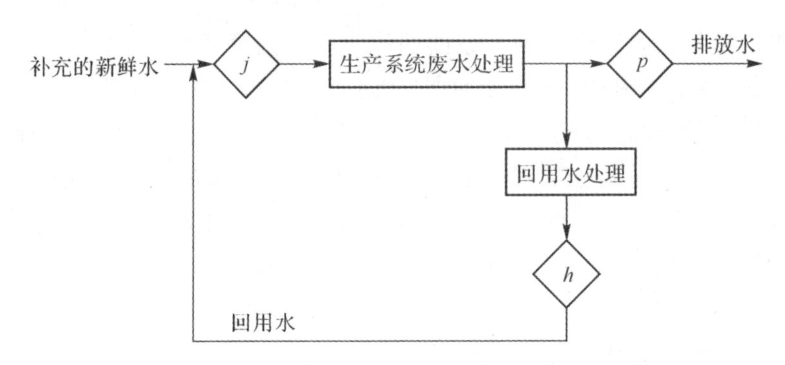

图 2-11　工业废水深度处理及回用示意图

同理，当补充的新鲜水中 TDS 为 0、第 n 次回用后生产系统进水（j 点）中 TDS 浓度系数为 $k_{j,n}$：

$$k_{j,n}=a+a^2+\cdots+a^n=\frac{a-a^{n+1}}{1-a} \tag{2-2}$$

式中：$k_{j,n}$——第 n 次回用后生产系统进水的浓度系数；

a——深度处理后水回用系数，$0<a<1$。

由式(2-1)可以得出，当回用系数分别为 0.15、0.30、0.50 和 0.80 时，排放水中 TDS 浓度系数见表 2-21，进水中 TDS 浓度系数见表 2-22。

表 2-21　不同回用系数时的排放水中 TDS 浓度系数

回用次数	回用系数			
	0.15	0.30	0.50	0.80
1	1.15	1.30	1.50	1.80
2	1.17	1.39	1.75	2.44
3	1.18	1.42	1.88	2.95
n	1.18	1.43	2.00	5.00

表 2-22　不同回用系数时的进水中 TDS 浓度系数

回用次数	回用系数			
	0.15	0.30	0.50	0.80
1	0.15	0.30	0.50	0.80
2	0.17	0.39	0.75	1.44
3	0.18	0.42	0.88	1.95
n	0.18	0.43	1.00	4.00

以上计算结果表明，在生产—废水处理—回用水处理系统产生大量以无机盐为主要贡献的 TDS（如印染生产中废水处理系统尾水 TDS 为 2000～

3000 mg/L)时，采用不具有脱盐作用的深度处理单元，将使生产用水中的无机盐浓度升高，影响生产及产品质量。

4.废水处理工程设计步骤

(1)按水质初选处理单元

按废水的水质、水量和排放标准的要求，根据所含污染物选择在适当条件下可将污染物回收或去除的工艺单元，估算达到排放标准时各单元对污染物应有的去除率要求。

(2)按上述原则将初选单元排列形成初列流程

一种污染物可以有多种工艺单元对其发挥作用，因此，可以排列出多条初列流程或工艺方案。

(3)按初列流程进行模拟或验证实验，确定最佳工艺参数

对初列流程进行必要的实验室实验，验证各单元的处理效果和流程能达到的总去除效率，优化处理单元，同时进行必要的技术、经济可行性分析，最终确定所需单元及各单元的最佳工艺参数，得到拟定工艺流程。

(4)编制实验报告，供中试或方案设计

根据实验室实验确定的工艺流程和最佳工艺参数编制中试试验方案。

中试试验采用工业级原料、工业设备和材料，具有一定处理规模和试验时间，以此得到在模拟工业运行状态下的工艺参数并进行设备选型等。

(5)按中试或方案评审结果进行初步设计

(6)按初步设计评审结果进行施工设计

2.3.2 化学沉淀法处理含铅废水工艺设计

1.生产及废水来源

某化工厂年产三盐基硫酸 1500 t，二盐基亚磷酸铅 500 t。

主要来源：地面与设备的冲洗水、事故废水。

废水水质水量：溶解态铅 20～100 mg/L；悬浮态铅 200～800 mg/L；pH 值 7～8；废水产生量 24 m^3/d。

2.处理工艺选择

首先对含铅废水处理方法进行文献调查或实验。

常用的处理方法有化学沉淀法、离子交换法等。离子交换法可回收硝酸铅溶液，但控制要求高，容易出现超标现象；化学沉淀法工艺简单，容易控制，经选择适当的沉淀剂，可以稳定地达到排放标准(表 2-23)。因此本项目选择化学沉淀法。

表 2-23　几种含铅废水处理方法对比

方法	优点	缺点
化学沉淀法	工艺设备简单、运行费用低，可以达标排放，可回收物料	产生硫化物沉淀时有二次污染
离子交换法	可回收硝酸铅溶液	工艺设备复杂，要消耗酸、碱，运行费用高

如表 2-24 所示，碳酸铅的溶解度低于排放标准（1 mg/L），但其沉淀为细粉状，沉降速度慢，微细的沉淀物易堵塞过滤介质，造成尾水中含铅浓度的不稳定。氢氧化铅溶解度较大，不易达到排放标准。硫化铅的溶解度极小，达到排放标准没有问题，但其沉淀物为黑色，本企业无法再利用；同时，硫化铅的加入量难以控制，一旦过量，废水中将增加硫化物这一污染因子。碱式碳酸铅溶解度小，在严格控制的条件下，生成的沉淀物为白色大片絮状，沉降速度快。所以本项目选择碱式碳酸铅沉淀法。

表 2-24　几种铅化合物溶解度

	溶度积	溶解度(mg/L)	特性
碳酸铅($PbCO_3$)	3.3×10^{-14}	0.048	白色细粉状，沉降速度慢
氢氧化铅	2.8×10^{-16}	0.99	白色细粉状，与硫酸亚铁合用时沉降速度较快
硫化铅(PbS)	1.3×10^{-28}	—	黑色细粉状
碱式碳酸铅($2PbCO_3\cdot Pb(OH)_2$)	—	<0.04	白色大片絮状，沉降速度快

3. 碱式碳酸铅沉淀法原理及工艺简述

在碱性条件下，废水中的铅与碳酸钠反应生成溶解度极小的白色絮状碱式碳酸铅沉淀，经 PE 微孔管过滤器固液分离后达到排放标准。沉淀反应式如下：

$$3Pb^{2+}+2NaOH+2Na_2CO_3 = 2PbCO_3\cdot Pb(OH)_2\downarrow+6Na^+$$

根据废水水质水量和选定的处理方法，画出处理工艺框图（图 2-12）。

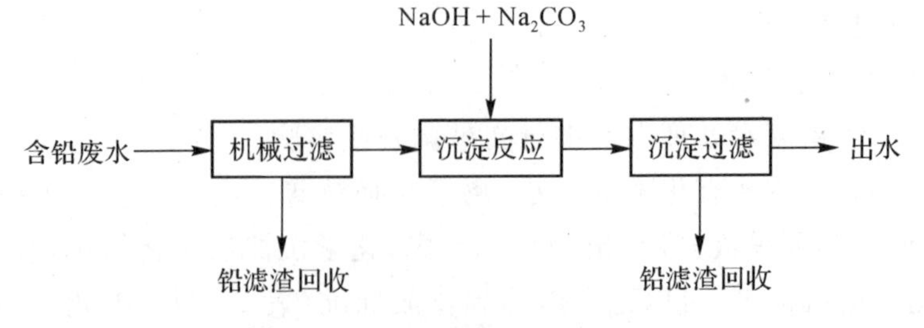

图 2-12　含铅废水处理工艺框图

工艺简述：废水经排水沟汇集于水池，用泵送入PE微孔管过滤器机械过滤，过滤后的水送入反应罐，加氢氧化钠液调节pH值后再加入碳酸钠液，生成白色絮状碱式碳酸铅沉淀；静置后，再经微孔管过滤器进行絮凝过滤，处理后废水经送车间回用作冲洗水或排放。两过滤器采用压缩空气反吹脱除滤渣，滤渣可回用。

装置投入运行以来，处理效果良好，装置主要技术经济指标均达到了设计要求。其主要技术经济指标见表2-25，工艺控制条件见表2-26，不同进水浓度处理后水质见表2-27。

表2-25 装置主要技术经济指标

项目	指标	项目	指标
处理能力(m^3/h)	2	班次(班/日)	2
设备装机容量(kW)	5.2	定员(人)	2
电耗(kWh/m^3 废水)	1.8	处理成本(元/m^3 废水)	1.25
占地面积(m^2)	65		

表2-26 工艺控制条件

项目	参数	项目	参数
过滤器工作压力(MPa)	0.10～0.15	反应温度(℃)	<30
过滤器反吹压力(MPa)	0.4～0.6	反应pH值	10.5～11.0
反应时间(min)	20		

表2-27 不同进水浓度处理后水质

序号	机械过滤水含铅浓度(mg/L)	处理后水质	
		含铅浓度(mg/L)	pH值
1	129.35	0.82	10.82
2	17.98	0.48	10.64
3	61.4	0.42	

4. 主要设备选型

(1)废水池

废水来源于车间设备地面冲洗水，平均每天约为24 m^3。废水池作用是汇集废水。全部废水都在两个班处理完，因此废水池容积应至少可容纳一个班的废水量。据此，废水池设计有效容积V_1为

$$V_1=24/3=8(m^3)$$

建设场地原有一有效容积为11.5 m^3 废水池，可满足本设计需要。

(2)机械过滤器和沉淀过滤器

废水集中在两个班处理，即理论处理能力 Q_0' 要求为

$$Q_0' = 24/(8\times2) = 1.5(\text{m}^3/\text{h})$$

工程裕量取 0.3(也可取其他数值)，即设计处理能力 Q_0 为

$$Q_0 = (1+0.3)\times1.5 = 1.95(\text{m}^3/\text{h})$$

在此处取设计处理能力为 2 m^3/h。

由于铅盐总浓度较低，沉淀较细小，若采用板框压滤机易穿透，造成废水超标，所以选择孔径可调的 PE 微孔管过滤器。经单管实验，选取平均孔径为 20～35 μm 的 PE 微孔管。查其产品样本，选 DJ—5B 型微孔管过滤器，过滤面积为 5 m^2，处理量为 2.5 m^3/h，外壳材料为不锈钢。为了方便利用铅渣，选择干出渣型过滤器。沉淀过滤器采用同一型号规格。

(3)过滤泵

泵流量 Q_1 的选择，分连续和间断工作两种情况。如果选用连续工作流程，泵流量大于设计处理能力即可，间断工作流程则情况比较复杂，需分别进行计算。

扬程 H 应满足过滤器工作压力、泵后提升高度和管道局部阻力。

过滤器工作压力：单管实验中，测得在本废水 SS 浓度下，过滤器工作压力不大于 0.15 MPa，相当于扬程为 15 m。

泵后提升高度：2.2 m。

管道局部阻力：为防止 SS 堵塞，泵前后管道均选用较大直径，管道局部阻力很小，以前面两项之和的 15%计。

泵所需理论扬程 H' 为

$$H' = (1+0.15)\times(15+2.2) = 19.78(\text{m})$$

取工程裕量为 0.2，即实际泵扬程 H 为

$$H = (1+0.2)\times19.78 = 23.73(\text{m})$$

根据计算所得泵的扬程和产品样板，初选泵流量为 3.6 m^3/h，根据后面反应罐的计算，最后确定泵流量 Q_1。

(4)反应罐容积 V

根据实验，沉淀反应时间 t_1 为 20 min；留工作准备及加药剂时间 t_2 为 10 min。物料输送时间为 t_3，按所选泵流量，t_3 为

$$t_3 = V/Q_1 = V/3.6 = 0.28V$$

可列出下列两式

$$T = t_1 + t_2 + t_3$$

$$V=Q_0T$$

将已知各项代入上式，有

$$T=1/3+1/6+0.28V$$
$$V=2T$$

解得

$$V=2.27(m^3)$$

即反应罐有效容积 V 为 2.27 m^3，装料系数取 0.8，则反应罐设计容积 V' 为

$$V'=2.27/0.8=2.84(m^3)$$

(5)泵选型

按流量不小于 3.6 m^3/h、扬程不小于 24 m、耐腐蚀的要求查产品样本选型。

(6)液碱、纯碱液用量及储罐容积计算

储罐类容器按使用目的的不同可分为计量、回流、中间周转、缓冲、混合等工艺容器。储罐类容器的选型和设计一般程序为：

①汇集工艺设计数据。数据包含物料衡算和热量衡算，储存物料的温度、压力，最大使用压力、最高使用温度、最低使用温度，腐蚀性、毒性、蒸气压、进出量、储罐的工艺方案等。

②选择容器材料。

③容器形式的选用。尽量选择已标准化的产品，根据工艺要求、安装场地的大小，选择卧式或立式、球罐、拱顶罐或浮顶罐等。

④容积计算。储罐工艺设计和尺寸设计的核心就是容积计算，应根据容器的用途、物料周转时间等确定。

⑤确定储罐基本尺寸。按照容积要求、物料密度、确定的容器器型进行计算，并校核是否满足安装场地的要求；若有问题，应重新调整，直到大体满意。

⑥选择标准型号各类容器有通用设计图系列。依照计算初步确定它的直径、长度和容积，在有关手册中查出与之符合或基本相符的标准型号。

⑦开口和支座在选择标准图纸之后，要设计并核对设备的管口。

⑧绘制设备草图(条件图)，标注尺寸，提出设计条件和订货要求。

本项目碱液用量包括两部分：废水调 pH 值消耗和生成碱式碳酸铅消耗；纯碱液仅用于生成碱式碳酸铅。

根据废水所调 pH 值和沉淀反应式，计算得液碱、纯碱液消耗见表 2-28。

表 2-28　液碱、纯碱液消耗

	氢氧化钠		碳酸钠	
	100%	30%	100%	20%
废水调 pH 值消耗(kg/d)	0.96	—	—	—
生成碱式碳酸铅消耗(kg/d)	0.31	—	0.82	—
合计(kg/d)	1.27	4.23	0.82	4.10
合计(kg/月)	—	126.90	—	123.00

计算结果表明氢氧化钠和碳酸钠消耗都很少，但液碱是用槽车运输的，因此液碱储罐容积必须大于槽车容积。

以 1 t 槽车运输计算，30%液碱密度为 1.3 t/m³，装料系数取 0.8，所需储罐容积 V_j 为

$$V_j=1/(1.3\times0.8)=0.96(\text{m}^3)$$

实际尺寸为 1500 mm×1000 mm×800 mm=1.2(m³)。

碳酸钠是固体，不存在运输限制问题，但为了设备制造方便及设备布置美观，碳酸钠溶液储罐取与液碱储罐相同的规格。

两储罐上装输料液下泵。碳酸钠溶液储罐输料液下泵还兼有配料时循环打料加速溶解碳酸钠的作用。

(7)设备材料选择

根据本项目废水水质，查《腐蚀数据与选材手册》，过滤器和液碱储罐均可用碳钢制造但为了确保回收物料的质量，过滤器材质仍选择不锈钢。

设备选型结果列于表 2-29。

表 2-29　主要设备及构筑物

序号	名称	数量	型号规格	材质
1	微孔管过滤器	2	DJ—5B，$A=5\ \text{m}^2$，干出渣型	不锈钢
2	反应罐	1	φ1500 mm×1700 mm，$V=3.0\ \text{m}^3$	碳钢
3	液碱储罐	1	1500 mm×1000 mm×800 mm，$V=1.2\ \text{m}^3$	碳钢
4	纯碱液储罐	1	500 mm×1000 mm×800 mm，$V=1.2\ \text{m}^3$	碳钢
5	废水池	1	6.5 m×3.8 m×1.8 m，$V_{有效}=33.5\ \text{m}^3$	钢砼
6	泵	1	IS50—32—160B，$Q=3.6\ \text{m}^3/\text{h}$，$H=24$ m，$N=1.5$ kW	
7	储气罐	1	C—1，$V=1\ \text{m}^3$	碳钢

2.4 水污染控制工程设计案例三：其他一些典型工艺的应用举例

2.4.1 厌氧折流板反应器在医药生产废水处理中的应用

1. 工程名称

杭州某医药化工集团有限公司废水处理工程。

2. 工程概况

杭州某医药化工集团有限公司是一家主要生产经营医药原料药、化工中间体及兽药、饲料添加剂的高科技企业。公司废水日产生量为 50 m^3，该废水抗生素浓度高、有机物浓度高，生物毒性大，可生化性较差，处理难度较大。根据国家和地方环保部门的相关要求，废水排放需执行《污水综合排放标准》(GB 8978—1996)中的三级标准。

3. 设计要点

本项目设计处理水量：50 m^3/d。对实际生产废水进行分析监测后得出进水水质指标及排水要求见表 2-30。

表 2-30 进水水质及排水要求

污染物名称	进水平均浓度	出水排放要求
pH 值	2.37	6～9
COD_{Cr}	33280 mg/L	≤800 mg/L
TP	20.88 mg/L	
NH_3—N	195.05 mg/L	
TN	272.04 mg/L	

4. 工艺流程与说明

(1)工艺流程。该废水处理采用两级厌氧—好氧生化处理，工艺流程如图 2-13 所示。

(2)工艺流程说明。废水流入调节池调节水质水量后泵入微电解塔进行微电解处理，然后进入一沉池。一沉池内投加适当石灰或片碱调节 pH 值至 8.5左右，再泵入高位离心机对铁泥进行离心分离。接着自流进入 1# ABR 池进行厌氧处理，再进入生物接触氧化池进行好氧生物处理；生物接触氧化池出水再进入 2# ABR 池进行厌氧和好氧处理，最后经 MBR 膜分离后排放。ABR 池和 MBR 池污泥经污泥浓缩池浓缩后，经板框压滤机脱水后外运，离心机脱水分离产生的干泥直接外运，污泥浓缩池上清液自流入一沉池。

(3)工艺特点。采用微电解塔对废水进行微电解处理，可以提高废水 pH 值，不需加碱，有效提高废水可生化性及大幅降低废水 COD；采用两级厌氧—好氧生化处理，充分利用微生物的选择性，保障出水稳定达标；最终出水采用超滤膜(MBR)过滤，悬浮物浓度低，处理效果好。

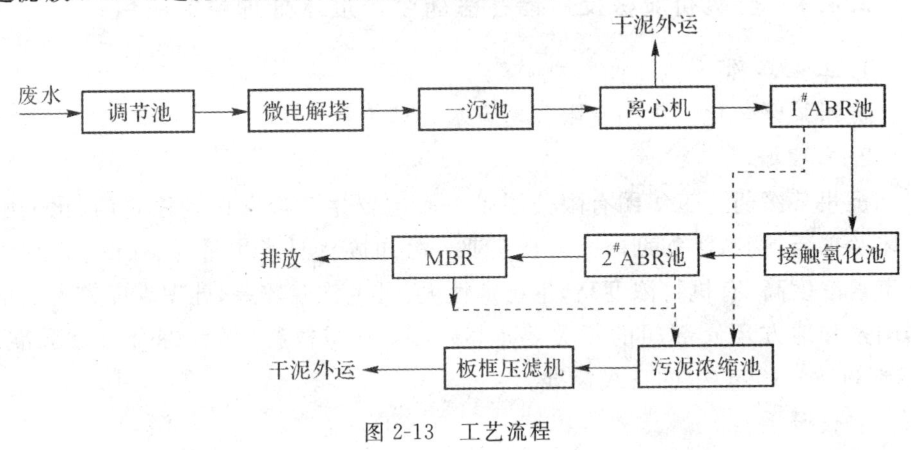

图 2-13　工艺流程

5. 主要构筑物与设备

(1)调节池。目的：调节水质、水量。结构型式：地下钢筋混凝土结构，内防腐。设计规格：5.5 m×8.5 m×2.8 m。数量：1 座。有效水深：2.5 m。有效容积：100 m^3。

配套设备：耐腐蚀泵 2 台，1 用 1 备，型号为 40FB—16A (Q=5.2 m^3/h，N=1.5 kW)；液位控制器 2 只；玻璃流量计 2 只，每支为 5 m^3/h。

(2)微电解塔。塔内填料是 1∶1 铁屑-活性炭，在酸性条件下产生大量活性羟基，大部分对微生物有抑制作用的基团被分解为无毒物质；同时生成的新生态二价铁离子还有絮凝作用。材质：碳钢，内衬防腐。规格：ϕ1.8 m×4.5 m。数量：2 台。

(3)一沉池。目的：储存微电解塔出水，池内设 pH 值调节装置。结构：地下钢筋混凝土，内防腐。设计规格：5.0 m×5.0 m×2.8 m。数量：1 座。有效水深：2.5 m。有效容积：50 m^3。

(4)离心机。目的：对铁泥进行泥水分离，干泥直接外运。型号：IW330×900。转鼓直径：300 mm。转速：4000 r/min。数量：2 台。电机功率：7.5 kW。

配套设备：无堵塞纸浆泵，2 台，1 用 1 备。型号：80XWJ25—12.5A。

(5)1# ABR 池。结构：半地上钢筋混凝土结构。设计规格：8.0 m×4.0 m×

5.5 m。有效容积:100 m^3。有效水深:5.0 m。停留时间:48 h。数量:1座。

配套材料:生物漂带4.0 m×4.0 cm,80 m^3。填料支架:1套。颗粒污泥:10 m^3。

(6)接触氧化池。目的:对厌氧出水进行好氧生化降解。结构:半地上钢筋混凝土。设计规格:8.0 m×3.0 m×5.5 m。有效容积:100 m^3。有效水深:5.0 m。停留时间:48 h。数量:1座。

配套材料:生物漂带4.0 m×4.0 cm,80 m^3。填料支架:1套。微孔曝气器ϕ215 mm,50套。罗茨鼓风机2台,1用1备(N=7.5 kW,Q=4.82 m^3/min),与MBR池共用。

(7)2# ABR池。目的:对前面厌氧—好氧处理难以降解的有机物继续进行厌氧分解,调节第一级生化处理出水的可生化性,利于后续处理。结构:半地上钢筋混凝土。设计规格:8.0 m×4.0 m×5.5 m。有效容积:100 m^3。有效水深:5.0 m。停留时间:48 h。数量:1座。

配套材料:生物漂带4.0 m×4.0 cm,80 m^3。填料支架:1套。颗粒污泥:10 m^3。

(8)MBR池。MBR池设有曝气系统,并利用MBR膜对悬浮物的高截留率,使得池内有较高的污泥浓度,活性污泥浓度达4000～6000 mg/L,有较好的深度处理效果。结构:半地上钢筋混凝土。工艺尺寸:8.0 m×3.0 m ×5.5 m。数量:1座。有效水深:5.0 m。有效容积:100 m^3。停留时间:48 h。

配套材料:微孔曝气器ϕ215 mm,50套;高压风机与接触氧化池共用;MBR膜处理系统H1—MBRU—50,处理能力50 m^3/d,1套;不锈钢自吸泵Q=10.0 m^3/h,H=15 m,N'=2.2 kW,2台(1用1备);膜片清洗系统N=1.5 kW,1套。

(9)污泥浓缩池。目的:对污泥进行浓缩,减小污泥体积。结构:半地上钢筋混凝土。工艺尺寸:5.0 m×1.8 m×2.0 m。数量:1座。有效水深:1.5 m。有效容积:10 m^3。

配套设备:无堵塞纸浆泵2台,1用1备,型号80XWJ25—12.5A。

(10)板框压滤机。目的:对浓缩池污泥进行脱水,干泥外运或填埋。型号:$X_M^KJ4/500—U_K^B$。数量:1台。

(11)标准排放口。结构:砖混结构,白瓷砖贴面。

6.运行效果

工程投入运行后对处理效果进行了监测,日常运行数据见表2-31。工程自运行以来一直比较稳定,出水指标达到排放要求。

表 2-31 日常运行数据

项目		COD_{Cr}	pH 值
原水		33280	2.37
铁碳微电解塔	出水(mg/L)	≤25000	5～6
	去除率(%)	≥25	
1# ABR 池	出水(mg/L)	≤15000	8～9
	去除率(%)	≥40	
接触氧化池	出水(mg/L)	≤10500	6～9
	去除率(%)	≥30	
2# ABR 池	出水(mg/L)	≤3200	6～9
	去除率(%)	≥70	
MBR 池	出水(mg/L)	≤700	6～9
	去除率(%)	≥78	
标准		≤800	6～9

7.技术经济指标

(1)日常运行成本。电费:日耗电 531 kWh,按平均电价 0.70 元/kWh 计,则电费为 371.70 元/d,即 7.43 元/m^3 废水。

药剂费:NaOH 药剂费用为 0.20 元/m^3 废水。铁碳每半年更换一次,更换费用为 17.00 万元,按 180 d 计,即 18.89 元/m^3 废水。

人工费:废水处理站定员 2 人,按人工工资 1500 元/月计,则人工费为 100 元/d,即 2.00 元/m^3 废水。

综上所述,日常运行成本为 28.32 元/m^3 废水。

(2)主要技术经济指标汇总(表 2-32)。

表 2-32 主要技术经济指标

项目		单位	指标
工程造价	总造价	万元	215.00
	单位造价	元/t 污水	43000.00
设备功率	装机容量	kW	50.40
	常开功率	kW	28.70
耗电量	日耗电量	kWh/d	531.00
	单位耗电量	kWh/t 污水	10.62
运行费用	日运行费	元/d	1416.00
	运行成本	元/t 污水	28.32
处理效果	达标		

8.污泥处理与处置

ABR池和MBR池污泥经污泥浓缩池浓缩后，经板框压滤机脱水后外运；离心机脱水分离产生的干泥直接外运。

2.4.2 MBR工艺在污水处理厂改造中的应用

1.工程名称

北京某污水处理厂改扩建及再生水利用工程。

2.工程概况

北京某污水处理厂，最早建于1990年，处理规模 4×10^4 m^3/d，采用传统活性污泥法，并对污泥进行消化，工程占地6.07 hm^2(即 6.07×10^4 m^2)。2006年7月该污水处理厂改扩建及再生水力用工程开工建设，工程总规模 10×10^4 m^3/d，总流域面积109.3 km^2。工程内容分为两部分：①扩建 6×10^4 m^3/d 污水处理设施采用MBR工艺，出水一次达到回用要求，其中 1×10^4 m^3/d 的出水再经过反渗透深度处理成为高品质再生水，直接供给奥林匹克森林公园水体补水及场馆杂用；②现有 4×10^4 m^3/d 污水处理设施改造，出水达标排放。扩建 6×10^4 m^3/d 污水处理设施于2008年7月建成投产，根据工期安排，4×10^4 m^3/d 改造工作的土建部分目前没有实施。以下重点介绍扩建 6×10^4 m^3/d 污水处理设施。

3.设计要点

(1)设计水量与进水水质。设计水量为 6×10^4 m^3/d；进水水质标准见表2-33。

表2-33 设计进水水质

项目	BOD_5 (mg/L)	COD_{Cr} (mg/L)	SS (mg/L)	NH_3—N (mg/L)	TN (mg/L)	TP (mg/L)
设计进水标准	280	550	340	45	65	10

(2)设计出水水质。设施出水一次达到城市杂用水水质标准。其中 5×10^4 m^3/d出水排入城市再生水管网，执行《城市污水再生利用城市杂用水水质标准》(GB/T 18920—2002)中车辆冲洗水质要求(表2-34)。另外 1×10^4 m^3/d 出水作为奥林匹克森林公园高品质用水，由于国家还没有相应的体育场馆再生水水质标准，暂参照《地表水环境质量标准》(GB 3838—2002)中Ⅲ类水体的主要标准(TN除外)。

表 2-34 设计进水水质

项目	BOD_5 (mg/L)	浊度 (NTU)	溶解性总固体 (mg/L)	NH_3—N (mg/L)	总余氯 (mg/L)
设计出水标准	≤10	≤5	≤1000	≤10	管网末端≥0.2

4. 工艺流程与说明

工艺流程：污水首先进入污水处理厂提升泵房的集水池，经过间隙 8 mm 格栅后由提升泵提升至曝气沉砂池，然后分别进入 4 m^3/d 的改造系统及 6×10^4 m^3/d 的扩建系统。进入扩建系统的污水经孔径 1 mm 的细格栅后进入 MBR 池，经紫外线消毒后，其中 5×10^4 m^3/d 进入清水池，臭氧脱色后通过配水泵房输送至厂外再生水利用管网向用户供水。另外，1×10^4 m^3/d 出水进入反渗透膜设备处理，高品质再生水出水进入独立的清水池，经水泵提升输送至奥林匹克森林公园。工艺流程如图 2-14 所示。

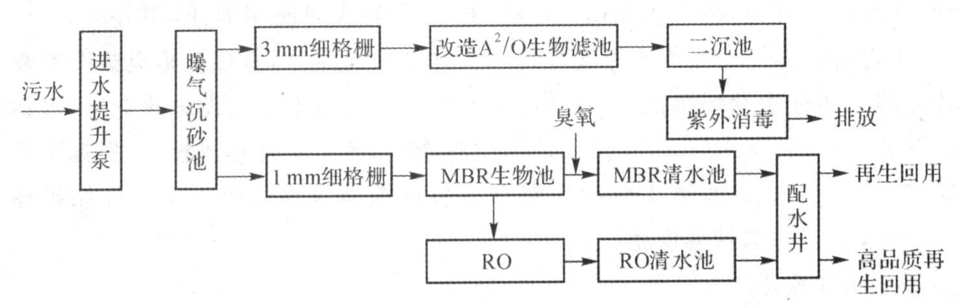

图 2-14 污水处理厂改扩建及再生水利用工程工艺流程

5. 主要构筑物与设备

(1)MBR 预处理系统。MBR 预处理系统的组成：提升泵前 8 mm 格栅、曝气沉砂池及筛孔直径为 1 mm 的转鼓式细格栅。目的：拦截污水中较大杂质、砂粒及纤维毛发等，确保后续系统的稳定运行。

(2)MBR 生物池。MBR 生物池的组成：厌氧池、缺氧池、变化区、好氧池。生物池分 4 个系列，每个系列可独立运行，每座池分 3 个廊道，每个廊道宽 6.5 m，池长 75.0 m，池中水深 5.5 m。厌氧段和缺氧段均加盖以减轻异味散发。同时设置气体收集和输送管路，利用生物除臭池对气体进行处理。变化区内同时安装潜水推进器和曝气头，可以根据进水水质、处理效果、季节变化以及出水水质需求，转换成缺氧区或好氧区。主要参数见表 2-35。

表 2-35 MBR 生物池工艺设计参数

名称	单位	参数
MBR 生物池厌氧段停留时间	h	1.5
MBR 生物池缺氧段停留时间	h	3.8
MBR 生物池好氧段停留时间	h	8.6(含变化区)
MBR 生物池污泥负荷	kg BOD_5/(kg MLSS·d)	0.067
总污泥龄(SRT)	d	17
缺氧池至厌氧池回流比		100%
好氧池至缺氧池回流比		500%(变频调节)
循环比		500%
厌氧池混合液浓度	mg/L	3650~4200
缺氧池和变化区混合液浓度	mg/L	6700~7700
好氧池混合液浓度(MLSS)	mg/L	8000~9200
剩余污泥浓度(膜池内污泥浓度)	mg/L	10000~11500
剩余污泥量	t/d	16.5

(3)膜系统。共设计 8 个膜池,每个膜池设计安装 38 个膜组件,预留 4 个膜组件位置。每个膜组件内装 16 个 MEMCOR 的 B30R 膜元件(PVDF 中空纤维膜),单个元件的膜面积为 37.6 m^2。设计通量见表 2-36。

表 2-36 设计通量

项目	名义通量(L/(m^2·h))	实际通量(L/(m^2·h))
60000 m^3/d	13.7	14.8
3250 m^3/h	17.8	19.3

每一个膜池中都有 1 台柱塞阀、1 套混合液分配管和 1 台透过液泵,透过液泵单台泵流量 Q=442 m^3/h,扬程 H=10.4 m。整个膜系统安装 2 台清洗水泵、2 台中和水泵、2 台膜池清空泵、4 台剩余污泥泵;安装 2 台空压机、配套冷干机及相应的过滤器和储罐;膜系统配套的擦洗鼓风机,4 用 1 备,单台风量为 Q=228 m^3/min,升压为 35 kPa。

运行一段时间后还需要进行化学清洗。膜系统的加药装置包括次氯酸钠加药装置、柠檬酸加药装置、亚硫酸氢钠加药装置、氢氧化钠加药装置。化学清洗有两种方式:维护性清洗和恢复性清洗。维护性清洗(MC)是为了保持膜的透水性和延长恢复性清洗周期,清洗持续时间较短,使用较低的化学药品浓度、清洗频率较高,清洗间隔为 1~2 周,清洗时采用的药剂为次氯酸钠。恢复性清洗(CIP)则是为了恢复膜的透水性,清洗持续时间长,采用的化学药品浓度较高,清洗频率较低,每 3 个月采用次氯酸钠进行一次恢复性清洗,每 6

个月采用柠檬酸进行一次恢复性清洗，恢复性清洗时产生的废液均输送到中和系统。两种清洗方法的周期均可按实际情况进行调节。

(4)RO反渗透系统。共设有3套，采用一级二段式，每套系统的膜压力容器排列方式为24∶12，共36只压力容器，每只压力容器内装6支反渗透膜，每套系统共有216支反渗透膜。每套系统对应1台RO原水提升泵(过滤加压泵)、1台保安过滤器、1台RO高压泵。RO原水提升泵单台泵流量$Q=170\ m^3/h$，扬程$H=46\ m$；保安过滤器单台流量为$167\ m^3/h$，过滤精度为$5\ \mu m$；RO高压泵单台泵流量$Q=170\ m^3/h$，扬程$H=130\ m$。RO系统包括化学清洗系统，安装2台清洗水泵、1台清洗过滤器及一个清洗水箱。加药装置包括氢氧化钠投加系统、还原剂投加系统以及阻垢剂投加系统。在进水中添加阻垢剂，防止被截留在膜表面的残液形成硬垢，投加还原剂来消除原水中的余氯；在出水处投加NaOH调整水的pH值。

RO系统是否需要进行化学清洗可根据在线压力及电导率监测值决定。又根据污染物不同，可采用EDTA、柠檬酸、盐酸等药剂进行清洗。正常情况下，清洗周期为3个月左右进行一次；试运行时设定为1个月一次。每次浸泡、循环1～2 h。

6.运行效果

本厂$6\times10^4\ m^3/d$扩建系统于2008年4月通水进入试运转阶段，同年7月开始正式运转。试运行阶段，根据《性能测试报告》，各种设备运转达到了技术指标要求，运行正常，出水水质稳定，基本没有出现故障。截至2009年1月，7个月的运行时间内，出水水质良好，达到设计目标。

(1)进水水质分析。根据污水处理厂2008年1月—2009年1月的监测情况分析，进水水质月平均值分别为BOD_5 167～291 mg/L，COD 361～618 mg/L，SS 208～498 mg/L，TN 47.5～78.5 mg/L，TP 4.6～8.3 mg/L，基本符合本工程设计的进水水质指标。

(2)MBR系统处理效果评价。自2008年7月扩建系统投入运行后，MBR系统出水浊度月平均值为1.02～2.95 NTU，在线浊度仪检测MBR出水浊度<0.2 NTU；SS月平均值为5～7.5 mg/L。膜系统对水中悬浮固体有良好的截留效果。

进水BOD_5的月平均值为167～291 mg/L，出水仅为2～6.8 mg/L，MBR系统对BOD_5去除率达96%以上。进水COD的月平均值为361～618 mg/L，出水为20.9～35.5 mg/L。MBR系统对COD去除率达92%以上。MBR工艺将膜过滤系统应用于二级生物处理系统，代替沉淀池，进行泥水分离，提高生物系统的污泥浓度，加强生物处理效果，出水生化指标优于传统活性污泥法出水水质。

进水 TN 的月平均值为 47.5～78.5 mg/L，出水 TN 为 9.65～15.2 mg/L，NH_3—N 为 0.29 ～1.32 mg/L，TN 平均值为 13.47 mg/L，基本可以满足＜15 mg/L 的要求。但随着水温下降以及进水 TN 的上升，出水 TN 的去除效果较之夏季有比较明显的下降。因此 MBR 系统出水 TN 达标与否受到水温、原水碳源、进水 TN 等外部因素的影响，其中水温对反硝化速率影响较为明显。从数据来看，当水温低于 18℃ 时，MBR 系统脱氮效率降低较明显。MBR 运行期间（包括冬季）NH_3—N 出水月均值均低于设计出水水质 1.5 mg/L，可见 MBR 出水水质可以稳定地达到设计出水水质要求。

进水 TP 的月平均值为 4.56～8.28 mg/L，出水为 0.086～0.406 mg/L，去除率达 92%以上。MBR 工艺采用生物除磷辅助化学除磷，用聚合氯化铝作为化学除磷药剂，TP 去除效率较高。

因为 MBR 的膜过滤系统不能去除水中的溶解物质，所以其对于色度的去除能力有限，出水色度能够达到 30 度以下的标准。但是由于水中的溶解性物质会吸附在水中的颗粒物质上，随着颗粒物质被膜截留，MBR 系统还是能够去除部分溶解性物质。

(3)RO 系统处理效果评价。经过反渗透系统处理后，出水中各项指标除总氮外，都达到《地表水环境质量标准》(GB 3838—2002)中Ⅲ类水体的主要指标。根据性能测试报告，该系统产水率保持在 75%，脱盐率达到 98%以上。

(4)臭氧脱色处理效果评价。MBR 池出水色度为 25～30 度，虽满足再生水水质要求，但与正常天然水体比较，出水的黄色很明显，将其排入无天然补给水源的水体（湖泊、河流），感官效果不佳。投加臭氧氧化后（投加浓度控制在 15 mg/L 以下），臭氧可氧化水中的有机物，使难降解有机物断链、开环，很好地改善了感官性状指标，出水色度能够控制在 15 度以下。

7. 技术经济指标

该厂是目前国内最大的 MBR 再生水厂，每年可生产 1800×10^4 m^3 再生水及 360×10^4 m^3 高品质再生水。系统运行主要电耗：MBR 系统电耗 0.73 kWh/m^3 水，RO 系统电耗 0.64 kWh/m^3 水，UV 系统电耗 0.039 kWh/m^3 水，以及除磷、膜化学清洗、消毒剂投加等药剂消耗。

2.4.3 生物滤池在啤酒水处理中的应用

1. 工程名称

青岛某啤酒有限公司废水处理工程。

2. 工程概况

设计生产能力为 6×10^4 t/a。在生产过程中排出大量啤酒废水。啤酒废水是有机污染物废水,若不经处理直接排放将对周围环境造成严重的污染。为贯彻执行国家的有关政策,保护环境,该公司决定实施废水处理工程,以达到环境、经济、社会三个效益的统一。

该公司废水处理工程采用水解(酸化)—曝气生物滤池工艺处理。啤酒厂所需处理的废水主要为制麦、糖化、发酵、罐装等车间所排放的废液及设备、管道等的洗涤水和地面冲洗水。废水中主要含有淀粉、蛋白质、酵母菌残体、酒花残渣、残余啤酒、少量酒精及洗涤用碱,属于无毒有机废水。另外还有来自办公楼、食堂的生活排水,但水量相对较小。废水中主要污染物指标为 COD、BOD_5、SS 等。

啤酒废水属于中高等浓度有机废水,其 BOD_5/COD 一般在 0.5 以上,可生化性较好。污染物中的有机物较容易生物降解,所以采用以生化处理为主的工艺流程。目前国内处理啤酒废水的方法很多,但主要为好氧法和厌氧(UASB)法相结合的方法。传统上,利用好氧法处理啤酒废水是可行的,但能耗大,运行费用高。近几年,国内也有数家啤酒厂采用上流式厌氧污泥床(UASB)+好氧处理工艺。采用 UASB 处理啤酒废水中的高浓度废水部分是可行的,该方法技术简单、成本低、效率高、可回收能源。但 UASB 存在工艺调试周期长,颗粒污泥培养时间长,厌氧对废水中悬浮物含量、pH 值、温度要求苛刻,操作管理复杂的缺点。为了解决现有啤酒行业废水处理工艺中存在的一些问题,以及本工程由于出水水质要求高,建设场地又较小的局限,所以根据方案比较选择采用了水解(酸化)—曝气生物滤池处理新工艺。

水解(酸化)—曝气生物滤池工艺是近年来在国内开发应用成功的一种新工艺技术,从它在啤酒废水处理中的成功应用以及在实际运行中所表现出的许多特点来看,该技术不仅满足城市污水处理的要求,也完全能够满足中高等浓度废水处理的要求,并使最终处理出水达到《国家污水综合排放标准》的一级标准。

3. 设计要点

(1)设计原则。在设计流程的确定中遵照以下原则进行:①根据废水特点，选择合理的工艺路线，做到技术可靠、结构简单、操作方便、易于维护检修；②在保证处理效果的前提下，尽量减少占地面积，降低基建投资及正常运行费用；③废水处理设备选用性能可靠、运行稳定、自动化程度高的节能优质产品，确保工程质量及投资效益。

(2)设计规模与水质。待处理的啤酒废水来自工厂各工段所排放的生产废水及生活污水。由于该企业建厂较早，建厂时在排水管道设计上未进行清污分流，所以在新建废水处理站时，待处理废水为混合废水。建设规模为日处理啤酒废水 2500 m^3。进出水水质要求见表 2-37。

表 2-37 啤酒生产废水水质及排放要求

项目	COD(mg/L)	BOD_5(mg/L)	SS(mg/L)	pH 值
进水	2200	1300	600～800	8～10
排放要求	＜150	＜60	＜70	6～9

4. 工艺流程与说明

(1)工艺流程。工程采用水解(酸化)—曝气生物滤池工艺，工艺流程如图 2-15 所示。

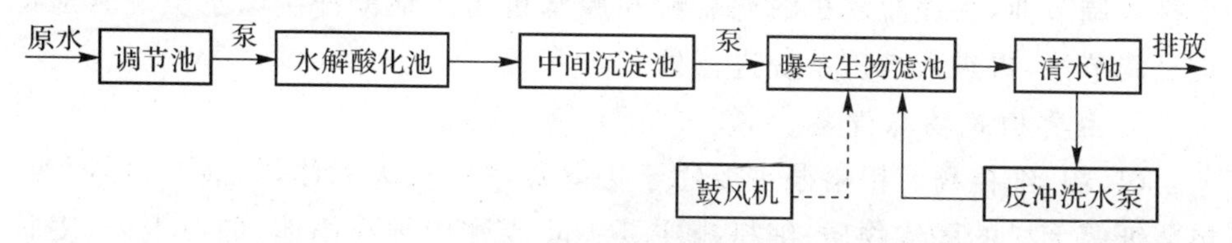

图 2-15 工艺流程

(2)工艺流程说明。车间各段废水经厂区排水管(渠)收集后，经排水总渠送至废水处理站进行处理。由于废水中含有许多如空麦壳、酵母、纸屑等悬浮物以及破碎的玻璃瓶等物质，这些东西直接进入废水处理系统，将影响处理设施的正常运行，所以在废水进入处理设施前需设置粗、细格栅，以去除废水中的大块悬浮物，栅渣外运。粗、细格栅安装在进水明渠的格栅井内，采用人工清捞栅渣。

经粗、细两道格栅处理后的废水自流进入废水调节池。因为废水排放的水量及水质不均匀，特别是麦芽制备和糖化的排水为间歇排放，所以为了保证后续处理设施的正常运行，设置调节池来调节水质和水量，使调节后的出水水质、水量尽量均匀。

均质、均量后的废水由提升泵提升至水解(酸化)池。水解(酸化)池能最大限度地截留水中悬浮物，将其中部分有机物进行生物降解，一方面减少后续曝气生物滤池截留 SS 的量，延长滤池的反冲洗周期；同时水解（酸化）池中的兼氧、缺氧微生物将大分子的有机物水解为小分子的有机物并对固体有机物进行降解，减少污泥量，使污泥的性能稳定。

因为废水水质波动较大，虽经调节池进行了调节，但水质波动较大还是会导致水解（酸化）池中的污泥上浮，使水解（酸化）池出水中的 SS 量过多。为了减少后续曝气生物滤池截留的 SS 量，同时延长其反冲洗周期，需对水解（酸化）池出水进行中间沉淀，以去除大部分 SS。经中间沉淀池沉淀后的废水由提升泵送至上向流曝气生物滤池进行有机物的降解。在上向流曝气生物滤池中，废水中有机污染物成为生长在滤料上的微生物新陈代谢的营养物，使废水中有机污染物在有氧条件下通过微生物的代谢作用而去除。曝气生物滤池具有生物截留作用，其中 SS 的截留使出水中的 SS 可达到排放标准，所以曝气生物滤池后面不需设置二沉池。经曝气生物滤池处理后的出水就可达到排放标准，或排放或回用。

水解（酸化）池中稳定污泥和中间沉淀池底泥定期排入污泥均质池，由泵提升至板框压滤机脱水，脱水后的泥饼外运处理。曝气生物滤池的反冲洗废水排入调节池，污泥脱水机的滤后液和脱水机房的地面冲洗废水也经管道汇集至调节池，再进入处理系统进行处理。

5. 主要构筑物与设备

（1）粗、细格栅。粗格栅主要用于去除废水中粗大固体，如破布、碎酒瓶、包装纸等无机的固体物质；细格栅主要去除废水中细小固体，如空麦壳、麦粒和酵母等有机物质。

由于进水处理站的明沟为原有设施，沟渠较宽，正常工作时沟内水深较浅，同时考虑到节省投资，所以粗、细格栅均采用固定式栅条型格栅人工清渣。粗格栅采用栅条型格栅，安装在进水明渠中，明渠净宽 0.3 m，栅条净间距为 10 mm，过栅流速为 0.55 m/s，栅前后水位差约为 0.07 m，相对较小，所以格栅前的沟渠不必设置变速段。渠内栅前流速为 0.4 m/s。考虑到本工程处理水量，废水中麦粒、麦皮、纸屑较小，所以在粗格栅后面的明沟中设置一道细格栅（细格网），以去除废水中的细小悬浮物。细格网采用网孔径为 2 mm×2 mm 的不锈钢丝格网，网丝直径为 1 m；支撑网采用网孔径为 30 mm×30 mm 的不锈钢丝格网，网丝直径为 2.8 mm。栅条型粗细格栅的制作可参见《给水排水标准图集》。

（2）调节池。由于啤酒废水与发酵工业相似，废水具有间歇排放的特点，因此水质和水量波动较大。水质和水量的波动直接影响到后续处理设施的稳定运行，所以必须设置容积较大的调节池，以对水质和水量进行调节。

由于在清洗糖化罐以及罐装车间清洗酒瓶的过程中不定时地需要排放部分高碱性的废液，导致废水的 pH 值波动较大，所以必要时需在调节池中添加酸液，以降低废水的 pH 值至合适的范围。在调试期间，调节池中还需补充一些微生物生长所需的营养物质，如尿素等。

该工程由于水沟渠标高较高，所以调节池设计为地下钢筋混凝土结构。废水处理站 $Q=115\ m^3/h$，调节时间确定为 4.35 h，所以调节池的有效容积为 500.25 m^3，尺寸(长×宽×高)为 15 m×12 m×3.65 m。

(3)水解(酸化)池。该池具有改善污水可生化性的特点，同时也可去除废水中部分有机物，减少最终排放的剩余污泥量。

废水的水解(酸化)过程在夏季只需 2.5～3.0 h 就可完成，而在冬季由于气温低，水温也相应较低，且进水一般不设加温设施，所以要完成水解(酸化)过程所需的时间比夏季要长，一般为 3.5～4.5 h。考虑到冬季的不利条件，在进行啤酒废水处理的水解(酸化)池设计时，水力停留时间一般按冬季考虑，即 3.5～4.5 h。该工程由于地处北方，所以取 4.5 h。

为了保持水解(酸化)反应池处理的高效率，必须保持池内有足够多的活性污泥，同时要使进入反应池的废水尽快地与活性污泥均匀混合，增加活性污泥与进水有机物的接触，这就要求上升流速越高越好。但过高的上升流速又会破坏活性污泥层对进水中 SS 的生物截留作用，并会对活性污泥床进行冲刷，从而使活性污泥流失，导致出水效果变差，所以保持合适的上升流速是很有必要的。根据实际经验，水解(酸化)池内上升流速一般控制在 0.8～1.8 m/h 比较合适。该工程的上升流速取 1.15 m/h，所以水解(酸化)池的有效高度为 5.2 m，水解(酸化)池最终尺寸(长×宽×高)为 10 m×10 m×5.6 m。

在本工程中，为了增加水解(酸化)反应池中活性污泥的浓度，提高反应效率，在池中还另外加设了供微生物栖息的立体弹性填料，填料高度为 2.5 m，满池布置，填料下部区域为活性污泥层，填料底部距池底 1.5 m。本工程水解(酸化)反应池池体工艺剖面如图 2-16 所示。

保障污泥与污水之间的接触水解是(酸化)反应池运行良好的重要条件之一，因此反应池底部进水布水系统应该尽可能地布水均匀。工程采用最简单的穿孔管布水器。穿孔管布水器的布置一般是沿池长方向设置总布水管，沿池宽度方向间隔布置配水横管，即常说的“丰”字形布置。配水横管下部交叉开有布水孔，从横管端面来看布水孔的夹角为 45°。配水支管一般采用对称布置，以总布水管为对称线，这种配水系统的特点是采用较长的配水支管增加沿程阻力，达到布水均匀的目的。

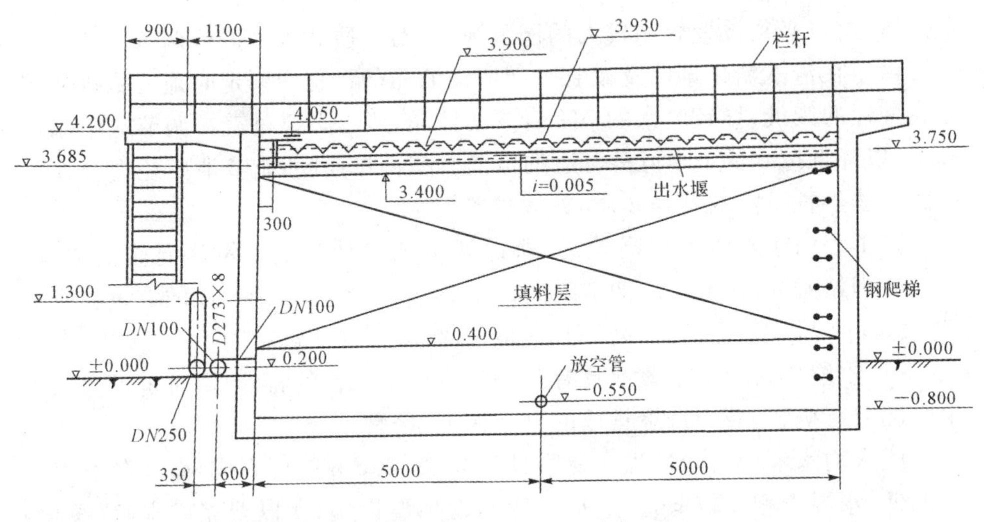

图 2-16　水解(酸化)池剖面(单位:mm)

(4)中间沉淀池。水解(酸化)池正常情况下出水中的 SS 一般小于 80 mg/L,出水可直接进入曝气生物滤池。由于废水水质波动较大,水质虽经过调节池的调节,但有时还会有部分漂泥,使得出水中的 SS 过高,若直接进入曝气生物滤池将会缩短滤池的反冲洗周期,所以设置中间沉淀池,去除由于水质变化过大而导致水解(酸化)池出水中过多的 SS。中间沉淀池主要采用竖流式沉淀池结构。

(5)曝气生物滤池。这是啤酒废水生物处理的主工艺。在曝气生物滤池中,大部分废水中有机物得到降解,使最终出水达到排放标准。曝气生物滤池的结构多样,工程主要采用上向流曝气生物滤池。上向流曝气生物滤池的工艺原理是:在滤池内部装有新型粒状滤料,其表面生长有生物膜,污水由底部向上流过滤料层。滤料层下部提供曝气,气水为同向上向流,使废水中有机物在好氧菌膜的作用下得以降解,同时硝化细菌进行硝化作用。由于新型粒状填料是一种比表面积高和粗糙多孔的粒状陶粒,比表面积达 3.98 m^2/cm^3,因此可以积累高浓度的微生物量,微生物量可达 10～15 g/L。高浓度微生物量导致曝气生物滤池的容积负荷增大,因此池容和占地面积大大降低。曝气生物滤池还可将生物转化过程中产生的剩余污泥和进水带入的悬浮物进一步截留在滤床内,起到物理过滤作用,所以在曝气生物滤池后不需再设二沉池,节省了用地。另外,为避免积累的生物污泥和悬浮固体堵塞生物滤池,需定期利用处理后出水进行反冲洗,排除增殖的活性污泥。

该工程所设计的上向流曝气生物滤池平面布置图和剖面图如图 2-17 和图 2-18 所示。

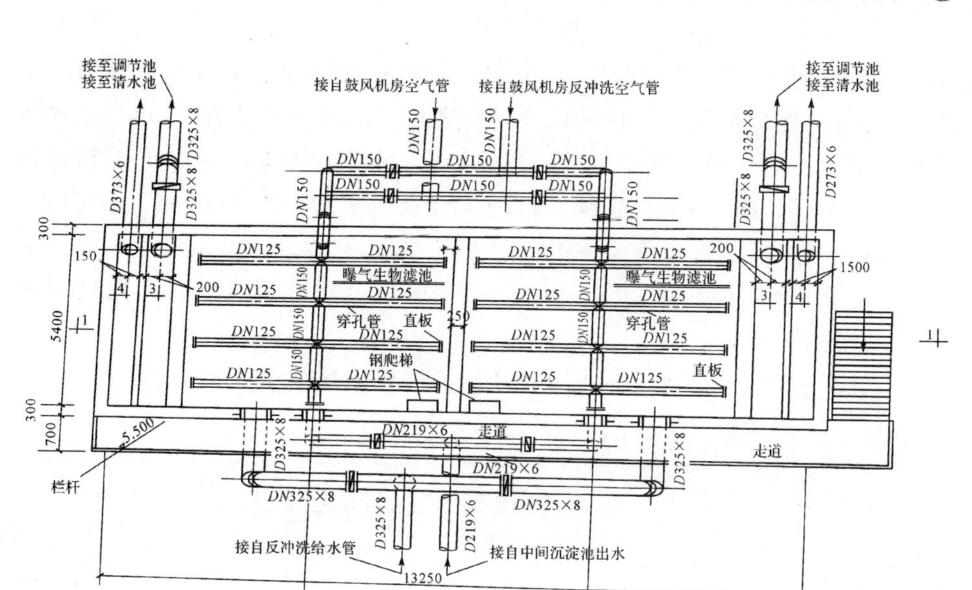

图 2-17　曝气生物滤池平面(单位:mm)

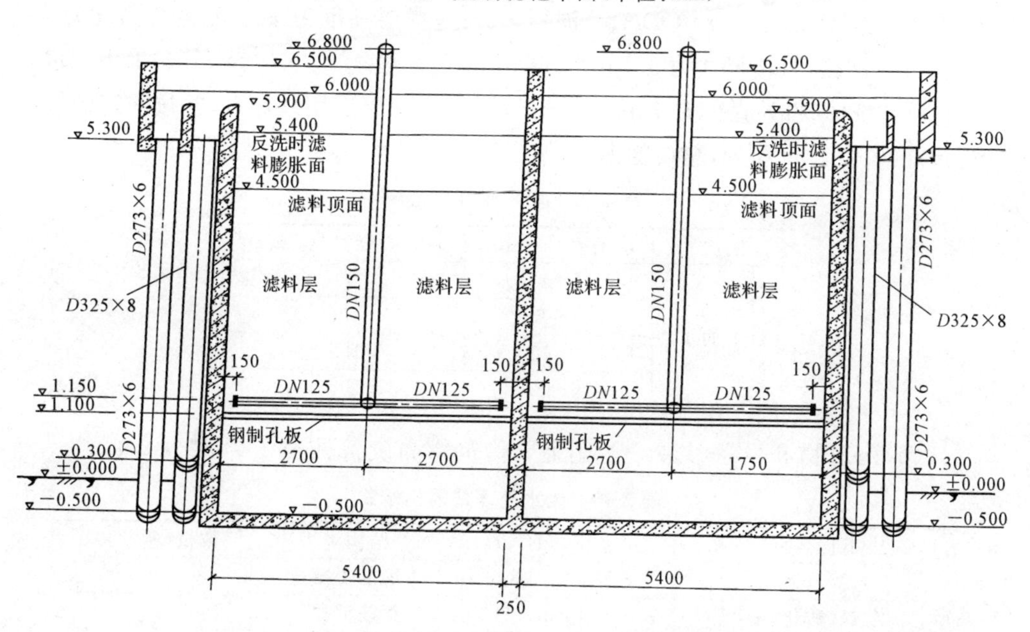

图 2-18　曝气生物滤池剖面(单位:mm)

曝气生物滤池池体设计主要参数包括 BOD 有机负荷、COD 有机负荷和水力负荷。设计时应根据 BOD 有机负荷进行计算,并用 COD 有机负荷和水力负荷进行校核。

BOD有机负荷是指单位容积的滤料在单位时间内供给微生物膜的有机物数量，与被处理水的可生化性以及被处理水中的污染物质有关，也与出水水质要求有关。对于可生化性较好的工业废水，曝气生物滤池的BOD有机负荷一般为3～6 kg BOD/(m^3 滤料·d)，COD有机负荷一般为6～10 kg COD/(m^3 滤料·d)，空塔水力负荷一般小于5 m^3/(m^2·h)。废水属于可生化性很好的工业废水，其BOD/COD一般为0.5～0.6，所以在设计时可考虑选用较高的BOD有机负荷。

在该工程中，每天进入曝气生物滤池的废水水质要求见表2-38。

表2-38　进水水质和出水水质要求

项目	COD(mg/L)	BOD_5(mg/L)	SS(mg/L)	pH值
进水	800	450	60	6～9
排放要求	＜100	＜30	＜30	6～9

根据曝气生物滤池的设计计算，BOD有机负荷取4.5 kg BOD/(m^3 滤料·d)，COD有机负荷为7.5 kg COD/(m^3 滤料·d)；滤料层高度为4 m，滤池总高度为7 m，滤池分两格，每格尺寸为5.4 m×5.4 m；穿孔管曝气，气水比为7∶1，采用气水联合反冲洗；派料为直径为4 mm的球形滤料，承托层选用鹅卵石，并按一定的级配布置，如表2-39所列，总高度为0.3 m。

表2-39　卵石承托层级配

层次	卵石直径(mm)	卵石石层高度(mm)
自上而下	2～4	50
	4～8	50
	8～16	100
	16～25	100

(6)构筑物和设备参数。上述主要构筑物和设备见表2-40和表2-41。

表2-40　废水处理站的构筑物

工程名称	尺寸($L\times B\times H$)	结构类型	数量(座/间)
调节池	15 m×12 m×3.65 m	钢筋混凝土	1
水解(酸化)池	10 m×10 m×5.6 m	钢筋混凝土	1
中间沉淀池	圆形 ϕ9 m×7.1 m	钢筋混凝土	1
曝气生物滤池	5.4 m×5.4 m×7 m	钢筋混凝土	2
污泥池、集水池、清水池	10 m×4 m×3.2 m	钢筋混凝土	1
配电室及风机房	10 m×3.6 m×4 m	砖混结构	1
污泥脱水间	6.5 m×4 m	防雨棚结构	1

表 2-41 废水处理站的设备

设备名称	规格、型号	数量	电动机功率(kW)	备注
调节池污水提升泵	4PW—24	2 座	18.5	1 备 1 用
中间沉淀池提升泵	150QW120—10—5.5	2 座	5.5	1 备 1 用
滤池反冲洗泵	IS 200—150—250A	2 座	30.0	1 备 1 用,必要时使用
污泥提升泵	50QW25—20—5.5	1 座	5.5	污泥脱水时使用
水解池配水系统	非标	2 套		
水解池立体弹性填料		250 m^3		
罗茨鼓风机	1T—150	2 台	22	1 备 1 用
圆形陶粒滤料	ϕ4 mm	234 m^3		
板框压滤机	XMZ20/600	1 台	3	污泥脱水时使用
电气、自控系统		1 套		
站区照明			2	晚间使用

6. 运行效果

该工程于 1999 年 9 月底竣工,同时开始进水以及微生物培养和驯化。水解(酸化)池内兼性微生物经一个月培养和驯化已达到设计要求;曝气生物滤池内好氧微生物经 18 天自然挂膜成功,并进行连续进水,至同年 11 月初达到设计要求。污水处理站试运行阶段处理水量为每天约 2000 m^3,出水水质已远远高于设计要求。

该处理站试运行阶段(1999 年 11 月 17 日—30 日)主要处理构筑物的处理效果见表 2-42。

表 2-42 运行效果(1999 年)

日期	原水		水解池出水		曝气生物滤池出水	
	COD (mg/L)	BOD_5 (mg/L)	COD (mg/L)	BOD_5 (mg/L)	COD (mg/L)	BOD_5 (mg/L)
11 月 17 日	1419.17	678.36	854.82	489.50	63.14	21.69
11 月 18 日	1537.02		919.14		71.20	
11 月 19 日	1559.07		916.73		71.90	
11 月 20 日	1226.09	587.17	736.88	438.02	58.76	19.94
11 月 21 日	1250.18		751.70		59.29	
11 月 22 日	1171.20		713.26		58.10	
11 月 23 日	1616.78	911.86	932.83	649.61	75.66	24.97
11 月 24 日	1599.56		943.74		74.90	
11 月 25 日	1345.90		793.67		60.65	
11 月 26 日	1228.73	534.49	742.89	388.57	61.31	18.48
11 月 27 日	1240.00		768.80		61.70	

续表

日期	原水		水解池出水		曝气生物滤池出水	
	COD (mg/L)	BOD_5 (mg/L)	COD (mg/L)	BOD_5 (mg/L)	COD (mg/L)	BOD_5 (mg/L)
11月28日	1289.31		787.77		62.43	
11月29日	1311.90	547.87	772.71	403.78	61.02	18.17
11月30日	1342.77		779.19	·	61.78	

该啤酒厂6—9月份为生产高峰期，高峰期废水处理量约为2800 m^3/d。该工程已于2000年8月初达到设计的满负荷处理要求，并于2000年8月底通过了当地环保部门的达标验收。

2000年8月25日当地环境监测站对主要处理构筑物出水连续7次进行验收采样监测，最终出水均达到《污水综合排放标准》(GB 8978—1996)中的一级标准。验收采样监测数据见表2-43。

表2-43 验收采样监测结果(2000年)

日期	原水		水解池出水		曝气生物滤池出水	
	COD (mg/L)	BOD_5 (mg/L)	COD (mg/L)	BOD_5 (mg/L)	COD (mg/L)	BOD_5 (mg/L)
8月25日	1892.30	897.89	965.07	502.82	106.16	22.62
8月25日	1833.75	903.56	896.71	515.03	83.39	25.75
8月25日	1679.09	811.44	772.38	430.06	71.77	20.13
8月25日	1723.01	834.90	772.38	442.49	69.89	23.45
8月25日	1850.21	875.75	767.10	517.07	93.10	24.30
8月25日	1771.80	795.75	941.75	405.83	71.30	27.60
8月25日	1791.69	853.32	849.415	468.88	82.61	23.98

从表2-43中可以得出，平均出水水质BOD保持在25 mg/L以下，COD保持在85 mg/L左右，达到了《污水综合排放标准》(GB 8978—1996)中的一级标准。

7. 技术经济指标

主要技术经济指标见表2-44。

表 2-44 技术经济指标

项目	指标	备注	项目	指标	备注
日处理量(m^3/d)	2500	部分利用现有池体	职工定员(人)	6	部分利用现有池体
混凝剂投加量(kg/d)	6		建设项目总投资(万元)	172.68	
装机容量(kW)	162.5		土建投资(万元)	45.9	
年耗电量(10^4 kWh)	30.5		设备投资(万元)	126.78	
单位产品耗电(kWh/m^3)	0.41		年总成本费用(万元)	30.53	
站区占地面积(m^2)	1500		单位产品成本(元/m^3)	0.407	
建构筑物占地面积(m^2)	675				

3

大气污染控制工程设计案例

3.1 大气污染控制工程设计的基本内容和要求

3.1.1 大气污染控制工程设计内容分类

大气污染控制工程课程设计内容不外乎以下两类:

(1)工业粉尘和烟尘除尘系统设计

通过课程设计使学生进一步消化和巩固本课程所学内容,并使学生所学知识系统化,培养学生运用所学理论知识进行粉尘或烟尘净化系统设计的初步能力。通过设计,使学生了解粉尘或烟尘除尘处理系统工程设计的内容、方法及步骤,培养学生确定粉尘或烟尘污染控制系统的设计方案、进行设计计算、绘制工程图、使用技术资料、编写设计说明书的能力。

(2)气态污染物净化系统设计

通过对气态污染物净化系统的工艺设计,使学生初步掌握气态污染物净化系统设计的基本方法,培养学生利用已学理论和专业知识综合分析问题和解决实际问题的能力、绘图能力,以及正确使用设计手册和相关资料的能力。

3.1.2 工程设计基本内容

(1)设计方案简介 对给定或选定的工艺方案或主要构筑物(设备)进行

必要的介绍和论述。

(2)主要工艺和构筑物(设备)计算　包括工艺参数选定、工艺计算、物料衡算、热量衡算、主要构筑物(设备)工艺尺寸设计计算和结构设计等。

(3)主要辅助设备选型和设计　包括典型辅助设备的设计计算和结构设计、设备型号和规格的确定等。

(4)工艺流程图、高程图或设备结构图绘制　标出主体构筑物(设备)和辅助设备的物料流向、流量、主要参数;构筑物(设备)图应包括工艺尺寸、技术特性表、接管表等。

(5)工程施工图

完整的课程设计由设计说明书和图纸两部分组成,设计说明书是设计工作的核心部分、书面总结,也是后续设计和安装工作的主要依据。应包括以下内容:

①封面(设计题目、专业、班级、姓名、学号、指导教师、时间等);

②目录;

③设计任务书;

④概述(设计的目的、意义);

⑤设计条件或基本数据;

⑥设计计算;

⑦构筑物(设备)结构设计与说明;

⑧辅助设备设计和选型;

⑨设计结果总汇表;

⑩设计说明书后附结论和建议、参考文献、致谢;

⑪工程设计图。

3.2　大气污染控制工程设计案例一:脱硫工程设计

3.2.1　设计任务

1.设计名称

某化工厂酸洗硫酸烟雾治理设施设计。

2.课程设计的任务

本次设计的目标是对某化工厂酸洗硫酸烟雾治理设施进行设计,其主要内容包括集气罩的设计、填料塔的设计、管网的布置及阻力计算等,经过净化后的气体达到《大气污染物综合排放标准》(GB 16297—1996)中二类区污染源大气污染物排放限值。

(1)主要设备的设计计算;

(2)工艺管道计算及风机选型;

(3)绘制治理设施系统图及Y型管图;

(4)编写课程设计说明书。

3. 设计条件

酸雾主要有硫酸雾、磷酸雾、铬酸雾。本设计是指硫酸雾,它是浓硫酸酸洗时产生的,所含酸雾浓度超过规定限值。处理酸雾的方法有多种,本设计采用液体吸收法进行净化,即采用5% NaOH溶液在填料塔中吸收净化硫酸烟雾,标准状态下酸雾浓度为3000 mg/m^3,排风量为$V_G=-0.60\ m^3/s$。经过净化后的气体达到《大气污染物综合排放标准》(GB 16297—1996)中大气污染物排放限值(1200 mg/m^3)。

4. 基本要求

(1)在设计过程中,培养学生独立思考、独立工作的能力以及严肃认真的工作作风。

(2)本课程设计的目的是通过某化工厂酸洗硫酸烟雾治理系统设计,训练学生对大气污染治理主要设备的设计计算、选型和绘图能力,从而提高学生的工程素质和综合素质。

(3)设计说明书应内容完整,并绘制计算草图,文字通顺、条理清楚、计算准确。

(4)图纸按照标准绘制,图签规范、线条清晰、主次分明、粗细适当、数据标注完整,并附有一定文字说明。

5. 设计进度计划安排

发题时间	年　月　日
指导教师布置设计任务、熟悉设计要求	0.5天
准备工作、收集资料及方案比选	1.0天
设计计算	1.5天
整理教据、编写说明书	2.0天
绘创图纸	1.0天
质疑或答辩	1.0天

3.2.2 工艺原理

雾酸是指雾状的酸性物质,雾酸主要有硫酸雾、磷酸雾、铬酸雾。硫酸雾产生于湿法制硫酸及稀硫酸浓缩过程;磷酸雾产生于磷酸及磷肥生产过程;铬酸雾产生于电镀镀铬过程。

同时二氧化硫等硫氧化物和其他酸性物质在有水雾、飘尘存在时也生成酸雾。酸雾的危害性极大,对人体健康、植物、器物和材料及大气能见度皆有重要影响,而且它的影响比 SO_2 更为严重。当大气中的 SO_2 氧化形成硫酸和硫酸烟雾时,即使其浓度只相当于 SO_2 的 1/10,其刺激和危害也将更为显著。

治理酸雾可采用丝网过滤法、碱液吸收法、水溶液吸收法,本设计采用5% NaOH 溶液在填料塔中吸收净化酸雾,这是一种酸碱中和吸收的方法,其反应式为

$$SO_2 + 2NaOH = Na_2SO_3 + H_2O$$

3.2.3 设计方案的比较和确定

酸雾因其性质不同,对其控制及净化的难易程度亦不同。其净化方法一般可分为物理净化和化学净化两大类。物理净化法包括吸附—解吸法、离心法、过滤法等;化学法包括燃烧法、氯化法、催化法、中和法等。表 3-1 列出了几种不同酸雾的净化方法。

表 3-1 几种酸雾的净化方法

种类	净化方法	净化机理
硫酸雾(气溶胶状态)	丝网过滤法(干式) 碱液洗涤(湿式) 水洗涤(湿式)	拦截、碰撞、吸附、凝聚、静电 酸碱中和 利用酸雾的水溶性
盐酸雾(气态与气溶胶状态)	静电抑制(干式) 覆盖法(干式) 碱液洗涤(湿式) 水洗涤(湿式)	高压静电造成荷电酸雾返回液面 覆盖材料抑制酸雾外溢 酸碱中和 利用酸液的水溶性
硝酸雾(主要是气态)	催化还原法(干式) 碳质固体还原法(干式) 吸附法 电子束法 碱液洗涤法 稀硝酸吸收法 硝酸钒液吸收法 氧化—吸收法 吸收—还原法	催化剂作用使 NO_2 还原为 N 无催化剂作用,C 将 NO 还原为 N 利用吸附材料的高吸附能力 利用高速电子促进分子反应转化为硝酸铵 酸碱中和 酸雾的溶解性 酸雾的溶解性 提高氧化度,增加吸收能力 使 NO 还原为 N

续表

种类	净化方法	净化机理
氢氟酸雾(气态与气溶胶状态)	氧化铝吸附法 石灰石吸附法 消石灰吸附法 碱液洗涤 水洗涤	利用吸附剂的高吸附能力 利用吸附剂的高吸附能力 利用吸附剂的高吸附能力 酸碱中和 酸雾的溶解性
氯气(气态与气溶胶状态)	吸附法 碱液洗涤 水洗涤 酸液洗涤	利用吸附剂的高吸附能力 中和反应 利用氯气的水溶性 利用氯化亚铁将 Cl_2 还原成 Cl^-

1. 除雾器

治理酸雾可以采用除雾器。常用的除雾设备有文丘里除雾器、过滤除雾器、折流式除雾器及离心式除雾器。一般来说除雾器是根据雾的特性、除雾要求、投资费用等条件来进行选择的。

丝网除雾器是靠细丝编织的网垫起过滤除雾作用,这种分离器的压降范围为 25～250 Pa,其分离的效率很高,一般在 90%左右,且结构极为简单。主要缺点是它不适用于处理含固体杂质较大的废气,以及含有或溶有固体物质的情况(如碱液、碳酸氢铵溶液等),否则会发生固体杂质堵塞或液相蒸发后固体发生堵塞的现象,破坏正常运行。

折流式除雾器的折流板有两块,它们是构成一个通道的壁,在通道的每个拐弯处装有一个贮器,收集并排出液体。当气流经过拐弯处,离心力阻止液滴随气体流动,其中一部分液滴碰撞在对面的壁上,聚集形成液膜,并被气体带走聚集在第二拐弯处的贮器里。最后,经过除雾的气体离开折流分离器。

离心式除雾器能可靠地分离直径为 0.05～0.40 μm 的极微细的液滴。含雾的气体以 20 m/s 的速度通过螺旋管道,且流向分离器的中心。当气体流向中心时,气体的旋转速度逐渐加大,离心力也逐渐加强。由于这个理想力场的作用,液滴从气流一并被带出。在设备的中心,向含雾气体中喷水,可帮助液滴分离。喷出的较大水滴会黏着在旋转气流中非常微细的液滴上。聚集后的液滴积聚在壳体壁上,由气体把这些液体带至排出口。因为离心式除雾器的结构简单,故其优点为设备的防堵性能较好,尤其适用于那些酸雾中带固体或盐分的废气除雾。

2. SDG 法

利用 SDG 吸附剂净化多种酸雾,是北京工业大学研制成功的一种方法,已被原环保局列为1995年的可行实用技术，可用于电子、电镀、化工等各种用酸行业，可净化硫酸、硝酸、盐酸、氢氟酸、醋酸、磷酸等各种酸雾，尤其适用于浓度小于1000 mg/m^{3}的间歇酸洗操作场所。

(1)基本原理　SDG利用吸附原理净化酸雾。已研制成功的SDG—I型产品主要用于硝酸类净化，Ⅱ型主要用于硫酸、盐酸、氟酸净化。根据现场酸气品种、排气浓度，设计净化系统，将酸气经集气装置抽入SDG吸附剂的净化设备，将多种酸气吸附分离。净化后的气体经排气筒排入大气，可达到环保规定的排放标准。SDG吸附剂由多种组分复合而成，既有物理吸附的特性，又有化学离子吸附的特性，经过检验鉴定，不会带来二次污染。

(2)技术关键　采用保证质量的SDG吸附剂，以及合理设计、加工、安装的净化设备及集气装置，是风机正常净化运行的保证。

(3)工艺流程 SDG法吸附净化酸雾的工艺流程如下：

酸雾→集气装置→净化装置→风机→净化气排放

(4)酸雾去除率　硝酸去除率为93%～99%；盐酸去除率为93%～99%；硫酸去除率为93%～99%，氢氟酸去除率为93%～99%。

3.液体吸收法

液体吸收法就是将废气中的气态污染物同液体进行充分的接触，使气态污染物由气相转入液相，从而净化气体的一种方法。根据所采用溶剂的不同，液体吸收法可分为水溶液吸收法和碱液吸收法，吸收液是影响吸收效率的重要因素。水是较便宜的吸收液，吸收液要求对有害组分的溶解度足够大、蒸气压足够低，以减少液体的损失；还要求费用低廉、无腐蚀性、黏度低、化学稳定性好以及冰点低，以免吸收液在塔内凝固而造成损失。

由于不可能找到一种符合上面所有要求的吸收液，所以要结合各种情况进行具体分析。本设计采用碱液吸收法，即采用5% NaOH溶液吸收净化硫酸烟雾。与水溶液吸收法相比，由于在碱液中硫酸雾的溶解度较大，碱液吸收法的效果较好，但是成本较高。

吸收法净化废气的主要设备是吸收塔，其优点有：①压降较低；②可用玻璃纤维塑料制作，耐腐蚀；③可达到较高的传质效率；④设备占地少，投资低；⑤去除有害气体的同时去除颗粒物；⑥如果想提高传质效率，只需增加填料高度或增加板块数量，不需另增设备。其缺点有：①可能形成水污染；②净化后的气体中有大量的液滴需收集处理；③维护费用高等。

3.2.4 处理单元的设计计算

1. 集气罩的设计计算

集气罩是用来捕集污染气流的装置，其性能对净化系统的技术经济指标有直接影响。由于污染源设备结构、生产操作工艺的不同，它的形式多种多样，主要有密闭式集气罩、接受式集气罩和外部集气罩。集气罩的设计包括集气罩结构形式的确定、基本参数的确定以及安装位置的确定。

(1)集气罩结构形式的确定　浓硫酸酸洗金刚砂过程中，料槽内温度可达100℃，污染源为热源，所以选用的集气罩为热源上部接受式集气罩。

(2)确定基本参数　集气罩的结构如图 3-1 所示。

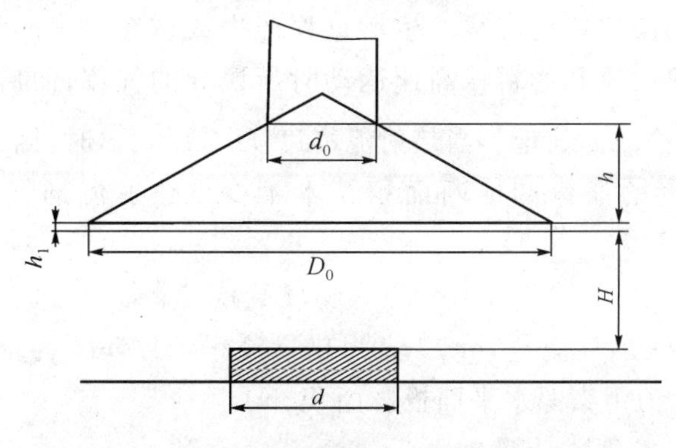

图 3-1　集气罩的结构

假设集气罩连接风管的特征尺寸为 d_0，污染源的特征尺寸为 d，集气罩距污染源的垂直距离为 H，集气罩的特征尺寸为 D_0。

由材料知污染源的特征尺寸 $d=700$ mm，取 $d_0=200$ mm。

污染源横截面积为 $A=\frac{\pi}{4}d^2=\frac{\pi}{4}\times 0.7^2=0.385(m^2)$。

热源表面上方的接受罩按其安装高度 H 的不同分为高悬罩与低悬罩。由于该污染源产生的气体有毒，设置低悬罩有利于控制有毒气体，使其不会进入周围空气，并且经济合理。当 $H\geqslant 1.5\sqrt{A}$时为高悬罩，$H\leqslant 1.5\sqrt{A}$时为低悬罩，$1.5\sqrt{A}=0.930(m)$。要设计成低悬罩，必须使 $H\leqslant 930$ mm，取 $H=500$ mm。

罩口直径：$D_0=d+0.8H=700+0.8\times 500=1100(mm)$。

那么集气罩的下口面积为 $F=\frac{\pi}{4}D_0^2=0.95(m^2)$。

取集气罩的顶端角为90°。

集气罩高度为 $H=(D_0-d_0)/2=450(\text{mm})$。

集气罩喇叭高度为 $H_1=0.25\sqrt{F}=0.25\times\sqrt{0.95}=0.24(\text{m})$。

验算：$d_0/d=200/700>0.2$；

$D_0/D=1100/700>1$；

$H/d=500/700<3$；

$H_1/d_0=240/200<3$。

验算结果符合条件，所取数据正确。

2.集气罩入口风量的计算

接受式集气罩的特点是接受生产过程中产生或诱导出来的污染气流，其排风量取决于污染气体的流量。生产过程产生或诱导出来的污染气流，主要指热源上部的热射流和物料在高速运动时所诱导的气流，而后者的影响较为复杂，通常按经验数据确定。当热射流高度 $H\leqslant1.5\sqrt{A}$时，因上升高度较小，近似认为热射流的流量和横断面积基本不变。热射流烟气流量可按下式计算：

$$Q=0.403(qHA^2)^{1/3}$$

式中，Q 为热射流烟气流量，m^3/s；q 为热量流率，kJ/s；H 为罩口离热源水平面的距离，m；A 为污染源水平面投影面积，m^2。

热量流率可按下式计算：

$$q=8.98\Delta T^{1.25}A/3600$$

式中，ΔT 为周围空气与废气的温度差，℃。

集气罩排风量按下式计算：

$$Q=Q_0+V'F'$$

式中，V'指最小吸入速度，一般为0.5～1.0 m/s，此处取0.7 m/s；Q_0 为热烟气流量，m^3/s；F'为集气罩下口面积与污染源横断面积之差。

由此可见，周围空气与废气的温度差将影响热烟气流量，从而影响集气罩排风量。由材料已知冬季的气温为−6℃，夏季为31℃，而料槽中废气温度为100℃，那么两季中大气与废气的温度差将有明显区别，因而冬季集气罩排风量和夏季集气罩排风量也将不同。下面分别计算冬季和夏季集气罩排风量。

(1)冬季 $\Delta T=106$℃，代入热量流率公式得

$$q=8.98\times106^{1.25}\times\frac{1}{4}\times0.7^2\times\frac{1}{3600}=0.326(\text{kW/s})$$

热烟气流量

$$Q_0=0.403\times(0.326\times0.5\times0.385^2)^{1/3}=0.116(m^3/s)$$

最小吸入风量：$Q_冬=0.116+\frac{\pi}{4}\times0.7\times(1.1^2-0.7^2)=0.51(m^3/s)$。

(2)夏季 $\Delta T=69℃$，则热量流率为

$$q=\frac{8.98\times69^{1.25}\times0.385}{3600}=0.189(kW/s)$$

热烟气流量：$Q_0=0.403\times(0.189\times0.5\times0.385^2)^{1/3}=0.097(m^3/s)$。

最小吸入风量：$Q_夏=0.097+\frac{\pi}{4}\times0.7\times(1.1^2-0.7^2)=0.49(m^3/s)$。

可以看出 $Q_冬>Q_夏$，以后的计算取集气罩冬季的排风量 $Q_冬$，即 $Q=0.51\ m^3/s$。

验算如下：

根据公式 $Q=\frac{\pi d^2}{4}u$ 计算风速，风管的风速应为 10～20 m/s。

冬季：$u=\frac{4Q}{\pi d^2}=\frac{4\times0.51}{3.14\times0.2^2}=16.2(m/s)$。

夏季：$u=\frac{4Q}{\pi d^2}=\frac{4\times0.49}{3.14\times0.2^2}=15.6(m/s)$。

由上面的计算结果可以看出，风管的风速都在 10～20 m/s 范围内，符合条件。

3. 填料塔的设计

本设计的废气主要在填料塔中进行吸收净化，即采用 5% NaOH 溶液吸收净化硫酸烟雾。填料塔的设计是本设计的关键部分，包括根据填料塔已知的参数条件，确定填料塔的塔径、填料层的高度、填料层压降以及填料塔有关附件的选择计算。

(1)填料塔简述　填料塔是治理废气使用的最普遍的塔型之一，特别是逆流填料塔，气体由塔的下部进入，液体则自上而下喷淋，使气液不断接触。随着气态污染物的上升，其浓度不断下降，而往下喷淋的是新鲜吸收液，因此填料层的扩散和吸收过程的平均推动力是最大的。

对于选择适宜的吸收设备以及选择强化过程措施，研究吸收过程属于什么控制具有重要的指导意义。如喷洒塔将液体高度分散，高速流入气相，液相周围气相阻力较小，适用于易溶气体吸收的气膜控制过程；而板式塔更适用于难溶气体吸收的液膜控制过程。

填料塔的结构主要包括塔底、填料和塔内件 3 大部分。气体在塔内通常呈逆流流动，塔内设置的填料使气液两相有较大的接触面积，达到良好的传质

效果。填料塔具有结构简单，阻力小，便于用金属耐腐蚀材料制作，适用于小直径塔(1.5 m 以下)的优点。一般认为对于小直径塔采用填料(如鲍尔环或鞍形填料)，可获得很好的经济效果。

填料塔内的传质主要发生在填料表面的液膜内，为了获得良好的净化效果，应使两相流体间有良好的、尽可能大的气液接触界面，因而高性能的填料和液体的均匀分布是填料塔设计的重要环节。

填料的种类很多，工业填料大致可分为实体填料和网体填料两大类。实体填料有拉西环、鲍尔环、鞍形、波纹填料。一般要求填料具有较大的通量、较低的压降、较高的传质效率，同时操作弹性大、性能稳定，能满足物系的腐蚀性、污堵性、热敏性等特殊要求。填料强度要高，便于塔的拆装、检修，并且价格要低廉。本设计采用鲍尔环填料，且为乱堆形式。

液体吸收过程是在塔内进行的，为了强化吸收过程，降低设备的投资和运行费用，要求吸收设备应满足以下基本条件。

①气液之间应有较大的接触面积和一定的接触时间；

②气液之间扰动强烈，吸收阻力低，吸收效果好；

③气流通过时压力损失小，操作稳定；

④结构简单，制作维修方便，造价低廉；

⑤应具有相应的抗腐蚀和防堵塞能力。

(2)填料塔的设计计算

①混合气体和溶液的密度计算

混合气体中酸雾的体积含量计算如下。

标准状态下酸雾含量为 3210 mg/m^3，那么它的体积含量为

$$y_1=\frac{(3.12/98)\times 22.4}{1000}=0.0007$$

惰性气体体积含量：$y_2=1-0.0007=0.9993$。

混合气体分子量：$\overline{M}=98\times 0.0007+29\times 0.9993=29.05$。

标况下混合气体密度：$\rho_L=\frac{P\overline{M}}{RT}=\frac{101325\times 29.05}{8.314\times 273}=1.297(\mathrm{kg/m^3})$。

那么在 60℃、734 mmHg(即 0.996 atm 下)大气压下，气体密度为

$$\rho_G=\frac{P_2 T_1 \rho_L}{P_1 T_2}=\frac{0.996\times 273\times 1.297}{1\times 333}=1.027(\mathrm{kg/m^3})$$

由于溶液中 NaOH 含量较少，ρ_L 可近似认为 1000 kg/m^3，而 ρ_G 为1.027 kg/m^3。

②塔径计算

由材料知：$L/G=2.5\sim4\ \mathrm{L/m^3}$，取 $L/G=4\ \mathrm{L/m^3}$。那么

$$\frac{L}{G}=\frac{\dfrac{L'}{18}}{\dfrac{V'}{29.05}}=4$$

式中，L' 为溶液的质量流率，kg/s；V' 为气体的质量流率，kg/s。

由上式得 $L'/V'=2.48$。那么

$$\frac{L'}{V'}\left(\frac{\rho_G}{\rho_L}\right)^{\frac{1}{2}}=2.48\times\left(\frac{1.027}{1000}\right)^{\frac{1}{2}}=0.08$$

即埃克特通用关联图的横坐标为 0.08，由于填料为乱堆填料，查关联图可得纵坐标读数为 0.14，即

$$\frac{u_f^2\phi\psi}{g}\left(\frac{\rho_G}{\rho_L}\right)\mu_L^{0.2}=0.14$$

由材料知：$\mu_L=1\ \mathrm{mPa\cdot s}$，$\psi=\rho_{水}/\rho_L\approx1$。

选用 75 mm×45 mm×5 mm 规格的乱堆陶瓷鲍尔环填料，所以 $\phi=122\ \mathrm{m^{-1}}$。

$$u_f=\sqrt{\frac{0.14\times g\times\rho_L}{\phi\psi\rho_G\mu_L^{0.2}}}=\sqrt{\frac{0.14\times9.81\times1000}{122\times1\times1.027\times1^{0.2}}}=3.3(\mathrm{m/s})$$

式中，u_f 为泛点气速。当气体流速增大到泛点气速时，通过填料层的压降迅速上升，并有强烈波动，液体受到阻塞积聚在填料上，我们可以看到填料层的顶部以及某些局部截面积较小的地方出现液体，所以塔内的气速应小于泛点的气速。

选择较小的空塔气速，则压降小，动力消耗小，操作弹性大，但塔径大，设备投资高而产能低。低气速也不利于气液充分接触，传质效率低。若选用较大气速，则压降大，动消耗大，操作不平稳，难于控制，但塔径小，投资低。一般适宜操作气速通常取泛点气速的 50%～85%，现在取空塔气速为 $70\%u_f$。

那么空塔气速：$u=0.7\times3.3=2.3(\mathrm{m/s})$。

本设计采用 3 个集气罩。

塔径的计算公式为

$$D_T=\sqrt{\frac{V_S}{\pi/4\times u}}=\sqrt{\frac{4\times0.51\times3}{\pi\times2.3}}=0.921(\mathrm{m})$$

式中，V_S 为进入填料塔的总流量，$\mathrm{m^3/s}$；u 为空塔气速，m/s。

根据压力容器公称直径标准进行圆整：$D_T=1.0$ m。

校核如下：

为保证填料润湿均匀，应注意使填料塔塔径与填料直径之比在10以上。如果比值过小，液体沿填料下流时常出现趋向塔壁的倾向，称为壁流现象。由于 $D_T/d=1000/75=13.3>10$，填料塔与填料的直径比在10以上，所以可避免壁流现象。

填料塔内传质效率的高低与液体的分布及填料的润湿情况有关，为使填料塔能获得良好的润湿，还应使液体的喷淋密度不低于某一限值，所以算出塔径后，还应验算塔内的喷淋密度是否大于最小喷淋密度。

$$L_{\min}=L_{W\min}a_t$$

式中，$L_{\min}$ 为最小喷淋密度，$m^3/(m^2\cdot s)$；$L_{W\min}$ 为最小润湿速率，$m^3/(m^2\cdot s)$。

对于直径不超过75 mm的填料，可取最小润湿速率 $L_{W\min}$ 为 $0.08\ m^3/(m\cdot h)$；对于直径大于75 mm的填料应取 $0.12\ m^3/(m\cdot h)$。由于此填料为75 mm×45 mm×5 mm规格的陶瓷鲍尔环填料，所以取 $L_{W\min}=0.08 m^3/(m\cdot h)$。由于 a_t 为103，则

$$L_{\min}=0.08\times 103=8.24\ m^3/(m^2\cdot h)$$

操作条件下喷淋密度公式

$$L=\frac{L'}{\rho_L\times\frac{\pi}{4}\times D_T^2}$$

式中，L' 为溶液质量流量，它的计算式为

$$L'=3\times 0.51\times 3600\times 1\times 4=22032(kg/h)$$

$$L=\frac{22032}{1000\times 0.785\times 1^2}=28(m^3/(m\cdot h))$$

由于 $L>L_{\min}$，所以选用此种填料能获得较好的润湿效率。

③ 计算填料塔压降　选用鲍尔环填料，那么 $\phi=122\ m^{-1}$，$u=2.3\ m/s$。

$$\frac{u^2\phi\psi}{g}\left(\frac{\rho_G}{\rho_L}\right)\mu_L^{0.2}=\frac{2.3^2\times 122\times 1}{9.81}\times\left(\frac{1.027}{1000}\right)\times 1^{0.2}=0.068$$

这是埃克特通用关联图的纵坐标读数，它的横坐标为0.08，确定交点所对应的压降为 $\Delta P=410$ Pa，整个填料层的压降为2829 Pa。

④ 填料层高度的计算　由上面的计算知填料塔进口气体酸雾体积含量为 $y_2=0.0007$。查GB16297—1996中三类区污染源大气污染物排放限值知硫酸雾最高允许排放浓度为 $70\ mg/m^3$。那么填料塔出口气体酸雾体积含量为

$$y_1=\frac{(70\times 10^{-3}/98)\times 22.4}{1000}=0.000016(kg/m^3)$$

混合气体压强为 0.966 atm，由 y_1，y_2 可知出塔、入塔气体中污染物的分压分别为

$$P_2 = 0.966 \times 0.0007 = 6.8 \times 10^{-4}(\text{atm})$$

$$P_1 = 0.966 \times 0.000016 = 1.5 \times 10^{-5}(\text{atm})$$

由前面知集气罩的排风量为 $V_G = 0.51\ \text{m}^3/\text{s}$，我们需要把 V_G 转化为 kmol/(m²·h)。

在标准温度和压强(STP)下，1 mol 气体等于 22.4 L，那么在 0.966 atm、60℃下，1 mol 气体为

$$V_2 = \frac{P_1 T_2}{P_2 T_1} V_1 = \frac{1 \times (273+60)}{0.966 \times 273} \times 22.4 = 28.3 \times 10^{-3}(\text{m}^3)$$

$$G = \frac{\dfrac{3 \times 0.51}{28.3}}{\dfrac{\pi}{4D^2}} \times 10^{-3} \times 3600 = 248(\text{kmol}/(\text{m}^2 \cdot \text{h}))$$

$$L = 4G = 284 \times 4 = 992(\text{kmol}/(\text{m}^2 \cdot \text{h}))$$

$$\frac{L}{\rho_L} = \frac{992 \times 18}{1000} = 17.86(\text{m}^3/(\text{m}^2 \cdot \text{h}))$$

已知填料塔入口溶液中为 5% NaOH，那么 NaOH 浓度为

$$c_{B2} = \frac{\dfrac{4}{50}}{\dfrac{100}{1000}} = 1.25(\text{mol/L}) = 1.25(\text{kmol/m}^3)$$

填料塔中发生的化学反应式为 $H_2SO_4 + 2NaOH \longrightarrow Na_2SO_4 + 2H_2O$。

对塔内任一截面作塔上部的物料平衡，污染物在入口、出口处分压分别为 P_{A1}、P_{A2}，NaOH 溶液入口、出口处的浓度分别为 c_{B2}、c_{B1}，平衡方程式为

$$\frac{G}{P}(P_{A1} - P_{A2}) = \frac{L}{\gamma \rho_L}(c_{B2} - c_{B1})$$

由于上式是在塔内的任一截面作的物料平衡式，故此式也就是塔的操作线方程，塔内单位面积的吸收传质速率 N_A 为

$$N_A = \frac{G}{P}(P_{A1} - P_{A2}) = \frac{L}{\gamma \rho_L}(c_{B2} - c_{B1})$$

$\gamma = 2$，$P = 0.966$ atm，代入以上方程式，结果为

$$N_A = \frac{248}{0.966} \times (6.8 \times 10^{-4} - 1.5 \times 10^{-5}) = \frac{17.86L}{2}(1.25 - c_{B1})$$

于是得 $c_{B1} = 1.23\ \text{g/m}^3$。

假设 NaOH 溶液在出口处的临界浓度为$(c_{B1})_c$，H_2SO_4 和 NaOH 的反应

为瞬间反应，假设 $\gamma = D_B/D \approx 1$（一般在 0.6～1.0 之间，取 1.0 是保守的），则有

$$(c_{B1})_c = \frac{bk_G}{rk_L} P_G$$

式中，k_G 为气相传质系数，kmol/(m³·s·MPa)；k_L 为液相传质系数，m/s；b 为化学反应中单位体积内组分的消耗速率与组分的消耗速率之比；P_G 为混合气体中污染物的分压，atm。

已知 $k_G = 144$ kmol/(m³·h·atm)，$k_L = 0.7\ \text{h}^{-1}$，则

$$(c_{B1})_c = \frac{2 \times 144}{0.7} \times \frac{3.21 \times 28.3}{98 \times 1000} \times 0.966 = 0.37(\text{g/m}^3)$$

可见 $(c_{B1})_c < c_{B1}$，那么可认为在气液界面处化学反应已完成，因此，$P_{Ai} = 0$，这时液相阻力不存在。可根据下式计算填料层的高度：

$$h = \frac{G}{P} \int_{P_{A2}}^{P_{A1}} \frac{\text{d}P_A}{k_{Ga} P_A} = \frac{G}{P k_{Ga}} \ln \frac{P_{A1}}{P_{A2}}$$

式中，G 为气体的摩尔流率，kmol/(m²·h)；k_{Ga} 为气相传质系数，kmol/(m³·h·atm)；P 为混合气体气压，atm；P_{A1} 为塔入口处混合气体中污染物的分压，atm；P_{A2} 为塔出口处混合气体中污染物的分压，atm。将数据代入上式得

$$h = \frac{248}{144 \times 0.966} \times \ln \frac{6.8 \times 10^{-4}}{1.5 \times 10^{-5}} = 6.8(\text{m})$$

⑤填料塔高度的确定　整个填料塔的高度除填料层外，还包括塔顶空间、塔底空间、封头、支座，如果在填料层中安装液体再分布装置，还应该包括装置的高度。本设计塔顶空间部分高度取 1000 mm；塔底空间部分高度取 1500 mm；容器封头设计成椭圆形封头，对于直径为 1000 mm 的塔，封头曲面高度为 250 mm；填料塔支座一般为裙座，高度取 5000 mm，裙座底部有基础板，基础板的厚度忽略不计；填料层中安装液体再分布器，这一部分高度取 600 mm。填料出口管道的高度为 150 mm，那么整个填料塔的高度为 15.40 m。

⑥釜液的处理　净化硫酸雾后，NaOH 溶液变成 $NaSO_4$ 溶液，$NaSO_4$ 含量很少且无毒，可以回收利用，而其中的水溶液可以循环使用。

4. 填料塔有关附件的选择

(1)填料支承板　它的结构应满足 3 个基本条件：①使气体能顺利通过，支承板上的流体应为塔截面的 5% 以上，且应大于填料的空隙率；②要有足够的强度承受填料重量；③要有一定的耐腐蚀性能。

栅板可制成整块或分块。对于直径小于 500 mm 的可制成整块，对于直径为 600～800 mm 的分成两块，直径为 900～1200 mm 的分成 3 块，直径大于

1400 mm 的分成 4 块。每块宽度为 300～400 mm，栅板条之间的距离应为填料环外径的 0.6～0.8 倍。

(2)填料压板　填料压板主要有两种形式：一种是栅条形压板；另一种是丝网形压板。栅条形压板的栅条间距为填料直径的 0.6～0.8 倍。丝网压板是用金属丝编织的大孔金属网，焊接于金属支承圈上，网孔的大小应以填料不能通过为限。填料压板的重量要适当，过重可能会压碎填料，过轻则难以起到作用，一般按 1100 N/m^2 设计，必要时需加装压铁以满足重量。

(3)液体分布装置　液体初始分布器设置于填料塔内填料层顶部，用于将塔顶液体均匀地分布在填料表面上。液体初始分布器性能的好坏对填料塔的效率影响很大，因而液体分布装置的设计十分重要。对大直径、低填料层的填料塔，特别需要性能良好的液体初始分布装置。液体分布装置的机械结构设计，主要考虑以下几点：

① 满足所需的淋液点数，以保证液体初始分布的均匀性；

② 气体通过的自由截面积大，吸力小；

③ 操作弹性大，适应负荷的变化；

④ 不易堵塞，不易造成雾沫夹带和发泡；

⑤ 易于制作，部分可通过人孔进行安装、拆卸。

液体分布装置包括排管式液体分布器、环管式液体分布器、盘式孔流型液体分布器、槽式流型液体分布器四种。本设计采用的是盘式孔流型液体分布器，这种分布器由开有布液孔的底盘和升气管组成，液体经小孔流下，气体经升气管上升。

分布盘直径：$D_T=(0.85\sim0.88)D$。

分布盘围环高度 h：塔径 $D\leqslant800$ mm 时，$h=175$ mm；塔径 $D>800$ mm 时，$h=200$ mm。分布盘厚度 δ：塔径 $D=400\sim600$ mm 时，$\delta=3\sim4$ m；塔径 $D=700\sim1200$ mm 时，$\delta=4\sim6$ m。

分布器定位块外缘与塔壁的间隙为 8～12 mm。

塔径大于 600 mm 的塔，分布盘常设计成分块式结构。一般分为 2～3 块。

液体是通过分布盘上方的中心管加入盘内的，中心管的管口距围环上缘 50～200 mm。

(4)液体再分布装置　除塔顶液体的分布之外，填料塔中液体的再分布是填料塔中的一个重要问题。在离填料顶面一定距离处，喷淋的液体便开始向塔壁下流，塔中心处填料得不到好的润湿，形成所谓的“干锥体”的不正常现象，减少了气液两相的有效接触面积。所以当填料层较高时，需要多段设置，或填料层间有侧线进料或出料时，在各段填料层之间需要设置液体收集及再分布装置，其目的是使液体重新分布，同时将上段填料流下的液体收集后充分混合，使进入下段填料层的液体具有均匀的浓度，并重新分布在下段填料层上。液体再分布装置包括截锥式液体再分布器和盘式液体再分布器。这里选取截锥式液体再分布器。截锥式液体再分布器主要结构尺寸如下：截锥小端直径 $D_1=(0.7-0.6)D$；锥高 $h=(0.1\sim0.2)D$；壁厚取 $S=3\sim4$ mm。当填料层的高度为$(5\sim10)D$时，在填料层中采用液体再分布器。在本设计中，在填料层中间设置液体再分布器，上下填料层高度各为 3.45 m。液体再分布装置有一定的压降，压降范围为 100～250 Pa，这里取压降为 150 Pa。

(5)除沫器　由于气体在塔顶离开填料塔时，带有大量的液沫和雾滴，为回收这部分液相，常需要在塔顶设置除沫器。常用的除沫器有折流板式除沫器、旋流板式除沫器和丝网除沫器。本设计选取的是丝网除沫器，它是最常用的除沫器，这种除沫器由金属丝网卷成，高度为 100～150 mm。气体通过除沫器的压降约为 120～250 Pa。

(6)人孔　700 mm 以下塔径，开圆形人孔 150 mm；800 mm 以上塔径安装人孔，圆形人孔 450 mm 以上。

(7)气体进出口管　气体进出口管从塔下部进入，伸入至塔中心线。对于 1100 mm 以下的塔，管的末端可做成向下的喇叭形扩大口；对于 500 mm 以下的塔，管的末端切成 45°斜口。本设计该处设计成 45°斜口。进气口位置应在填料层以下的一个塔径的距离，且高于塔釜液面 300 mm 以上。气体进出口管的排风速度控制在 10～20 m/s，管径取 400 mm。

(8)液体进出口管　为减少出塔气体夹带的液滴，可在气体出口处设置挡板，液体出口管设置在塔底，从裙座中将液体引出填料塔。液体进出管的直径取 100 mm。

(9)裙座　裙式支座由裙座体、基础板环、螺栓座等部分组成。裙座体一般有圆筒形和圆锥形，圆筒形制作方便，应用较广。但对于 H/D 很大的塔，为增加塔的稳定性而采用圆锥形，裙座的高度取 $H\geqslant5D$。本设计中塔径为 1 m，取裙座高度为 5 m，它的顶角一般不大于 10°。根据几何关系，底部的直径小于 2700 mm。这里取底部直径为 2200 mm。

5. 加料搅拌池和储液池的设计计算

(1)药剂用量　工业用固体 NaOH 的纯度为 95%，所以有 $W=(22032\times5\%)/95\%=1160$(kg/h)。

(2)水量　$L'=22032\times95\%=20930$(kg/h)。

考虑到蒸发损失，此处取安全系数为 1.2，所以 $L=20930\times1.2=25116$ (kg/h)。

(3)总流量　因考虑到固体物质加入液体中对液体影响较小，故此处取液量为 25.5 m^3/h。

(4)搅拌池的计算　净化硫酸雾的吸收溶液为 5% NaOH 溶液，它是由固体 NaOH 与水溶液在搅拌池中配置而成的。

①料斗设计　采用方斗，进料口截面为 $0.8\times0.8=0.64(m^2)$，出料口截面为 $0.5\times0.5=0.25(m^2)$，高度为 0.5 m。

②搅拌池设计　搅拌池的设计是利用水的重力自上而下冲击加料，从而起到搅拌作用的。

已知进口流量为 25.5 m^3/h，设计加料池中液浆的停留时间为 5 min，考虑到设计时占地面积，此搅拌池设计为圆形，且满足 $D/L=1.5$。

加料池容积：

$$V=\frac{25.5\times5}{60}=2.1(m^3)=\pi r^2 h=\pi r^2\times\frac{4}{3}r$$

得 $r=0.79$ m，$h=1.1$ m。取 $r=0.8$ m，$h=1.3$ m，则 $V'=\pi r^2 h=2.6(m^3)>V$，所设计的搅拌池合适，它是半径为 0.8 m、高为 1.3 m 的高圆池。

6.储液池的设计计算

设计容量：储液池的设计容量为单位时间内的流量减去过程中的蒸发量，此处取蒸发系数为 20%(单位时间为 1 h)。

蒸发量：$V_1=26\times20\%=5.2(m^3/h)$。

所以有 $V=26-V_1=20.8(m^3/h)$。

取安全系数为 1.2，则 $V_1=20.8\times1.2=25(m^3/h)$。

设储液池中水停留时间为 15 min，则

$$V'=\frac{25\times15}{60}=6.25(m^3)$$

储液池设计成长方形，取储液池宽为 $b=2.2$ m，设储液池的长为 a，高为 h，则有 $2.2\,ah=6.25$。取 $a=1$ m，$h=3$ m，从而有 $V=2.2\times1\times3=6.6(m^3)>6.25\ m^3$，合适。

7.水泵的选取

水泵全扬程的计算公式：

$$H\geqslant H_1+H_2+H_3+H_4$$

式中，H_1 为吸水管水头损失(m)，一般包括吸水喇叭口、90°弯头、直管段、闸

门、减缩管等，$H_1=\varepsilon_1\frac{v_1^2}{2g}$，其中 ε_1 取 0.5，$v_1=1.1\sim1.5$ m/s；H_2 为出水管水头损失(m)，一般包括减扩管、逆止阀、闸门、短管、90°弯头(或三通)、直线段管等，$H_2=\varepsilon_2\frac{v_2^2}{2g}$，其中，$\varepsilon_2$ 取 1.0，$v_2=1.5\sim2.0$ m/s；H_3 为集水池最低工作水位与所需提升最高水位之间的高差(m)；H_4 为自由水头损失，按 0.5～1.0 m 选取。

$$H\geqslant0.5\times\frac{1^2}{2\times9.8}+1.0\times\frac{1.5^2}{2\times9.8}+14.5+2.5+1=19(\text{m})$$

根据环保设备材料手册，选取型号为 102(FP19/14)的塑料离心泵。这种泵可输送有腐蚀性、黏度类似于水的液体。若输送 NaOH 溶液，它的浓度应低于 40%，温度低于 20℃。本设计中 NaOH 溶液浓度为 5%，所以可采用这种泵来输送，它适用于化工、石油、冶金、造纸、食品、制药、合成纤维、环境保护等行业。

FS 型玻璃钢泵的性能参数如表 3-2 所示。

表 3-2　FS 型玻璃钢泵的性能参数

流量(m^3/h)	扬程 H(m)	转速(r/min)	效率(%)	配电机功率(kW)	允许吸入真空度 H
6～14	20～14	2900		1.5	6.6～6

8. 管网的设计及系统阻力计算

(1)管网的设计　管网设计是净化系统中不可缺少的组成部分。合理地设计和使用管道系统，不仅能充分发挥净化装置的效能，而且直接关系到设计和运转的经济合理性。

(2)风管的选择　混合气体为含有酸雾的废气，具有酸性腐蚀性作用，所以选择硬聚氯乙烯塑料板，它适用于有酸性腐蚀作用的通风系统。这种风管表面光滑，制作方便，但不耐高温、寒，只用于－10～60℃的温度，在辐射作用下易脆裂。

管道断面的形状有圆形和矩形两种。圆形管道压损小，材料比较容易制作，便于保温，但管件的放样、加工较困难。基于本设计的实际情况，选择圆形管道。

(3)管道系统的设计计算　对管道进行计算，首先要绘制通风系统轴侧图，对管段进行编号，标注各管段的长度和风量。以风速和风量不变为一管段，一般从距风机最远的一段开始，管段长度按两个管件中心线的长度计算，不扣除管件(三通、弯头)本身长度。

风管内风速对系统的经济性有较大的影响，风管内风速的取值范围为10～20 m/s。

废气通过的路径为：通过3个集气罩汇集到一根管道，然后通过填料塔、风机、电机、烟囱排入大气。本节主要计算各个管道管径大小、管道长度。

绘制这一部分的通风系统轴侧图，从距风机最远的一段管道开始编号并计算，详见图3-2。

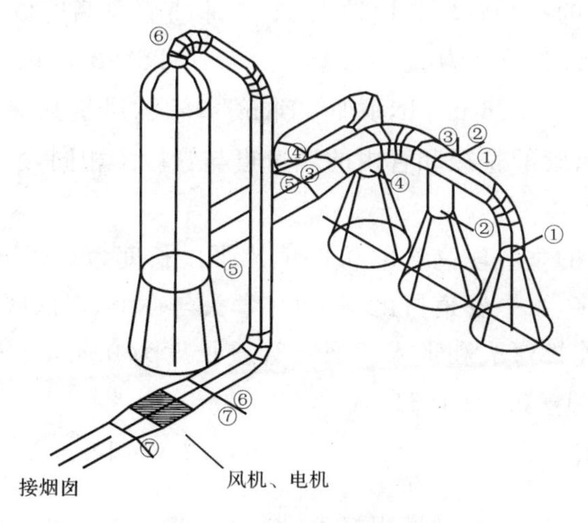

图3-2 通风系统轴侧图

①管段1 流量$Q=1836\ m^3/h$，取$v=16.5\ m/s$，根据公式$d=18.8\sqrt{\frac{Q}{v}}$可得，管道直径为$d=18.8\times\sqrt{\frac{1836}{16.5}}=198(mm)$。查圆形管道规格表，取$d_1=200\ mm$。

那么实际流速为$v_1=\frac{1836\times4}{3600\times0.2^2\times3.14}=16.2(m/s)$。

连接集气罩的垂直管段的高度取1 m，水平管段取2.6 m，减扩管的长度取0.35 m，所以管段1的总长度为$L_1=1+2.6+0.35=3.95(m)$。

②管段2 这一段流量与管段1相同，$Q=1836\ m^3/h$，取$v=16.2\ m/s$，与管段1情况相似，所以这部分管道管径也取$d_2=200\ mm$。

实际流速为$v_2=\frac{1836\times4}{3600\times0.2^2\times3.14}=16.2(m/s)$。

连接集气罩的垂直管段的高度取0.8 m，然后连接60°的弯管，再与30°吸入三通连接。根据几何关系，连接弯头和吸入三通部分管道长度为0.4 m。

管段 2 的总长度为 $L_2=0.8+0.4=1.2$(m)。

③管段 3　$Q=1836\times2=3672(m^3/h)$,取 $v=14$ m/s,那么 $d=18.8\times\sqrt{\frac{1836}{14}}=304.5$(mm)。查管道规格表,取 $d_3=320$ mm。

实际流速为 $v_3=\frac{3672\times4}{3600\times0.32^2\times3.14}=12.7$(m/s)。

这部分管道的水平管段长度取 1.35 m,垂直管段高度取 0.8 m,渐扩管长度取 0.25 m,那么总长度为 $L_3=1.35+0.8+0.25=2.4$(m)。

④管道 4　$Q=1836$ m^3/h,取 $v=14$ m/s,它的风量和速度的取值都和管段 1 一样,那么风管的直径和管内的流速也与管段 1 相同,所以 $d_4=200$ mm,$v_4=16.2$m/s。

这部分管道的垂直段高度取 0.6 m,水平段长度为 0.31 m,水平段和垂直段由 90°弯管连接,水平管道再由一个 60°弯头与一个 30°的吸入三通相连。由几何关系可得,连接弯头和吸入三通的管段长度为 0.4 m。管段 4 的总长度为 $L_4=0.6+0.31+0.4=1.31$(m)。

⑤管段 5　$Q=1836\times3=5508(m^3/h)$,取 $v=14$ m/s,那么 $d=18.8\times\sqrt{\frac{5508}{14}}=372.9$(mm)。查管道规格表,取 $d_5=400$ mm。

实际流速为 $v_5=\frac{5508\times4}{3600\times0.4^2\times3.14}=12.2$(m/s)。

取管段 5 的长度为 $L_5=2.15$ m。

⑥管段 6　$Q=5508$ m^3/h,取 $v=14$ m/s,它的风量和速度的取值和管道 5 相同,所以其风管的直径和管内的流速与管段 5 相同,即 $d_6=400$ mm,$v_6=12.2$ m/s。

连接填料塔出口处的垂直管段长度取 0.15 m,然后连接一个 90°弯头,管道转为水平方向,取水平段的长度为 1.3 m;再连接一个 90°弯头使管道垂直向下,垂直段的距离为 15.15 m;再连接一个 90°弯头使管道变为水平方向,水平段连接风机入口,取这一段为 0.5 m。管段 6 的总长度为 $L_6=17.1$ m。

⑦管段 7　这一管段指连接管道与风机入口和出口相连处的渐扩管或渐缩管。这一段的风量、风速和管径也与管段 5 相同,因为还没有选定风机,入口处和出口处的管径还不确定,所以渐扩管或渐缩管的长度也没有取定。

9. 系统阻力计算

系统阻力包括沿程阻力损失和局部阻力损失。下面分别计算各管段的沿程阻力损失和局部阻力损失。

阻力计算公式：

$$\Delta P=\sum R_m L+\sum \xi \frac{\rho v^2}{2}$$

式中，R_m 为单位长度的摩擦损失；L 为管道的长度；ξ 为局部阻力损失系数；v 为烟气在管道内的流速，m/s；ρ 为烟气密度，取 $\rho=1.027\ \mathrm{kg/m^3}$。

(1)沿程阻力计算

①管段 1　由已经求出的管径和风速查《环境工程设计手册》中的计算表，得到 $R_m=12.5$ Pa/m。

由于在计算表中查得的数据是在标准情况下钢管中的单位长度的摩擦损失，而这里是塑料管道，并且是在 60℃、0.966 atm 条件下，所以要对所查得的数据进行修正。

已知 $K=0.03$，查得粗糙度修正系数 $\varepsilon=0.82$。

温度修正系数公式为 $\varepsilon_t=\left(\frac{293}{t+273}\right)^{0.825}=\left(\frac{293}{60+273}\right)^{0.825}=0.9$。

海拔修正系数公式为 $\varepsilon_h=\left(\frac{h'}{101.3}\right)^{0.9}=0.966^{0.9}=0.97$。

$$R_m'=\varepsilon\varepsilon_t\varepsilon_h R_m=0.82\times0.9\times0.97\times12.5=8.95(\mathrm{Pa/m})$$

由上面计算知 L_1 为 3.95 m，所以 $\Delta P_{m1}=8.95\times3.95=35.4(\mathrm{Pa})$。

②管段 2　由于其管径和风速与管段 1 相同，单位长度的摩擦损失也与管段 1 相同，$R_m'=8.95$ Pa/m，$L_2=1.2$ m，则 $\Delta P_{m2}=1.2\times8.95\times3.95=10.7$ (Pa)。

③管段 3　由所计算的风管的直径和风速，查计算表得 $R_m=5.545$ Pa。温度和压强不变，所以温度和海拔的修正系数不变。查风管粗糙度修正系数：$\varepsilon=0.89$。

$$R_m'=\varepsilon\varepsilon_t\varepsilon_h R_m=0.89\times0.9\times0.97\times5.545=4.31(\mathrm{Pa/m})$$

$$\Delta P_{m3}=4.31\times2.4=10.3(\mathrm{Pa})$$

④管段 4　这一管段的单位摩擦损失与管段 1 相同，即 $R_m'=8.95$ Pa/m，管长为 1.31 m，所以沿程阻力为 $\Delta P_{m4}=8.95\times1.31=11.7(\mathrm{Pa})$。

⑤管段 5　由 $d=200$ mm，$v=12.2$ m/s，查计算表得单位摩擦阻力损失 $R_m=3.904$ Pa/m，粗糙度修正系数、温度修正系数以及海拔修正系数与管段 3 相近。那么

$$R_m'=0.89\times0.9\times0.97\times3.904=3.03(\mathrm{Pa/m})$$

管段长度 $L_5=2.15$ m，则 $\Delta P_{m5}=3.03\times2.15=6.5(\mathrm{Pa})$。

⑥管段 6　这一管段的单位摩擦阻力损失情况与管段 5 相同，即 $R_m{}'=3.03$ Pa/m，管段长度 $L_6=17.1$ m，则

$$\Delta P_{m6}=3.03\times 17.1=51.8(\text{Pa})$$

⑦管段 7　这一管段的单位摩擦阻力损失情况与管段 5 相同，即 $R_m{}'=3.03$ Pa/m。

此段管道连接风机进出口，风机进出口管径因型号不同而不同，如果它跟管道的管径不同的话，那就需要改变管径（连接渐扩管或渐缩管）。渐扩管（渐缩管）有一定的长度，所以要考虑沿程阻力损失。

(2)局部阻力损失

①管段 1　这一段有一个集气罩，一个 90°弯头，一个渐扩管，一个吸入三通，为了能达到阻力平衡，在管道中加入一个多叶蝶阀。

集气罩的局部阻力系数 $\varepsilon=0.11$，90°弯头的阻力系数 $\varepsilon=0.23$。

根据$\dfrac{F_2}{F_3}=\left(\dfrac{200}{300}\right)^2=0.4$，$\dfrac{L_2}{L_3}=\dfrac{1836}{3672}=0.5$，取 $\alpha=30°$，又因为 $F_1+F_2\approx F_3$，查设计手册中吸入三通的阻力系数（直管）得 $\zeta=0.03$。

渐扩管长度取 350 mm，那么

$$\tan\frac{\alpha}{2}=\frac{1}{2}\left(\frac{320-200}{350}\right)=0.2$$

则 $\alpha=20°$。又因为$\dfrac{F_1}{F_2}=\left(\dfrac{320}{200}\right)^2=2.56$，查设计手册得 $\zeta=0.15$。

取多叶蝶阀的 $n=3$，$\alpha=10°$，则 $\zeta=0.2$。

$$\Delta\xi=0.11+0.23+0.15+0.03+0.2=0.72$$

动压 $\Delta P=\rho v^2/2=134(\text{Pa})$。

$$\Delta P_{L1}=\Delta\xi\Delta P=0.72\times 134=96.5(\text{Pa})$$

$$\Delta P_1=\Delta P_{m1}+\Delta P_{L1}=35.4+96.5=131.9(\text{Pa})$$

②管段 2　这一管段有一个集气罩、一个 60°弯头和一个吸入三通。

集气罩的阻力系数：$\zeta=0.11$。

60°弯头的阻力系数：$\zeta=0.3$。

吸入三通（支管）的阻力系数根据管段 1（直管）中的数据查得 $\zeta=0.66$。

总阻力系数：$\Delta\xi=1.07$。

动压：$\Delta P=134$ Pa。

$$\Delta P_{L2}=1.07\times 134=143.4(\text{Pa})$$

$$\Delta P_2=143.4+10.7=154.1(\text{Pa})$$

③管段 3　这一管道有一个 90°弯头、一个渐扩管和一个吸入三通。

90°弯头的阻力系数：$\zeta=0.23$。

渐扩管长度取 250 mm，那么

$$\tan\frac{\alpha}{2}=\frac{1}{2}\left(\frac{400-320}{250}\right)=0.2$$

则 $\alpha=20°$。又因为$\frac{F_1}{F_2}=\left(\frac{400}{320}\right)^2=1.56$，查设计手册得 $\zeta=0.12$。

根据$\frac{F_2}{F_3}=\left(\frac{200}{400}\right)^2=0.25$，$\frac{L_2}{L_3}=\frac{1836}{5508}=0.33$，取 $\alpha=30°$，$F_1+F_2\approx F_3$，查设计手册中吸入三通的阻力系数(直管)得 $\zeta=0.25$。

$$\Delta\xi=0.23+0.12+0.25=0.6$$

动压：$\Delta P=\rho v^2/2=1.027\times12.7^2/2=82.8(\text{Pa})$。

$$\Delta P_{L3}=0.6\times82.8=49.7(\text{Pa})$$

$$\Delta P_3=49.7+10.3=60.0(\text{Pa})$$

④管段 4　这一管段有 1 个集气罩、2 个 90°弯头、1 个 60°弯头和 1 个吸入三通。

集气罩的阻力系数 $\zeta=0.11$；2 个 90°弯管的阻力系数 $\zeta=0.46$；1 个 60°弯头的阻力系数 $\zeta=0.30$；吸入三通(支管)的阻力系数根据管段 2(直管)的数据查得 $\zeta=0.72$。那么 $\Delta\xi=0.11+0.46+0.30+0.72=1.59$。

动压与管段 1 相同，即 $\Delta P=134$ Pa。

$$\Delta P_{L4}=1.59\times134=213.1(\text{Pa})$$

$$\Delta P_4=11.7+213.1=224.8(\text{Pa})$$

⑤管段 5　这一管段只有 1 个 90°弯头的局部阻力损失，$\zeta=0.23$；动压为 $\Delta P=\rho v^2/2=1.027\times12.2^2/2=76.4(\text{Pa})$。

$$\Delta P_{L5}=0.23\times76.4=17.6(\text{Pa})$$

$$\Delta P_5=6.5+17.6=24.1(\text{Pa})$$

⑥管段 6　这部分管道有 3 个弯头，阻力系数 $\zeta=3\times0.23=0.69$。

$$\Delta P_{L6}=0.69\times76.4=52.7(\text{Pa})$$

$$\Delta P_6=51.8+52.7=104.5(\text{Pa})$$

⑦ 管段 7　因为还没有选定风机，根据经验假设此处总压力损失为 30 Pa，那么 $\Delta P_7=30.0$ Pa。

10. 节点压力平衡计算

对并联管道进行压力平衡计算，两分支管道的压力应满足以下要求：除尘系统应小于 10%，一般通风系统应小于 15%，否则必须进行管径调整或增设调压装置。

对 A 点进行压力平衡计算：

$$\frac{\Delta P_2-\Delta P_1}{\Delta P_2}=\frac{154.1-131.9}{154.1}=0.144<0.15$$

可见 A 点压力平衡。

对 B 点进行压力平衡计算：

$$\frac{\Delta P_4-\Delta P_1-\Delta P_3}{\Delta P_4}=\frac{224.8-131.9-60.0}{224.8}=0.146<0.15$$

可见 B 点压力也平衡。

11. 总压力损失

管道的压力损失计算见表 3-3。

表 3-3 压力计算表

管道编号	流量 Q (m^3/h)	直径 (mm)	流速 v (m/s)	动压 (Pa)	局部压力损失					沿程阻力损失			总压力损失(Pa)	备注
					名称	数量	阻力系数 ζ	系数总数 $\Delta\zeta$	局部压损 ΔP_L	单位长度阻力 (Pa/m)	长度 (m)	压损 (Pa)		
1	1836	200	16.2	134	A	1	0.11	0.72	0.96	89.5	4.05	36.2	131.9	
					B	1	0.23							
					C	1	0.03							
					D	1	0.15							
					F	1	0.2							
2	1836	200	16.2	134	A	1	0.11	1.07	143	8.95	1.2	10.7	154.1	
					G	1	0.30							
					C	1	0.66							
3	3672	320	12.7	82.8	B	1	0.23	0.6	50	4.31	2.4	10.3	60.0	
					C	1	0.25							
					D	1	0.12							
4	1836	200	16.2	134	A	1	0.11	1.59	213	8.95	1.31	11.7	224.8	
					B	2	0.46							
					C	1	0.72							
					G	2	0.30							
5	5508	400	12.2	76.4	B	1	0.23	0.23	17.6	3.03	2.15	6.5	24.1	
6	5508	400	12.2	76.4	B	3	0.69	0.69	52.7	3.03	17.2	51	104.5	
7	5508	400	12.2	76.4	E				30				30.0	
总和											28.31		729.4	

注：A 为集气罩，B 为 90°弯头，C 为吸入三通，D 为渐扩管，E 为风机进出口管压损（假设此处压损为 30 Pa），F 为阀门，G 为 60°弯头。

管道的压力总损失为

$$\Delta P_{压}=\sum\Delta P_{i压}=131.9+154.1+60.0+224.8+24.1+104.5+30.0$$
$$=729.4\ (\text{Pa})$$

填料塔中填料层的阻力损失为 2829 Pa,除沫器的压力损失为 120 Pa,液体再分布器的压力损失为 150 Pa。那么系统全部阻力损失为

$$\Delta P_{阻} = \sum \Delta P_{i阻} = 729.4 + 2829 + 120 + 150 = 3828.4\ (\text{Pa})$$

12.烟囱的设计计算

(1)烟囱高度的确定　烟囱可分为砖烟囱、钢筋混凝土烟囱和钢板烟囱等,本设计采用砖烟囱。GB 16297—1996 中对最高排放速率和对应的排放高度都有规定,根据这个规定选取烟囱的几何高度为 20 m。

(2)烟囱的进出口内径　烟囱内径的计算公式:

$$D_1 = 0.0188\sqrt{\frac{V}{w}}\ (\text{m})$$

式中,V 为烟气流量,m^3/s;w 为烟气速度,一般为 10～20 m/s,此处取 12 m/s。则出口内径:

$$D_1 = 0.0188\sqrt{\frac{5508}{12}} = 0.4\ (\text{m})$$

即烟囱出口内径 $D_1 = 0.4$ m,$H = 20$ m,坡度选 $i = 0.02$,顶角取 30°。根据烟囱进口内径公式 $D_2 = D_1 + 2iH$,烟囱进口内径:$D_2 = 0.4 + 2 \times 0.02 \times 20 = 1.2$ (m)。

(3)烟囱抽力的计算　烟囱高度(H)与抽力(S)之间的关系:

$$S = H\left(\rho_k^0 \frac{273}{273 + t_k} - \rho_y^0 \frac{273}{273 + t_{pj}}\right)$$

式中,S 为烟囱抽力,Pa;H 为烟囱高度,m;ρ_k^0,ρ_y^0 分别为标准状态下烟气和空气密度,其中 $\rho_k^0 = 1.297\ kg/m^3$,$\rho_y^0 = 1.027\ kg/m^3$;t_k 为外界空气温度,℃;t_{pj} 为烟囱内烟气平均温度,℃。

烟囱内烟气平均温度 t_{pj}(℃):

$$t_{pj} = t' - \frac{1}{2}\Delta t H$$

式中,t' 为烟囱进口处烟气温度;Δt 为烟气在烟囱每米高度的温度降,℃/m。

$$\Delta t = \frac{A}{\sqrt{D}}$$

式中,A 为考虑烟囱种类不同的修正系数,砖烟囱壁厚小于 0.5 m 时,取 $A = 0.4$;D 为烟囱所担负的蒸发量。

$$D = 5508 \times 1.027 / 1000 = 5.7\ (\text{t/h})$$

所以

$$\Delta t=\frac{A}{\sqrt{D}}=\frac{0.4}{\sqrt{5.7}}=0.17(℃/m)$$

$$t_{pj}=t'-\frac{1}{2}\Delta tH=100-\frac{1}{2}\times 0.17\times 20=58.5(℃)$$

$$S=20\times\left(1.297\times\frac{273}{273+6}-1.027\times\frac{273}{273+58.5}\right)=8.5(Pa)$$

13.风机和电机的选择

风机的选择关系到能否使烟囱烟气顺利排出，因此风机的选择是否得当关系到整个设计是否合理。本节根据系统的风量和压损来选择恰当的风机。

(1)风机和电机的选择　系统的总压损为前面所得到的压损减去烟囱的抽力，所以总压损为 $\Delta P=3829-8.5=3820.5(Pa)$，系统的总风量为 5508 m^3/h。

选择通风机的风压按下式计算：

$$\Delta P_1=(1+K_2)\Delta P\rho_1/\rho$$

式中，ΔP 为管道计算的总压力损失，Pa；K_2 为考虑管道计算误差及系统漏风等因素所采用的安全系数，一般管道取 $K=0.10\sim0.15$，除尘管道取 $K=0.15\sim0.20$，这里取 $K=0.10$。将数据代入上式得 $\Delta P_1=(1+0.1)\times 3828.4\times 1.297/1.027=5209.0(Pa)$。

选择通风机的风量按下式计算：

$$Q_1=(1+K_1)Q$$

式中，K_1 为考虑系统漏风所附加的安全系数，一般管道取 $K=0.1$，除尘管道取 $K_1=0.10\sim0.15$，这里取 $K_1=0.1$。将数据代入上式得 $Q_1=(1+0.1)\times 5508=6058.8(m^3/h)$。

根据所得风量和风压，在《锅炉房实用设计手册》通风机样本上选择风机型号 9—19NO10D，它的风压范围为 557～5459 Pa，配套机电为 Y225S—4，功率为 37 kW。由于引风机本身作了降低噪声的措施，所以这里不考虑引风机产生的噪声。

(2)风机的校核

所选风机的进口尺寸为 $d=45$ mm，与连接管道的直径一致。采用渐扩管连接，渐扩管长度取 130 mm，$\alpha=20°$，再由 $\frac{F_2}{F_1}=\left(\frac{450}{400}\right)^2=1.27$，查得阻力系数为 $\zeta=0.12$，那么这一处的局部阻力损失为 $\Delta P=0.15\times 76.4=11.5(Pa)$。

局部阻力损失：$\Delta P_{L7}=20.7(Pa)$。

沿程阻力损失：$\Delta P_{m7}=(0.13+0.2)\times 3.03=11.0(Pa)$。

总阻力损失：$\Delta P_7 = 21.7(\text{Pa})$。

设计风压为5319 Pa，它在所选风机允许的压损范围内，所以选择的风机合理。

(3)电机校核

电动机功率校核公式：

$$N_e = \frac{Q_1 \times \Delta P_1 \times K}{3.6 \times 10^6 \eta_1 \eta_2}\ (\text{kW})$$

式中，K为电动机备用系数(对于通风机，电动功率为2～5 kW时取1.2，电动功率为5 kW时取1.15；对于引风机取1.3，这里$K=1.3$)；η_1为通风机全压效率，可由通风机样本中查得，一般为0.5～0.7，这里取0.5；η_2为机械传动效率，对于直联传动为1，联轴器传动为0.98，皮带传动为0.95，这里为联轴器传动，所以取0.98。将数据代入上式，得$N_e = \frac{6058.8 \times 5209.0 \times 1.3}{3.6 \times 10^6 \times 0.5 \times 0.98} \approx 24(\text{kW})$。

配套电机的功率为37 kW，所以满足需要，所选电机合理。

3.2.5　工艺流程图、设备图设计

1. 工艺流程图

工艺流程图纸参见本书1.7.3课程设计的图纸要求。流程图1张(A2图纸)，见图3-3。

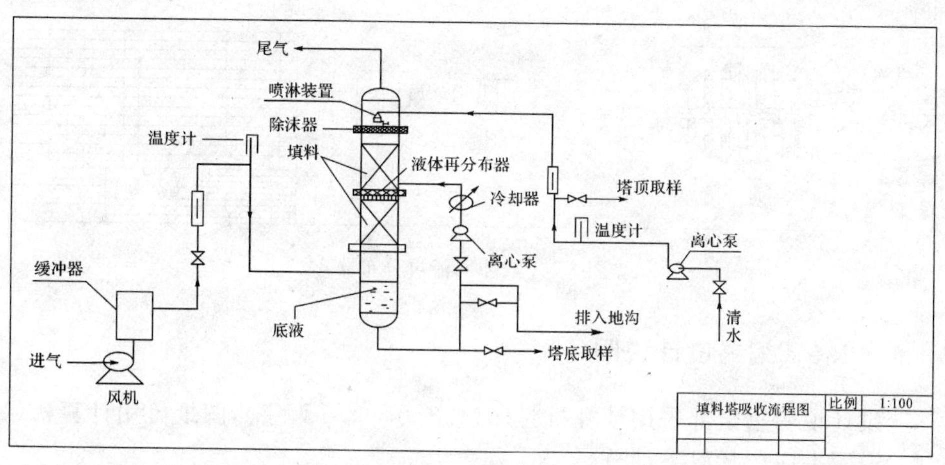

图3-3　工艺流程图

2. 设备图

设备图参见本书1.7.3课程设计的图纸要求。设备图1张(A2图纸)，参见图3-4和图3-5。

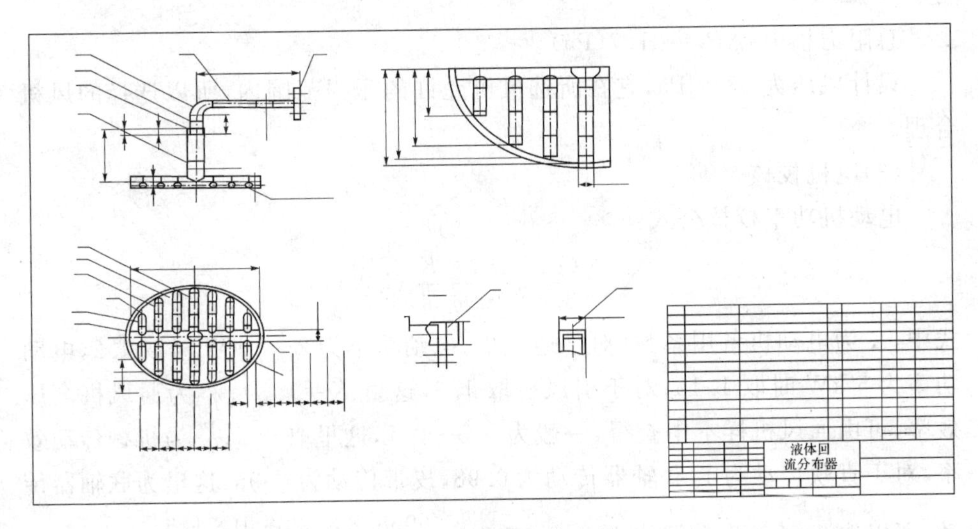

图 3-4　流体回流分布器

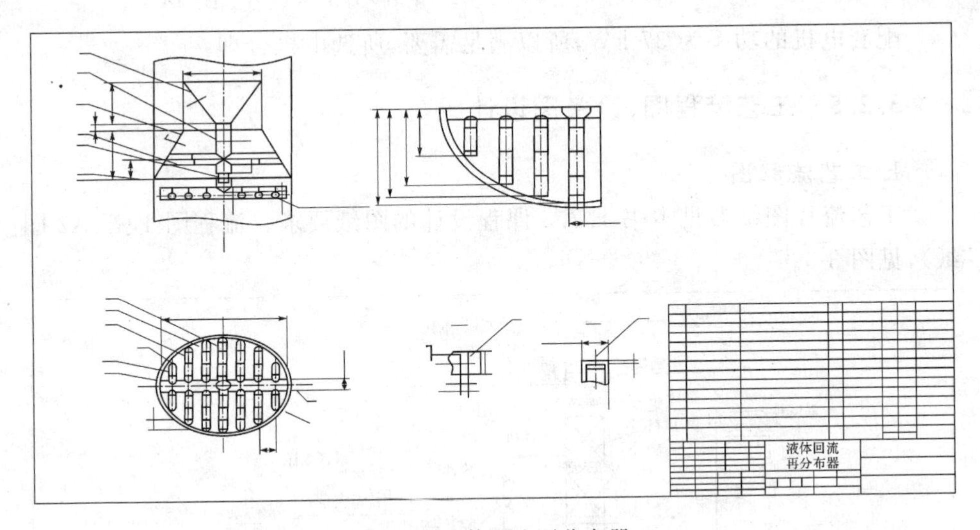

图 3-5　液体回流再分布器

3.2.6　编书设计说明

设计说明书全部采用计算机打印(1.2 万～1.5 万字),图纸可用计算机绘制。说明书应包括以下部分:

①目录;

②概述;

③设计任务(或设计参数);

④工艺流程及设计方案比选;

⑤处理单元设计计算；

⑥设备选型；

⑦构筑物或主要设备一览表；

⑧结论和建议；

⑨参考文献；

⑩致谢；

⑪附图。

其中③～⑥可参考本章中3.2.1～3.2.4小节。由于篇幅有限，对学生应根据课程设计内容和要求其余部分进行编写，用语科学规范，详略得当。

处理构筑物、设备一览表应包括名称、型式(型号)、主要尺寸、数量、参数等；图纸为主要构筑物结构图1～2张(A2图纸)，应包括主图、剖面图，按比例绘制；标出尺寸并附说明；图签应规范。

3.3 大气污染控制工程设计案例二：除尘工程设计

3.3.1 设计任务

1.课程设计题目

某化工厂采暖锅炉烟气除尘系统设计。

2.课程设计的任务

本次设计的目标是对某化工厂采暖锅炉烟气除尘系统进行设计，其主要内容包括以下几方面：

(1)了解燃煤锅炉的排污特性，确定消烟除尘系统工艺流程，具体包括确定消烟除尘系统主要管道、除尘器、风机、烟囱等的结构及型号；

(2)本次设计是在了解燃煤锅炉排污特性的基础上，设计整个消烟除尘系统及其辅助设备，其中主要包括根据锅炉烟气参数来进行消烟除尘系统的设计，计算除尘系统设备的尺寸、压力损失，选择风机；

(3)烟囱高度、烟囱直径等的计算，确定除尘器、风机及烟囱的位置；

(4)绘制烟尘治理设施系统图，平面、里面布置图等。

(5)编写课程设计说明书。

3.设计原始数据

(1)锅炉型号、台数：SZL4—13型，4台；

(2)设计耗煤量:600 kg/(h·台);

(3)排烟温度:160℃;

(4)烟气密度:1.34 kg/m³(标准状态下);

(5)过剩空气系数:1.4;

(6)烟气中飞灰所占不可燃成分的百分比:16%(质量);

(7)烟气在烟囱出口前的阻力:800 Pa;

(8)冬季环境温度:-2℃;

(9)燃煤工业分析结果:V_C 为 68%vol,V_H 为 4%vol,V_O 为 5%vol,V_S 为 1%vol,V_N 为 1.5%vol,V_W 为 5.5%vol,V_A 为 15%vol,V_V 为 13%vol;

(10)粉尘排放浓度达到二类区标准 200 mg/m³。

4.基本要求

(1)在设计过程中,培养学生独立思考、独立工作能力以及严肃认真的工作作风;

(2)本课程设计的目的是通过某化工厂燃煤锅炉烟气除尘系统的设计,训练学生对大气污染治理主要设备的设计计算、选型和绘图能力,从而提高学生的过程素质和综合素质;

(3)设计说明书应内容完整,并绘制计算草图,文字通顺、条理清晰、计算准确;

(4)图纸按照标准绘制,图签规范、线条清晰、主次分明、粗细适当、数据标绘完整,并附有一定文字说明。

5.设计进度计划

发题时间	年　月　日
指导教师布置设计任务、熟悉设计原理、要求	0.5 天
准备工作、收集资料及方案比选	1.0 天
设计计算	1.5 天
整理数据、编写设计说明书	2.0 天
绘制图纸	1.0 天
质疑或答辩	1.0 天

3.3.2 工艺原理

工业锅炉所排放出来的烟尘是造成大气污染的主要污染源之一,由烟炱(黑烟)和灰尘组成。由于它们的发生过程、性质和粒径不同,因此解决的方法也不相同。烟炱的主要成分为碳、氢、氧及其化合物,可以通过改造锅炉、进行合理的燃烧调节，使其在炉膛内完全燃烧解决，同时也降低了排尘的原始浓度；灰尘主要是碳粒和灰分等颗粒物，可以通过加装除尘器的办法解决。

工业锅炉烟气除尘中，所采用的各种除尘装置，就是利用不同的作用力（包括重力、惯性力、离心力、扩散、附着力、电力等）以达到将尘粒从烟气中分离和捕集的目的。工业锅炉所采用的各种除尘装置按烟尘从烟气中分离出来的原理，可以分为 4 大类：①机械式除尘器；②电除尘器；③过滤式除尘器；④湿式除尘器。

3.3.3 设计方案的比较和确定

几种除尘器性能比较如下：

1. 机械式除尘器

机械式除尘装置是目前国内使用较普遍的除尘装置，它包括重力沉降室、惯性除尘器、旋风除尘器等。这类除尘装置具有结构简单、制造方便、投资少、运行费用低、管理方便且耐高温等优点。重力沉降室和惯性除尘器的除尘效率一般不高，在 40%～60%之间，可以作为初级除尘使用；旋风除尘器的除尘效率为 90%左右，多管式旋风除尘器的除尘效率较高。

(1)重力沉降室　重力沉降室是最简易的一种除尘装置，其作用原理是：当含尘烟气进入沉降室后，由于截面积突然扩大，烟气流速迅速降低，烟气利用自身的重力作用，自然沉降到底部，从而把烟粒从烟气中分离出来。这种除尘装置一般只能除去 40 μm 以上的大颗粒尘粒，因此效率较低。重力沉降室的除尘效率与沉降室的结构、烟气中尘粒的大小、尘粒的密度、烟气流速等因素有关。如在沉降室内合理布置挡板、隔墙、喷雾等措施，对提高除尘效率有一定的作用。

(2)惯性除尘器　惯性除尘器是利用烟气流动方向发生急剧改变时，由于尘粒受惯性力的作用而将尘粒从气体中分离并捕集下来的一种装置。一般惯性除尘器的气流速度越高，气流方向转变角度越大，转变次数越多，净化效率越高，压力损失也越大。惯性除尘器对于净化密度和粒径较大的金属或矿物性粉尘具有较高除尘效率，对于黏结性和纤维性粉尘，则因易堵塞而不宜采用。由于惯性除尘器的净化效率不高，故一般只用于多级除尘中的第一级除尘，捕集 10～20 μm 以下的粗尘粒。压力损失依型号而定，一般为 100～1000 Pa。其结构型号多种多样，可分为以气流中粒子冲击挡板捕集较粗粒子的冲击式和通过改变气流流动方向而捕集较细粒子的反向式。

(3)旋风除尘器　旋风除尘器是利用旋转气流产生的离心力使尘粒从气

流中分离的装置，广泛应用于工业锅炉的烟气除尘中，其他行业也常用以回收有用的颗粒物，如催化剂、茶叶、面粉、奶粉等。旋风除尘器具有结构简单、投资省、除尘效率高、适应性强、运行操作管理方便等优点，是消除烟尘危害、保护环境的重要设备之一。通常情况下，旋风除尘器能够捕集 5 μm 以上的尘粒，其除尘效率可达 90%以上。

旋风除尘器的种类，按进气方式可以分为切向进入式和轴向进入式两类。从气流组织上来分，有回流式、直流式、平旋式和旋流式等多种。国内主要运用的是 XZZ 型旋风式除尘器、XZD/G 型旋风除尘器、XND/G 型旋风除尘器、SG 型旋风除尘器等。

2. 电除尘器

电除尘器是含尘气体在通过高压电厂进行电离的过程中，使尘粒荷电，并在电场力的作用下使尘粒沉积在集尘器上，从而将尘粒从含尘气体中分离出来的一种除尘设备。电除尘过程与其他除尘过程的根本区别在于：分离力（主要是静电力）直接作用在粒子上，而不是作用在整个气流上，这就决定了它具有分离粒子耗能小、气流阻力也小的特点。由于作用在粒子上的静电力相对较大，所以即使对亚微米级粒子也能够有效地捕集。

电除尘器的应用较为广泛，其优点主要有：压力损失小，处理烟气量大，能耗低，对细粉尘有很高的捕集效率，可在高温或腐蚀性气体下操作。但是它的一次性投资较高，占地面积大，制造安装要求高，维护管理技术性强，高浓度时采用预除尘。

电除尘器本体结构的主要部件有：电极系统、清灰系统、烟道气流分布系统、排尘系统、供电系统等。

电除尘器的类型，按放电极和集尘极在电除尘器中的配置位置可分为单区电除尘器和双区电除尘器。双区电除尘器主要用在通风空气的净化和某些轻工业部门。在控制各种工艺尾气和燃烧烟气污染方面，主要应用单区电除尘器。单区电除尘器的两种主要形式为管式和板式。管式电除尘器用于流量小、含雾滴的气体，或需要用水洗刷电极的场合；板式电除尘器为工业上应用的主要形式，气体处理量一般为 25～50 m^3/s 以上。

3. 过滤式除尘器

(1)袋式除尘器　袋式除尘器的除尘过程与滤料及粉尘的扩散、惯性碰撞、遮挡（筛分）、重力和静电等因素有关。采用纤维织物作滤料的袋式除尘器，主要用在工业尾气的除尘方面。它对捕集小颗粒粉尘的性能较好，除尘效率高，一般可达 99%，广泛应用于水泥、冶金、陶瓷、化工、食品、机械制造等工业和燃煤锅炉的烟尘净化中。但是,该除尘器对温度较高、湿度较大、黏性的粉尘和有腐蚀性的烟尘不宜使用。

袋式除尘器的滤袋形式有两种:一种是扁形袋;另一种是圆形袋。在过滤负荷相同的条件下,扁形袋要比圆形袋占地面积小、结构紧凑。袋式除尘器的进气方式有上进气、下进气、直流式(只适用于扁形袋)。从上、下进风的方式比较,下进风比上进风设计合理、简单,造价也便宜。袋式除尘器的管理方式有外滤式和内滤式。内滤式的优点是可以不停机进入内部检修,也可以不用支撑骨架,但内滤式在清灰期间,滤料易受扭曲损害。袋式除尘器的清灰方式有3种,分别是机械振动式、逆气流清灰、脉冲喷吹清灰。实际上多数袋式除尘器是按清灰方式命名和分类的。

(2)颗粒层除尘器　颗粒层除尘器是利用颗粒状物料(如硅石、砾石、焦炭等)作填料层的一种内部过滤式除尘装置,其除尘机理与袋式除尘器类似,主要靠惯性、截留及扩散作用等。过滤效率随颗粒层厚度及其上沉积的粉尘层厚度的增加而提高,压力损失也随之增大。

颗粒层除尘器是20世纪70年代出现的一种除尘装置,能耐高温、耐腐蚀、耐磨损、除尘效率高,维修费用低,但其缺点在于体积较大,清灰装置比较复杂,阻力也比较高。目前,颗粒层除尘器主要用于处理高温含尘气体。

4.湿式除尘器

湿式除尘器是使含尘气体与液体(一般为水)密切接触,利用水滴和尘粒的惯性碰撞及其他作用捕集尘粒或使粒径增大的装置。湿式除尘器可以有效地将直径为0.1～20.0 μm的液态或固态粒子从气流中除去,同时,也能脱除气态污染物。它具有结构简单、造价低、占地面积小、操作及维修方便和净化效率高等优点,能够处理高温、高湿的气流,将着火、爆炸的可能减至最低。但采用湿式除尘器时,要特别注意设备和管道的腐蚀以及污水和污泥的处理问题。湿式除尘器也不利于副产品的回收。如果设备安装在室外,还必须考虑在冬天设备可能结冻的问题。再则,要使去除微细尘粒的效率也较高,则需使液相更好地分散,但能耗增大。

目前,根据湿式除尘器的净化机理,可将其分为7类:重力喷雾洗涤器、旋风洗涤器、自激喷雾洗涤器、板式洗涤器、填料洗涤器、文丘里洗涤器、机械诱导喷雾洗涤器。

(1)重力喷雾洗涤器　重力喷雾洗涤器是一种最简单的湿式除尘装置,除尘效率低,所以它与其他除尘器串联,作为第一级除尘。根据塔内烟气与液体的流动方向,可以分为顺流、逆流和错流3种型式。最常用的是逆流喷雾塔。

喷雾塔中喷雾的水滴大小对除尘效率有很大的影响，一般认为当水滴直径为 50～1000 μm 时，对所有大小粉尘除尘效率都是最高的。雾滴的大小与喷嘴孔径和喷水压力有关，压力越大，雾滴越细小。

喷雾塔具有结构简单、压力损失小、操作稳定的特点，经常与高效洗涤器联用捕集粒径较大的粉尘，一般不做单独除尘用。

(2)旋风洗涤器　最简单的旋风洗涤器是在干式旋风分离器内部以环形方式安装一排喷嘴。进水喷嘴也可以安装在旋风洗涤器的入口处，而在出口处通常还需要安装除雾器。旋风洗涤器的另一种形式是中心喷雾。而在我国应用最广的是旋风水膜除尘器。

旋风洗涤器气体入口速度范围一般为 15～45 m/s，离心洗涤器对净化 5 μm以下的粉尘是有效的。中心喷雾的旋风洗涤器对于 0.5 μm 以下的粉尘的捕集效率可达 95%以上。

旋风洗涤器适用于处理烟气量大和含尘浓度高的场合，也可以单独采用，可以安装在文丘里洗涤器之后作为脱水器。

(3)文丘里洗涤器　文丘里洗涤器是一种高效湿式洗涤器，但动力耗能和水量耗能都比较大，常用在高温烟气降温和除尘上。其结构由收缩管、喉管和扩散组成；主要工作原理是惯性碰撞。

文丘里洗涤器往往和立式旋风水膜除尘器相配套，可以得到最佳的组合效果，它们的除尘总效率可以达到 98%左右。

(4)自激喷雾洗涤器　自激喷雾洗涤器是一种效率较高的洗涤器，这种洗涤器没有喷嘴，也没有很窄的缝隙，因此不易堵塞，是一种常用的湿式除尘器。

自激喷雾洗涤器是靠含尘气流自身直接冲击水面而激起的浪花与水雾来达到除尘目的。该洗涤器随水位的增高、气流速度的增大，效率也会提高，但此时的阻力损失也增加。不过该洗涤器的耗水量小，其水气比为 134 kg/1000 m^3。

(5)板式洗涤器　板式洗涤器主要由布满小孔的筛板、淋水管、挡水板、水封排污阀及进出口组成。该除尘器结构简单、投资少、效率高，可以用水泥制造外壳，节约钢材，能够耐腐蚀；缺点是耗水量大，筛板易堵塞。

根据表 3-4 的性能比较，本设计拟对 4 台锅炉进行烟气除尘，每台锅炉的蒸发量为 4 t/h，属于小型锅炉。为节省费用，并使除尘率达到 91.42%，本设计考虑使用机械除尘器中的旋风除尘器。

表 3-4 除尘器规格及性能参数

除尘器名称	除尘粒径(μm)	效率(%)	阻力(Pa)	气速(m/s)	设备费	运行费
重力沉降室	≥100	<50	50～130	1.5～2	低	很低
惯性除尘器	≥40	50～70	300～800	15～20	低	很低
旋风除尘器	≥5	70～90	800～1500	10～15	低	低
冲击式除尘器	≥5	95	1000～1600		低	中
文丘里除尘器	≥0.5	90～98	4000～10000		低	高
电除尘器	≥0.01	90～99	50～130	0.8～1.2	低	中
袋式除尘器	≥0.1	95～99	1000～1500	0.30～1.01	低	较高

3.3.4 处理单元的设计计算

1. 烟气量、烟尘浓度及除尘效率的计算

(1)理论空气量计算

碳的燃烧：$C+O_2 = CO_2$。

每千克碳完全燃烧需 1.866 m^3 氧气，并产生 1.866 m^3 二氧化碳。

氢的燃烧：$4H+O_2 = 2H_2O$。

每千克氢完全燃烧需 5.55 m^3 氧气，并产生 11.1 m^3 水蒸气。

硫的燃烧：$S+O_2 = SO_2$。

每千克硫完全燃烧需 0.7 m^3 氧气，并产生 0.7 m^3 二氧化硫。

每千克应用燃料中元素质量分别为：$V_C=68\%\text{vol}$，$V_H=4\%\text{vol}$，$V_S=1\%\text{vol}$，$V_O=5\%\text{vol}$。

1 千克燃料中含 $V_O=7.5\%\text{vol}$，相当于 0.7 m^3/kg。所以燃烧完全时，外部供氧理论量为

$$V_{O_2}^k=1.866V_C+0.7V_S+5.55V_H-0.7V_O=1.463(\text{m}^3/\text{kg})$$

则 1 千克燃料完全燃烧所需空气量为

$$V_\alpha^k=\frac{V_{O_2}^k}{0.21}=\frac{1.463}{0.21}=7.0(\text{m}^3/\text{kg})$$

CO_2 的理论体积：$V_{CO_2}=1.86V_C=1.27(\text{m}^3/\text{kg})$。

SO_2 的理论体积：$V_{SO_2}=0.7V_S=0.007(\text{m}^3/\text{kg})$。

H_2O 的理论体积：$V_{H_2O}=0.111V_H+0.0124V_W+0.016V_\alpha^k=0.557(\text{m}^3/\text{kg})$。

N_2 的理论体积：$V_{N_2}=0.79V_\alpha^k+0.008V_N=5.553(\text{m}^3/\text{kg})$。

所以理论烟气量为

$$V_y^k=V_{CO_2}+V_{SO_2}+V_{H_2O}+V_{N_2}=1.27+0.007+0.557+5.553=7.364(\text{m}^3/\text{kg})$$

实际燃烧过程是在有一定过量空气的条件下进行的，因此烟气的实际体积 V_y 为理论烟气量和过量空气量（包括氧、氮和相应水蒸气）的体积之和，即

$$V_y = V_y^k + 0.21(\alpha-1)V_\alpha^k + 0.79(\alpha-1)V_\alpha^k + 0.0161(\alpha-1)V_\alpha^k$$
$$= V_y^k + 1.0161(\alpha-1)V_\alpha^k$$

其中，α 为过量空气系数，一般取 $\alpha=1.4$。则

$$V_y = V_y^k + 1.0161(\alpha-1)V_\alpha^k = 7.364 + 1.0161\times(1.4-1)\times7.0$$
$$= 10.209(\mathrm{m^3/kg})$$

(2)实际烟气量的计算　由于燃煤设计消耗量为 600 kg/h，所以 $V_{y1} = 10.209\times600 = 6125.4(\mathrm{m^3/h})$。

又因为排气温度为 160℃，所以 $V_{y2} = 6125.4\times(273+160)/273 = 9715.4(\mathrm{m^3/h}) = 2.70(\mathrm{m^3/s})$。即在工况下，锅炉实际排烟量为 2.70 $\mathrm{m^3/s}$。

(3)含尘浓度计算　所提供的燃煤中燃煤量为 600 kg/h。

又因为反应基成分中 $A=15\%$，而排尘因子为 16%，燃煤量为 600 kg/h，查《锅炉大气污染排放标准》(GB 13271—2001)可知，二类区允许排放的烟尘浓度为 200 $\mathrm{mg/m^3}$，则

$$V_W = 600\times1000\times15\%\times16\%/6125.4 = 2.35(\mathrm{g/m^3})$$

(4)除尘效率的计算

除尘效率：

$$\eta = \frac{2.35-0.2}{2.35}\times100\% = 91.49\%$$

本设计的锅炉型号为 SZL4—13 型，即锅炉为链条炉，其燃烧方式、烟尘粒径百分组成及分级除尘效率如表 3-5 所示。

表 3-5　烟尘粒径百分组成及分级除尘效率

<table>
<tr><th>平均粒径 d(μm)</th><th>粒径分布 f(%)</th><th>分级除尘效率 η_x(%)</th></tr>
<tr><td>10</td><td>7</td><td>48</td></tr>
<tr><td>20</td><td>15</td><td>78</td></tr>
<tr><td>44</td><td>25</td><td>95</td></tr>
<tr><td>74</td><td>38</td><td rowspan="3">99</td></tr>
<tr><td>149</td><td>57</td></tr>
<tr><td>>149</td><td>43</td></tr>
</table>

因此，除尘效率为 $\eta = \sum(\eta_x \times f) = 93.35\% > 91.49\%$，能够达到本设计的要求。

2.除尘器的进出口风速的计算

综合各项指标，选用XZZ—Ⅲ—D1000型旋风除尘器，每台锅炉对应一座除尘器。XZZ—Ⅲ—D1000型旋风除尘器的相对端面比为4.43，采用了弯路与近直筒形的椎体，设有平板形反射角和倒锥形排气管等结构形式，提高了除尘效率，降低了压力损失，减轻了椎体磨损，用于锅炉的烟气除尘，并可组成双筒、四筒等多种结构形式，其外形尺寸如表3-6所示。

查得除尘器性能指标：风速为14 m/s；进口风量为11500 m^3/h；设备阻力为800 Pa；除尘效率为92%。

表3-6 XZZ—Ⅲ—D1000型旋风除尘器的外形尺寸　　单位：mm

D	D_1	A	A_1	A_2	H	H_1	H_2	H_3	d	h	d_1	h_1
1000	700	286	399	700	5390	800	3000	1200	620	620	350	150

(1)除尘器进口烟气流速

$$u_1=V/S$$

式中，V为烟气流量，m^3/s；S为除尘器进口面积，m^2。则

$$u_1=V/S=2.70/(0.286\times0.8)=11.80(m/s)$$

因为烟气经过旋风除尘器后，温度将下降10～15℃，本设计取15℃。由于烟气原始温度为160℃，所以经过旋风除尘器后的温度降为145℃。

(2)除尘器出口的烟气流速

$$V_S=\frac{V_nP_nT_S}{T_nP_S}$$

式中，V_n，P_n，T_n为标准状况下的烟气体积、压力、温度；V_S，P_S，T_S为实际状况下的烟气体积、压力、温度。

由于不考虑其压力的变化，

$$V_S=6125.4/3600\times(145+273)/273=2.605(m^3/s)$$

所以烟气出口流速为

$$u_2=V_S/S=2.605/(0.62\times0.62)=6.78(m/s)$$

3.烟气系统阻力的设计计算

在本节中着重计算了从锅炉出口到除尘器进口段和除尘器出口到锅炉进口段的管道大小、尺寸和连接问题，同时也计算了它们和烟囱段的阻力，从而选取合适的风机，以使烟气顺利排出。

(1)烟囱高度的确定　烟囱可分为砖烟囱、钢筋混凝土烟囱和钢板烟囱。本设计从设计的需要和经济的角度考虑，拟采用砖烟囱，其高度由环境卫生要

求来确定。

查《燃煤、燃油锅炉房烟囱最低允许高度》可知：锅炉房装机容量为7～14 MW，10～20 t/h，烟囱最低允许高度为40 m。此设计的装机容量为2.8 MW/台×4=11.2 MW，4 t/h×4=16 t/h，所以烟囱的高度确定为40 m。

(2)烟囱抽力的计算　烟囱高度(H)与抽力(S)之间的关系为

$$S=H\left(\rho_k^0\frac{273}{273+t_k}-\rho_y^0\frac{273}{273+t_{pj}}\right)$$

式中，S为烟囱抽力，Pa；H为烟囱高度，m；ρ_k^0，ρ_y^0分别为标准状态下烟气和空气密度，其中$\rho_k^0=1.293\ kg/m^3$，$\rho_y^0=1.34\ kg/m^3$；t_k为外界空气温度，℃；t_{pj}为烟囱内烟气平均温度，℃。

烟囱内烟气平均温度t_{pj}(℃)为

$$t_{pj}=t'-\frac{1}{2}\Delta tH$$

式中，t'为烟囱进口处烟气温度，Δt为烟气在烟囱每米高度的温度降，℃/m。

$$\Delta t=\frac{A}{\sqrt{D}}$$

式中，A为考虑烟囱种类不同的修正系数，砖烟囱壁厚小于0.5 m时，取$A=0.4$；D为最大负荷，是由一个烟囱负担的锅炉蒸发量之和(取$D=16$)，t/h。所以

$$\Delta t=\frac{A}{\sqrt{D}}=\frac{0.4}{\sqrt{16}}=0.1(℃/m)$$

$$t_{pj}=t'-\frac{1}{2}\Delta tH=145-\frac{1}{2}\times0.1\times40=143(℃)$$

$$S=40\times(1.293\times\frac{273}{273-1}-1.34\times\frac{273}{273+143})=16.735(Pa)$$

(3)烟囱的出口内径计算

$$D_1=0.0188\sqrt{\frac{V}{w}}\ (m)$$

式中，V为烟气流量，m^3/s；w为烟气速度，一般为10～20 m/s，此处取12 m/s。

烟囱出口温度：$T_c=T-\Delta T\times H=145-0.1\times40=141$(℃)；

出口烟气流量：$V_S=6125.4\times4\times(141+273)/273=37156.27(m^3/h)$；

则出口内径：$D_1=0.0188\sqrt{\frac{37156.27}{12}}=1.05(m)$。

(4) 烟囱的进口内径的计算

$$D_2 = D_1 + 2iH$$

式中，i 为烟囱坡度，通常取 0.02～0.03，此处取 0.02。

所以，$D_2 = D_1 + 2iH = 1.05 + 2 \times 0.02 \times 40 = 2.65$ (m)。

4. 除尘系统的阻力损失计算

含尘气体在管道中流动时，会发生含尘气体和管道摩擦而引起的摩擦压力损失，以及含尘气体在经过各种管道附件或遇到某种障碍而引起的局部压力损失。

(1)烟道及风管沿程阻力损失计算　先布置管道，绘制管道布置图，并对管段进行编号，标出长度和风量。管段长度一般按管件中心线长度计算，不扣除管件(如三通、弯头)本身的长度。

从锅炉出口到除尘器进口段如图 3-6 所示。

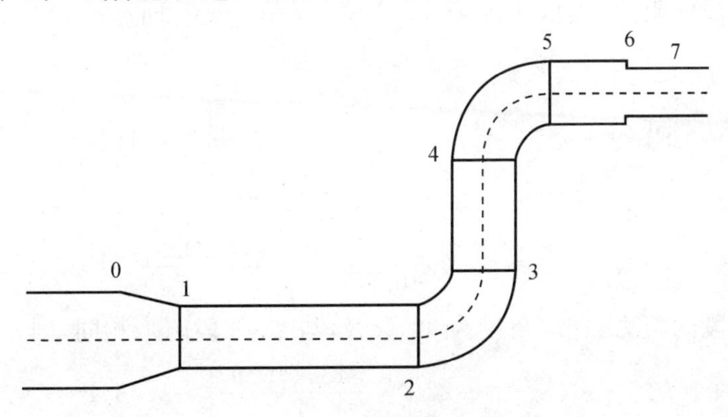

图 3-6　锅炉出口到除尘器进口段示意图

锅炉出口面积：$F_1 = \pi R_1^2 = 3.14 \times 0.3^2 = 0.2826 (m^2)$。

假设烟气进入水平 1～2 段的流速为 12 m/s，则其截面积为

$$F = \frac{v}{u} = \frac{2.70}{12} = 0.225 (m^2)$$

按圆形截面设计管道，其直径为 550 mm。依据圆形风管统一规格表可知，1～2 段取用直径为 560 mm 的圆形风管，其截面积 F_2 为

$$F_2 = \pi R_2^2 = 3.14 \times 0.28^2 = 0.2426 (m^2)$$

则实际流速为 $u = \frac{v}{F_2} = \frac{2.70}{0.2426} = 10.97 (m/s)$。

0～1 段选取角度为 30°，渐缩管的局部阻力系数 $\xi = 0.1$，烟道阻力系数 $\lambda = 0.02$，则水平长度为

$$L = \tan 75° \times (0.6/2 - 0.56/2) = 0.075 (m)$$

0～1 段的沿程阻力：

$$P_{0-1}^{y}=\lambda\times\frac{L}{D}\times\frac{\rho u^2}{2}=0.02\times\frac{0.075\times2}{0.6+0.56}\times\frac{0.845\times10.97^2}{2}=0.13(\text{Pa})$$

0～1 段的局部阻力：

$$P_{0-1}^{j}=\xi\times\frac{\rho u^2}{2}=0.1\times\frac{0.845\times10.97^2}{2}=5.08(\text{Pa})$$

式中，ξ 为局部阻力系数；ρ 为烟气密度，取 0.845 kg/m^3；u 为烟气流速，m/s。

1～2 段的阻力：选用长为 3 m 的钢管，查表可知钢管烟道阻力系数 $\lambda=0.02$，则

$$P_{1-2}^{y}=\lambda\times\frac{L}{D}\times\frac{\rho u^2}{2}=0.02\times\frac{3}{0.56}\times\frac{0.845\times10.97^2}{2}=5.45(\text{Pa})$$

2～3 段的阻力：选取角度为 90°弯管，取 $\frac{r}{d}=1.0$，即 $r=0.56$ m。查表可知局部阻力系数 $\xi=0.22$，则

$$P_{2-3}^{j}=\xi\times\frac{\rho u^2}{2}=0.22\times\frac{0.845\times10.97^2}{2}=1.45(\text{Pa})$$

3～4 段的阻力：选用长为 3.05 m 的钢管，则

$$P_{3-4}^{y}=\lambda\times\frac{L}{D}\times\frac{\rho u^2}{2}=0.02\times\frac{3.05}{0.56}\times\frac{0.845\times10.97^2}{2}=5.54(\text{Pa})$$

4～5 段的阻力：选取角度为 90°弯管，与 2～3 段阻力相同，则

$$P_{4-5}^{j}=\xi\times\frac{\rho u^2}{2}=0.22\times\frac{0.845\times10.97^2}{2}=1.45(\text{Pa})$$

5～6 段的阻力：选用长为 1 m 的钢管，则

$$P_{5-6}^{y}=\lambda\times\frac{L}{D}\times\frac{\rho u^2}{2}=0.02\times\frac{1}{0.5}\times\frac{0.845\times10.97^2}{2}=2.03(\text{Pa})$$

6～7 段的阻力：该段钢管要由圆形变成矩形，即要选用天圆，此处 L 取 0.1 m，则

$$\tan\frac{\theta}{2}=\frac{(1.13\sqrt{a_1b_1}-D_2)}{2L}=\frac{(1.13\sqrt{0.286\times0.8}-0.56)}{2\times0.1}=-0.097$$

所以 $\theta=-11.12°$，即应选用 θ 为 170°。

又由于 $\frac{F_3}{F_2}=\frac{0.286\times0.8}{0.2642}=0.87$，查《锅炉及锅炉房设备》可知，在烟道中截面的突然变化不大于 15%时，局部阻力系数忽略不计，故该段管道的阻力为零；且角度较大，其产生的沿程阻力很小，故算作 5～6 段内。

(2) 除尘器的出口到风机段沿程阻力损失计算　除尘器的出口到风机段示意图如图 3-7 所示。

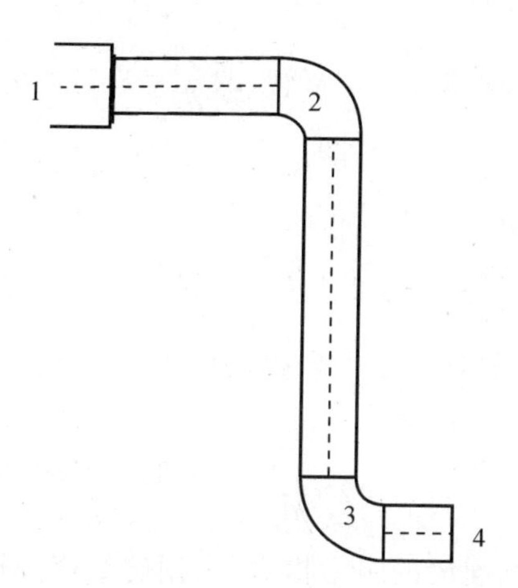

图3-7 除尘器的出口到风机段示意图

1～2 段的阻力：$F_4 = a \times b = 0.62 \times 0.62 = 0.3844(\text{m}^2)$

假设烟气进入水平 1～2 段的流速为 12 m/s，则其截面积为

$$F = \frac{v}{u} = \frac{2.70}{12} = 0.225(\text{m}^2)$$

按圆形截面计算管道，其直径约为 528 mm。依据圆形风管统一规格表可知，选用直径为 500 mm 的圆形钢管，此处的 $L = 0.3$ m。

$$F_5 = \pi R_5^2 = 3.14 \times 0.25^2 = 0.1963(\text{m}^2)$$

所以实际流速为

$$u = \frac{v}{F} = \frac{2.70}{3.14 \times 0.25^2} = 13.76(\text{m/s})$$

$$\tan\frac{\theta}{2} = \frac{(D_1 - 1.13\sqrt{a_0 b_0})}{2L} = \frac{(0.5 - 1.13\sqrt{0.62 \times 0.62})}{2 \times 0.3} = -0.334$$

所以 $\theta = -37°$，即应选用 θ 为 143°的渐扩管。

又由于 $\frac{F_4}{F_5} = \frac{0.3844}{0.1963} \approx 2$，查表可知 $\xi = 0.33$，则 0～1 段的阻力：

$$P_{0\text{-}1}^{j} = \xi \times \frac{\rho u^2}{2} = 0.33 \times \frac{0.845 \times 7.02^2}{2} = 6.88(\text{Pa})$$

0～1 段产生的沿程阻力算在 1～2 段内。

1～2 段的阻力：此处的 $L = 2$ m。

$$u = \frac{v}{F} = \frac{2.70}{3.14 \times 0.25^2} = 13.76(\text{m/s})$$

$$P_{1\text{-}2}^{y} = \lambda \times \frac{L}{D} \times \frac{\rho u^2}{2} = 0.02 \times \frac{2}{0.5} \times \frac{0.845 \times 13.76^2}{2} = 6.40(\text{Pa})$$

在水平 2 段处选取角度为 90°弯管，取$\frac{r}{d}=1.0$，即 $r=0.50$ m，查表知 $\xi=0.22$。

在水平 2 段处的阻力：

$$P_2^j=\xi\times\frac{\rho u^2}{2}=0.22\times\frac{0.845\times13.76^2}{2}=17.60(\text{Pa})$$

选取角度为 90°弯管同水平 2 段处的阻力，即 $P_3^j=17.60$ Pa。

3～4 段的阻力：选用长度为 1 m 的圆形钢管，此处的 $L=1$ m。

$$P_{3\text{-}4}^y=\lambda\times\frac{L}{D}\times\frac{\rho u^2}{2}=0.02\times\frac{1}{0.5}\times\frac{0.845\times13.76^2}{2}=3.20(\text{Pa})$$

(3) 风机出口到烟囱段的阻力损失(采用砖烟道圆形断面)　风机出口到砖烟道的立面图如图 3-8 所示。风机出口采用渐扩管，扩展后的直径为 500 mm，后经弯管进入砖烟道。

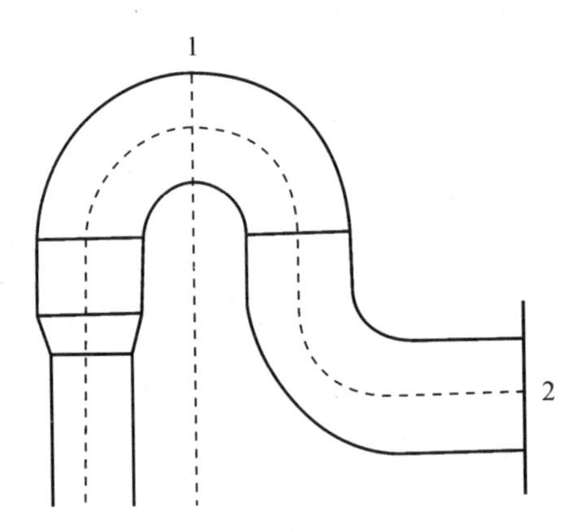

图 3-8　风机出口到砖烟道的立面示意图

在 2 段处的阻力：

$$u=\frac{v}{F}=\frac{2.70}{3.14\times0.25^2}=13.76(\text{m/s})$$

其中 2 段处选取角度为 90°的弯管，取$\frac{r}{d}=1.0$，即 $r=0.50$ m，查表知 $\xi=0.22$。

$$P_2^j=\xi\times\frac{\rho u^2}{2}=0.22\times\frac{0.845\times13.76^2}{2}=17.60(\text{Pa})$$

1～2 段的阻力：此处的 $L=1.2$ m。

$$P_{1\text{-}2}^y=\lambda\times\frac{L}{D}\times\frac{\rho u^2}{2}=0.02\times\frac{1.2}{0.5}\times\frac{0.845\times13.76^2}{2}=3.84(\text{Pa})$$

(4) 烟道到烟囱的阻力损失　烟气经过 1 段后进入砖烟道，砖烟道选取直径为 1.5 m 的砖砌圆形管道，如图 3-9 所示。

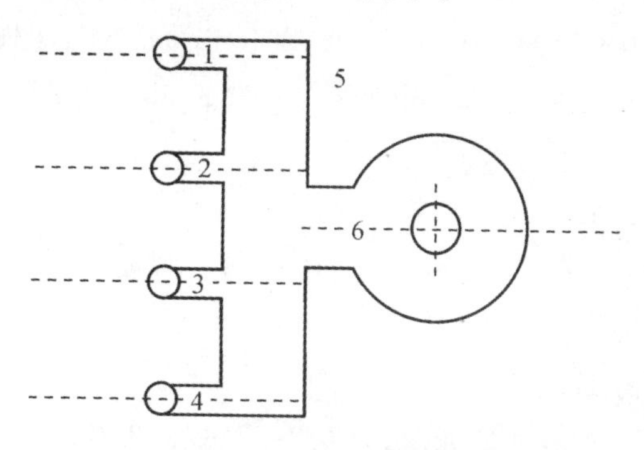

图 3-9　砖烟道示意图

在 1 处的流速：

$$u=\frac{v}{F}=\frac{2.70}{3.14\times 0.25^2}=13.76(\text{m/s})$$

1 处的局部阻力：由于 $\frac{F_1}{F_6}\approx 0.2$，查表可知 $\xi=1.00$，所以

$$P_2^j=\xi\times\frac{\rho u^2}{2}=1.00\times\frac{0.845\times 13.76^2}{2}=80.00(\text{Pa})$$

单个锅炉在砖烟道产生的摩擦阻力计算如下。

烟气流速为

$$u=\frac{v}{F}=\frac{2.70}{3.14\times 0.6^2}=2.39(\text{m/s})$$

5～6 段的阻力为

$$P_{5\text{-}6}^y=\lambda\times\frac{L}{D}\times\frac{\rho u^2}{2}=0.04\times\frac{9.99}{1.2}\times\frac{0.845\times 2.39^2}{2}=0.80(\text{Pa})$$

在 6 处选用直角连接，可知：

$$P_6^j=\xi\times\frac{\rho u^2}{2}=1.4\times\frac{0.845\times 2.39^2}{2}=3.79(\text{Pa})$$

该处的阻力系数为 $\xi=1.40$。

5. 风机、电机的选择

风机的选择与能否使烟囱烟气顺利排出有关。在本节中，着重从风机的风量和风压两个方面来考虑，通过和前面章节所计算的管道阻力相比较，从而选择恰当的风机。

(1)确定阻力的损失

从锅炉到风机前的总阻力损失：

$$
\begin{aligned}
P_{总} &= 800+800+5.08+0.13+5.45+1.45+5.54+1.45+2.03+6.88 \\
&\quad +6.40+17.60+17.60+3.20+17.60+3.84+80.00+0.80+ \\
&\quad 3.79 \\
&= 1778.84(\text{Pa})
\end{aligned}
$$

烟囱的抽力：$S=16.735/4=4.18(\text{Pa})$(每台风机所承受的抽力)。

所以整个烟气系统的压力损失为 $P_{总}=1778.84-16.735=1762.11(\text{Pa})$，取安全系数为1.2，则

$$P_{总1}=1762.11\times1.2=2114.53(\text{Pa})$$

(2)确定烟气量

已知 $Q=9715.4\ \text{m}^3/\text{h}$，又取安全系数为1.1，则

$$Q'=9715.4\times1.1=10686.94(\text{m}^3/\text{h})$$

(3)确定风机型号　现风机运行系统中，温度为145℃，空气的密度发生了变化。风量不变，所以风压发生了变化。为了根据样本选择风机，应该把实际工况下的风压换算成标准状态下的风压：

$$P_{总}=P'_{总}\times\frac{\rho_1}{\rho_2}$$

又因为 $\rho_1=\frac{\rho_n P_S T_n}{T_S P_n}=\frac{1.34\times97.86\times273}{101.325\times293}=1.21(\text{kg/m}^3)$，所以

$$P_{总}=P'_{总}\times\frac{\rho_1}{\rho_2}=2114.53\times\frac{1.21}{0.845}=3027.91(\text{Pa})$$

综合各项指标，查《锅炉房实用设计手册(第二版)》，选用Y5—47—12型高效低噪离心引风机，参数如下：

全压(Pa)	3148
风量(m^3/h)	12121
效率(%)	85
内功率(kW)	12.47
所需功率(kW)	17.06
电机型号	Y160L—2
滑轮高度(m)	55
滑轮代号	7×64×3
电机功率(kW)	18.5

3.3.5 工艺流程与设备图

1. 工艺流程图

工艺流程图纸参见本书 1.7.3 课程设计的图纸要求。流程图 1 张(A2 图纸),见图 3-10。

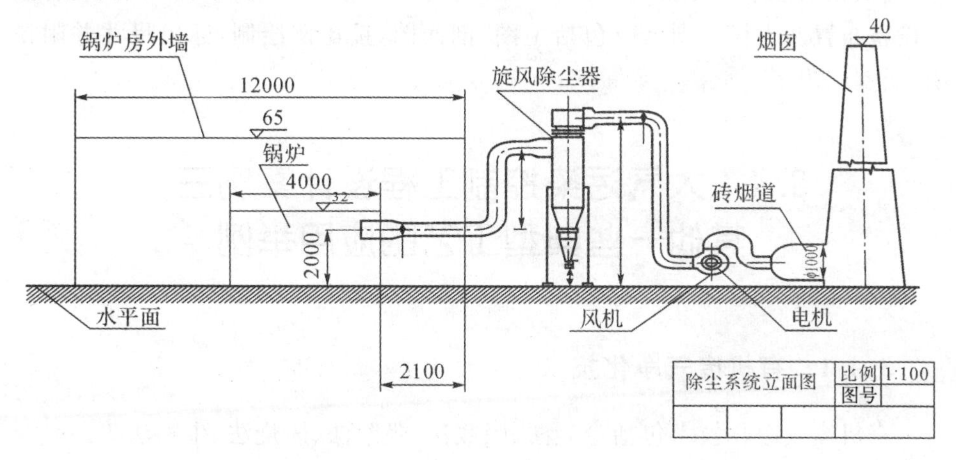

3-10 除尘器工艺图(单位:mm)

2. 设备图

设备图纸参见本书 1.7.3 课程设计的图纸要求。流程图 1 张(A2 图纸)(略)。

3.3.6 编写设计说明书和计算书

课程设计说明书全部采用计算机打印(1.2 万~1.5 万字),图纸可用计算机绘制。说明书应包括以下部分:

①目录;

②概述;

③设计任务(或设计参数);

④工艺原理及设计方案比选;

⑤处理单元设计计算;

⑥构筑物或主要设备一览表;

⑦ 结论和建议;

⑧ 参考文献;

⑨ 致谢;

⑩ 附图。

其中③～⑥可参考本章中的3.3.1～3.3.5小节。由于篇幅有限，学生应根据课程设计内容和要求对其余部分进行编写，用语科学规范，详略得当。

处理构筑物、设备一览表应包括名称、型式(型号)、主要尺寸、数量、参数等；图纸包括总平面布置图1张(A2图纸)、工艺流程图1张(A3图纸)和各主要设备布置及大样。图纸应包括主图、剖面图，按比例绘制，标出尺寸并附说明，图签应规范。

3.4 大气污染控制工程设计案例三：其他一些典型工艺的应用举例

3.4.1 有机废气净化技术

有机废气净化技术包括冷凝法、吸收法、吸附法、燃烧法、生物法等。

1. 冷凝法

将废气直接冷凝或吸附浓缩后冷凝，冷凝液经分离回收有价值的有机物称为冷凝法。该法常与吸收、吸附等净化方式一起使用，适合处理浓度高、温度低、风量小的废气，但存在投资大、能耗高、运行费用大的缺点，所以一般不采用冷凝法来治理喷涂作业中"三苯"的污染。

2. 吸收法

吸收法分化学吸收和物理吸收，但因"三苯"废气化学活性低，所以不采用化学吸收。选用具有较小挥发性的液体吸收剂(其与被吸收组分有较高的亲和力)，吸收饱和后经加热解析冷却后重新使用的吸收法被称为物理吸收，适合大气量、温度低、浓度低的废气。液体吸收法净化率只有60%～80%，这种方法实际应用存在吸收效率不高、油雾夹带现象，一般难以达到国家排放标准，且有二次污染问题。

3. 吸附法

将有机气体直接通过活性炭等吸附介质的废气处理方法称为吸附法，其净化率可达到90%～95%。活性炭又分为纤维状和颗粒状两类。纤维状活性炭气孔较小，比表面积大，靠分子间相互引力发生吸附，而不发生化学反应，是物理吸附过程；小孔直接开口向外，气体扩散距离短，吸附解吸均较快，适合用于吸附浓缩法。而颗粒状活性炭气孔均匀，除小孔外，还有0.5～5 μm的大孔，比表面积一般为 600～1600 m^2/g；有机废气从外向内扩散，通过距离较长，所以吸附、解吸均较慢；颗粒状活性炭经过氧化处理后具有更强的亲和力，适用于固定床式活性炭吸附法。固定床式活性炭吸附法适用于排放的有机废气浓度为 0～0.1 mg/m^3、风量为 0～48000 m^3/h 的工程；吸附浓缩法则适用于有机废气浓度为 0～0.6 mg/m^3、风量为 0～600000 m^3/h 的工程。吸附法适用于浓度低、污染物不需回收的废气处理。目前应用最多、工业上最成熟的活性炭再生法是活性炭热再生法。要脱附使用过的活性炭内杂质，恢复原有活性，达到重复使用的目的，可以采用高温蒸气的方法。

4. 燃烧法

燃烧法分直接燃烧法和催化燃烧法。直接燃烧法是利用燃气或燃油等辅助燃料燃烧放出的热量将混合气体加热到一定温度（700～800℃），停留一定的时间，使可燃的有害气体燃烧；它具有工艺简单、设备投资少的优点，但能耗大、运行成本高。而催化燃烧法是将废气加热到 200～300℃，经催化床燃烧，达到净化的目的。催化燃烧法能耗低、净化率高（95%～97%）、无二次污染、工艺简单操作方便，适合高温、高浓度、小风量的有机废气治理，不适合治理低浓度、大风量的有机废气。而喷漆废气中的“三苯”浓度一般低于 300 mg/m^3，因此不适合采用催化燃烧法处理。

5. 生物法

生物法是近年发展起来的一项净化低浓度有机废气的新型技术，在国内外受到了广泛的关注。经国外二十多年的研究和应用结果显示，生物法确实是经济有效的低浓度废气净化新方法。在国外运行的净化低浓度有机废气的装置主要有土壤过滤法装置、堆肥过滤法装置、活性污泥法洗涤净化装置以及生物膜填料塔（也称生物滴滤塔）等。生物过滤法适合处理气量大、浓度低的挥发性有机化合物（VOCs），适用于 VOCs 浓度波动较大的场合；生物洗涤法主要适合处理气量小、浓度高、易溶、生物代谢速率较低的 VOCs；生物滴滤法适合处理气量大、浓度低，降解过程中产酸的 VOCs，不宜处理入口浓度高和气量波动大的 VOCs。这些装置在有机化工厂、涂料喷涂、污水污泥处理、食品加工、城市垃圾处理场等过程排放的低浓度有机废气的净化处理中，应用效果很好，净化去除效率一般在 95%以上，且工艺设备简单，管理维护方便，能耗及运行费用低。

在实际运行中，生物法废气净化工业装置对废气中甲苯的净化效果良好。废气中甲苯浓度为 100～1000 mg/m^3 时，经生物法废气净化工业装置处理后，装置出口气体中甲苯浓度均低于 60 mg/m^3，一般保持在 20～40 mg/m^3，运行效果稳定,能保持较长时间的稳定运行和达标排放。

总之,企业应尽量采用环保型涂料,提高涂料的利用率并减少涂料的使用量,以此减少涂装车间废气排放量。治理涂装废气时,要根据废气实际产生浓度、风量等情况,选择合适的废气治理方式。高浓度、小排量的废气采用燃烧法比较适宜;而从喷漆室、挥发室和烘干室排出的废气因换气量大,所含有机溶剂浓度极低,这种低浓度大排量的废气则适宜采用活性炭吸附法。生物处理方法利用微生物的代谢作用,对中、低浓度有机废气进行处理,适应性强,投资、运行费用低,二次污染小。

3.4.2 案例一:某厂喷漆车间大气污染物治理工程

1. 工程设计

(1)工程概况

某厂在精加工件喷漆生产过程中,会用到易挥发有机溶剂。其中如二甲苯、甲苯、乙酸乙酯、丁酮等低沸点、高挥发性溶剂含有的芳香烃既有毒,又易燃。

在生产过程中喷漆车间会产生大量的涂层漆雾,而且废气中含有较高浓度的甲苯,产生刺鼻的味道。若不经处理直接排入大气,不仅会污染周围的环境,而且会导致原物料消耗,同时影响企业的形象,因此要进行处理。

(2)设计范围

设计范围:对其喷漆机和喷码机厂房设置通风系统,以排除厂房喷漆过程中的空气污染,改善工作环境。原有的自然通风效果较差,不能满足工业环境的要求。本设计针对三条输油管喷漆生产线、喷漆机和喷码机的局部通风系统及有机废气净化进行设计。由于工艺设备的限制,三条生产线分别独立设计。本设计含局部排风系统和净化系统设计。

(3)设计原则

①采用先进、实用、可靠的处理工艺,净化效率高,确保漆雾经处理后达标排放,改善工作环境。

②采用合理的工艺布置,尽量降低工程投资及占地,在保证达标的前提下,以最小的资金达到预期的处理效果。

③运行费用低,运行稳定。

④采用先进可靠的技术设备,操作、维护、管理方便。

(4)设计参数与指标

①设计参数

根据实际情况,因为对工厂静音及工艺的要求,应该控制风速。喷漆机、喷码机上集气罩控制风速为0.25 m/s，地上风管控制风速为5～6 m/s，地下风管控制风速为7～8 m/s。

②有害污染物基本性质

漆雾处理系统处理的漆雾主要含有甲苯、二甲苯，它们的主要性质如下。

甲苯：沸点为110.63℃，不溶于水，可与甲醇、乙醇、氯仿、丙酮、乙醚、冰醋酸、苯等有机溶剂混溶，低毒类，有麻醉作用。

二甲苯：沸点为138.5～141.5℃，不溶于水，可与乙醇、乙醚、苯等有机溶剂混溶，在乙二醇、甲醇、2-氯乙醇等极性溶剂中部分溶解，一级易燃液体，低毒类。

甲苯和二甲苯均属于有机溶剂，具有溶脂性（对油脂具有良好的溶解作用）。所以，当溶剂进入人体后能迅速与含脂肪类物质作用，特别是对神经组织产生麻痹作用，产生行动和语言障碍。

③排放标准

有关污染物的排放及厂界标准，见表3-7《大气污染物综合排放标准》（GB 16297—1996）。

表3-7 废气执行排放标准值（GB 16297—1996，二级、新扩改）

名称	允许排放浓度（mg/m^3）	允许排放速率（kg/h）
苯	12	0.5
甲苯	40	3.1
二甲苯	70	1.0
非甲烷总烃	120	10
颗粒物	120	3.5

注：排气筒高度设为15 m。

(5)喷漆车间废气处理设计方案

①密闭罩的设计

密闭罩是用来捕集有害物的。它的性能直接影响局部排风系统的技术经济指标。性能良好的密闭罩，只要较小的风量就可以获得良好的工作效果。图3-11为密闭罩剖面图。

设计中的一号、二号线密闭罩，上口面积$A=1.482\ m^2$，吸入速度$\upsilon=0.25$ m/s，安全系数$\beta=1.15$，通风量$Q=3600A\upsilon\beta=1533.87\ m^3/h$。三号线密闭罩，上口面积$A=1.519\ m^2$，吸入速度$\upsilon=0.25$ m/s，安全系数$\beta=1.15$，通风量$Q=1572.17\ m^3/h$。

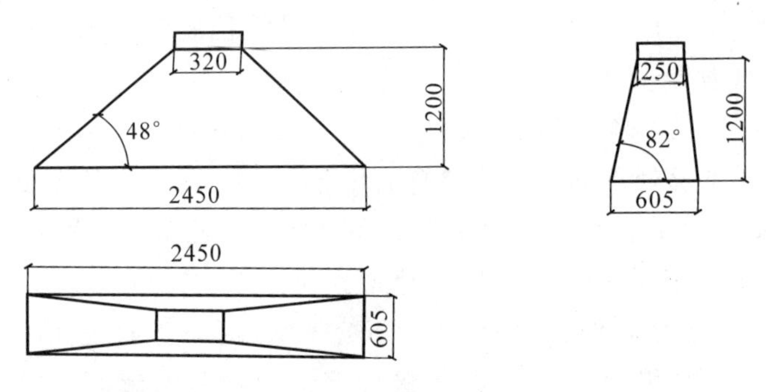

图 3-11　密闭罩剖面图(单位:mm)

②通风管道的设计

系统中的各种设备或部件连成一个整体需要通风系统中的风管帮助。合理选定风管中的气体流速,管路力求短、直,对提高系统的经济性有很大帮助。设计中通风量主要来自局部排风罩,三条生产线风量大致相等。考虑经济因素,地上部分矩形镀锌钢板风道设计为风速 $\upsilon=5.56$ m/s,风道尺寸为 320 mm×250 mm。风量调节阀采用钢板制作。地下水泥风道设计风速 $\upsilon=7.11$ m/s,风道尺寸为 250 mm×250 mm。地下混凝土风道每 20～25 m 应设置一道伸缩缝,缝宽 20～40 mm,缝内用沥青填实,缝外用 V 形铁皮及卷材密封。地下风道的采用,有效地利用了厂房空间,不会对工人的正常工作生产产生影响。图 3-12～图 3-14 分别为一号线、二号线、三号线侧视图。

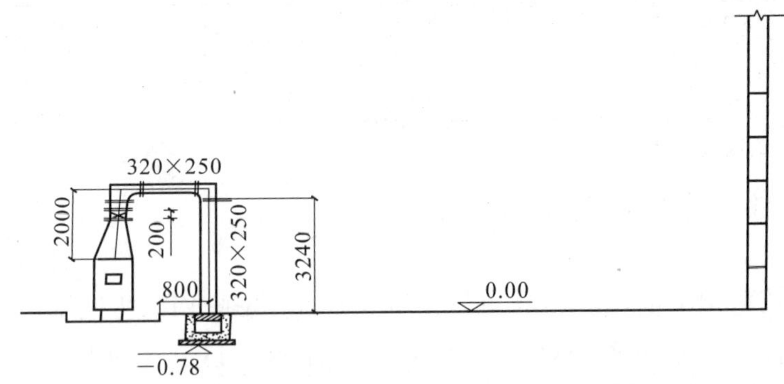

图 3-12　一号线侧视图(单位:mm)

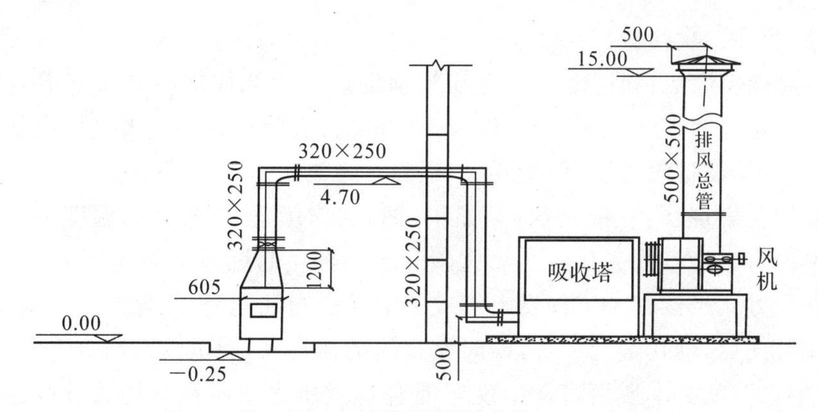

图 3-13 二号线侧视图(单位:mm)

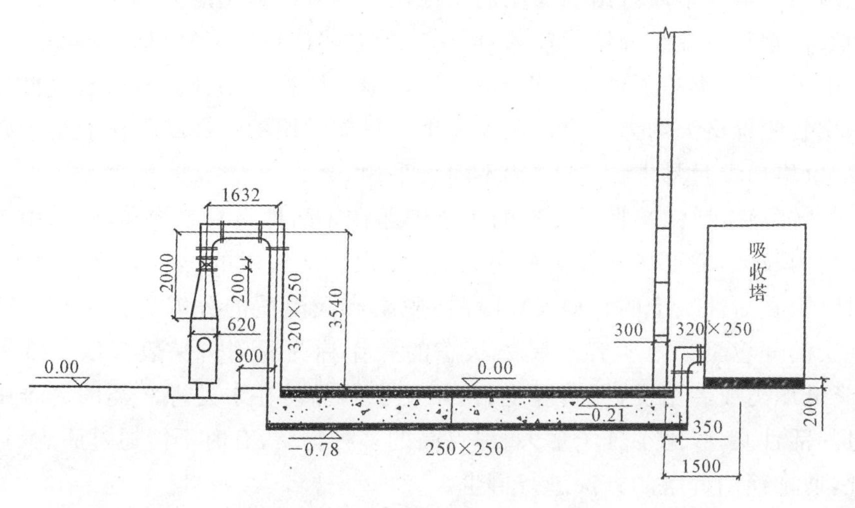

图 3-14 三号线侧视图(单位:mm)

③废气净化设备

A. 工艺的比较及选择。喷涂废气主要由两部分组成:液态的漆雾和气态的 VOCs 喷漆废气。喷涂废气的处理方法种类繁多,特点各异,常用的有冷凝回收法、吸收法、直接燃烧法、催化燃烧法、吸附法、过滤水洗法等。

a. 冷凝回收法:该法是将废气直接冷凝或吸附浓缩后冷凝,冷凝液经分离回收有价值的有机物。该法适用于浓度高、温度低、风量小的废气处理。但此法投资大、能耗高、运行费用大,因此如无特殊需要,一般不用此法。

b. 吸收法:该法可分为化学吸收和物理吸收,但“三苯”废气化学活性低,一般不采用化学吸收。物理吸收是选用具有较小挥发性的液体吸收剂,它与被吸收组分有较高的亲和力,吸收饱和后经加热解析冷却后重新使用。该法适用于大气量、温度低、浓度低的废气,但装置复杂、投资大,吸收液的选用比较困难，存在二次污染。

c. 直接燃烧法：利用燃气或燃油等辅助燃料燃烧放出的热量将混合气体加热到一定温度（700～800℃），停留一定的时间，使可燃的有害气体燃烧。该法工艺简单、设备投资少，但能耗大、运行成本高。

d. 催化燃烧法：在催化剂（例如铂、钯）的作用下，在较低的温度下可以将废气中的有机污染物氧化成二氧化碳和水。催化起燃温度约为 250℃。催化燃烧处理方式虽然在一定程度上解决了活性炭饱和问题，但耗电量较高，且使用一段时间后，催化剂会中毒，同时燃烧时的能耗高，能量没有回收造成浪费。所谓"中毒"，就其本质而言是指反应混合物中所含杂质和毒物通过可逆或不可逆的强化学吸附而占据了催化剂活性位所导致的催化剂失活现象。第一类是如果毒物与活性组分作用较弱，可用简单方法使活性恢复，称为可逆中毒或暂时中毒；第二类是不可逆中毒，不能用简单方法恢复活性。有机废气催化燃烧净化装置价格大约为 4.5 万元人民币。目前常用的贵金属催化剂由于资源稀少、价格昂贵且易中毒，本方案不建议采用。

e. 吸附法：活性炭吸附处理的主要问题在于活性炭易于饱和，同时由于活性炭阻力较大，需要压头较高的风机，能耗大。活性炭的再生可分为两类，即通过吸附在活性炭上的物质（吸附质）脱附和吸附质的分解进行再生。改变活性炭的环境至吸附质容易脱离状态的操作称为脱附。一般有以下 3 种情况：降低压力或者浓度；提高温度；使用化学药品。在水处理之类的场合中使用过的活性炭，吸附了分子量大、沸点高的多种物质，有时不能通过脱附再生。因此，通常使用分解的方法进行再生。

f. 过滤水洗法：将车间产生的漆雾通过风机的负压值，引至过滤器，过滤器中装有多个螺旋喷头，并挂了多个湿帘进行过滤。该方案适用于低浓度、小风量的废气处理。该法简单、成本造价低，但只能处理表面的漆粒，而不能除去废气中的化学成分。

经过综合比较，对于液态漆雾，采用过滤水洗法湿法除尘，有一定效果（涂料进入水体后要考虑废水处理），但对不溶于水的 VOCs，需采用活性炭吸附法。

B. 废气净化工艺流程。废气净化工艺流程简图见图 3-15。

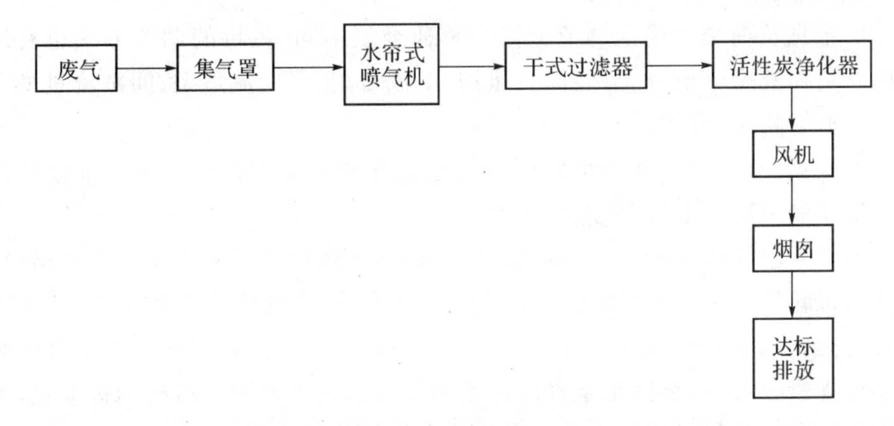

图 3-15 废气净化工艺流程图

工艺流程设计说明:涂装漆雾采用捕集—过滤洗涤—吸附的治理工艺。该工艺由捕集罩、水帘机、吸附器、排风机及控制系统等主要设备组成。

水帘机实际上是一台带有水帘的排风机,它投资少,运行费用低,使用效果好。它是提供喷漆作业的专用环保设备,能将喷漆过程中产生的喷雾限制在一定的区域内,并得到处理。采用以水为介质的湿式处理方法,通过水捕捉集中在喷漆作业区域内的漆雾,再对含漆雾废水进行处理,过滤后循环使用。

目前水帘机中所设置的喷雾处理装置只能处理喷雾中的树脂成分,不能处理其中的溶剂蒸气,喷雾排入大气中仍然要造成污染,所以需另设专门的废气处理装置来处理。

水帘机侧吸收塔安装在现有面漆排风口(室外)处,并与水帘机烟气联通。吸收塔里面装有喷淋装置,所有喷头均选择无堵塞型喷头,且所有喷淋管实现法兰连接,可在线更换拆除清理。所有喷淋管道、阀门均采用 UPVC 管材。加装风门闸板,可实现旁路排放。

烟气经过旋流板后,进入了干式过滤器,过滤掉多余的水分后,进入活性炭净化器,脱除不溶解于水的有机气体后,由引风机达标排放。净化后的气体达到环保排放要求。

④风机的选择

风机向机械排风系统提供空气流动的动力。为了防止风机的磨损和腐蚀,通常把它放在净化设备的后面。一般风机选型应遵循以下 4 条原则。

a. 要满足使用风压和风量的要求。系统所使用的风压和风量是两个关键数值,必须经过准确的分析和计算,最好以实测值为基础。计算数据与实际运行值之差不应超过 10%,因为在这样的范围内,可使风机在高效区工作。

b. 根据负荷类型确定调节方案。负荷类型不同，风机的调节方式也有所不同。负荷类型一般分 4 种：高流量型、低流量型、多变流量型、间歇流量型。

c. 根据高效、节能、低噪原则选型。

d. 根据使用环境、某些特殊要求及输送介质的类型选型。由于本设计风机设置在吸收塔后面，该问题不需考虑。

如果要求风机性能较高，风量、风压较高，而风机噪声要求不是很严格时，可选风机转速高一些的；如要求风机噪声较低，可选风机转速低一些，这样为满足相同的风量，风压性能就需要加宽叶片或增加叶片数，风机成本上升。风机直径规格、转速可在满足条件的范围内任意选定。但为了风机的标准化，如无特殊要求还是尽量按标准的直径规格和风机转速选用。

考虑到管道可能漏风等原因，一般在系统所需风量、风压的基础上乘以一个安全系数，来确定风机的风量和风压。风量附加安全系数：一般送风、排风系统为 1.10；除尘系统为 1.10～1.15；气力输送系统为 1.15。风压附加安全系数：一般送风、排风系统为 1.10～1.15；除尘系统为 1.15～1.20；气力输送系统为 1.2。风机选型的关键是正确地确定系统风量、风压。风压偏高、风量偏大，与实际需要相差太大，不但会有大量的能源浪费，而且会给运行带来很大困难。由前面设计计算，本设计一号线风量取 1535 m^3/h，选型风压取 291 Pa；二号线风量取 1535 m^3/h，选型风压取 60 Pa；三号线风量取 1575 m^3/h，选型风压取 166 Pa。所有风机均选择涡流式工频离心风机。

2. 案例评析

本设计中采用的局部排风系统需要的风量小，效果好。防止工业有害物污染室内空气的最有效方法是在有害物产生地点直接把它们捕集起来，经过净化处理，排至室外。在局部排风系统设计中采用了密闭罩，用较小的排风量即获得了最佳的控制效果，这可为今后同类工程作参考。

有害气体的净化方法主要有燃烧法、冷凝法、吸收法和吸附法四种。目前比较成熟的技术还是活性炭吸附法，但该工程在调试运营过程中，发现油漆雾有黏性，对活性炭吸附塔偶尔有堵塞现象，需加强巡查。本设计所采用的水帘机具有投资少、运行费用低、使用效果好等优点，很受生产企业欢迎。

3.4.3 案例二：某公司喷漆线有机废气治理工程

1. 工程设计

(1)工程概况

某公司在生产过程（主要是喷漆）中产生了有机废气，对周围大气造成了污染，但还未能得到有效控制。按照国家环保管理部门的有关要求，必须严格控制喷漆生产过程中有机废气甲苯、二甲苯及非甲烷总烃的排放量及粉尘的控制量。对此，该公司领导高度重视，决定对公司喷漆线有机废气综合治理，确保有机废气排放中的甲苯、二甲苯及非甲烷总烃含量达到国家排放标准，实现企业社会与经济效益双赢。

(2)设计范围

废气处理系统设计内容：废气出口集气箱总管至排气筒之间的废气处理设施(工艺、设备、电气等在内)的工程设计、安装指导及调试。

(3)设计原则

根据环保要求，以保证该项目对企业周边的空气环境质量影响在允许规定范围内为原则：

①坚持安全、经济、适用，兼顾美观的精心设计原则。

②选择工艺成熟、系统稳定可靠、管理方便、无二次污染的治理技术。

③在运行过程中，便于操作管理、维修，节省动力消耗和运行费用。

④废气净化系统设计要充分考虑现有场地和设施，因地制宜、合理布局。

(4)设计参数与指标

①生产工艺简介

喷漆加工的生产工艺如图 3-16 所示。

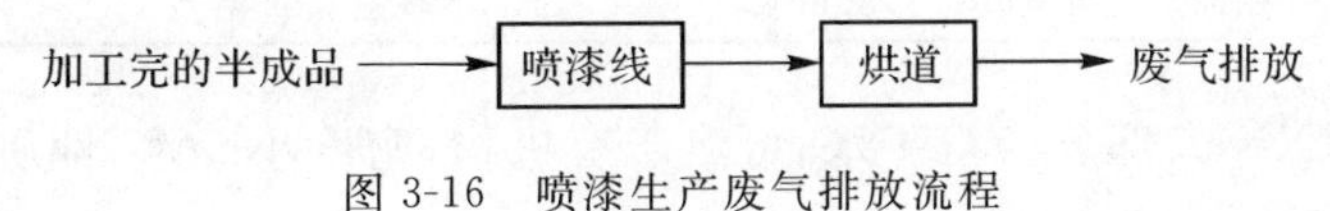

图 3-16 喷漆生产废气排放流程

生产工艺说明：在喷漆过程中使用的涂料、固化剂及其稀释剂虽然都符合产品行业标准，都有环保标记，但涂料、固化剂及其稀释剂本身具有一定的挥发性，在喷枪喷射过程中有大量的有机废气进入大气中，产生异味，同时产品加工时也有少量有机废气产生，对车间空气和周边的环境带来一定的影响，需要对其进行处理。

②污染物源强分析

喷漆加工过程的废气主要是甲苯、二甲苯、非甲烷总烃、臭气浓度等，化学组分复杂，产品原料不同，成分和浓度不一，只能按照目前行业治理的现状分析数据。根据调查和有关资料得知，喷漆加工过程的有害气体主要是苯系物、非甲烷总烃等有机物，其中主要控制甲苯和二甲苯所含比率。打磨台打磨时也会产生粉尘废气。

根据提供的资料，喷漆区：喷漆房 6 m×7 m，共 2 个，全部进行抽风处理；

烘箱区 11 m×14.57 m，共 2 个；两个喷漆房 8 h 使用涂料量为 400 kg；每天工作 8 h。主要废气物化指标见表 3-8 和表 3-9。

表 3-8 主要废气物化指标(1)

别名	甲苯	分子式	C_7H_8；$CH_3C_6H_5$		
相对分子质量	92.14	外观与性状	无色透明液体，有类似于苯的芳香气味		
熔点	−94.4℃	蒸气压	4.89 kPa/30℃	闪点	4℃
沸点	110.6℃	稳定性	稳定		
密度	相对密度(水=1)0.87；相对密度(空气=1)3.14	溶解性	不溶于水，可混溶于苯、醇、醚等多数有机溶剂		

表 3-9 主要废气物化指标(2)

别名	二甲苯	分子式	C_8H_{10}；$C_6H_4(CH_3)_2$		
相对分子质量	106.17	外观与性状	无色透明液体，有类似于甲苯的气味		
熔点	−25.5℃	蒸气压	1.33 kPa/32℃	闪点	30℃
沸点	144.4℃	稳定性	稳定		
密度	相对密度(水=1)0.88；相对密度(空气=1)3.66	溶解性	不溶于水，可混溶于乙醇、乙醚、氯仿等多数有机溶剂		

其余 VOCs 大部分为溶于水，可溶于有机物，密度小于水，性质稳定，易挥发。

③设计参数

该车间喷漆房系统废气处理分成 2 套处理设备来处理，每套处理设备处理风量为 80000 m^3/h。

两个喷漆房 8 h 涂料使用量为 400 kg，喷漆过程中废气挥发量按 80%计算，每小时废气排放速率为 40 kg/h。每个喷漆房废气排放速率为 20 kg/h。

根据喷台及污染物外排量估算，每套处理设备处理风量为 80000 m^3/h，喷漆房废气排放速率为 20 kg/h，则未经处理前该废气排放浓度分别为 250 mg/m^3。

④排放标准

有关污染物的排放及厂界标准，见表 3-7。

⑤废气治理指标

根据国家有关标准，排气筒高度应设为 15 m 以上。经过核算每套设备废气均能达到且低于国家排放标准。

(5)废气处理工艺比选

目前,国内常用的挥发性有机化合物(VOCs)污染治理技术主要有蓄热式催化燃烧法、吸附脱附催化燃烧法、活性炭吸附法三大类。随着科技的发展,对环保节能的要求越来越高,等离子净化技术随之诞生。该项技术是2009年8月由环境保护部污染防治司主办、中国环境科学学会承办的工业VOCs污染控制技术与管理对策研究会上推荐的唯一技术。现将其各自的优点和缺点相比较,具体见表3-10。

表3-10 不同废气处理方法的优点和缺点比较

方法	优点	缺点
蓄热式催化燃烧法	净化率高、运行稳定、可处理多组分有机废气	设备投资较大、占地面积大、需要预热、操作要求高
吸附脱附催化燃烧法	净化率稳定(对低浓度)、净化率比较高、运行稳定	使用成本(耗电)高、投资较高、管理复杂
活性炭吸附法	设备投资成本较低	运行成本高(因阻力大,风机配备动力大,同时吸附剂使用周期短,用量大)、净化效率不稳定、管理复杂。经多年经验可知,漆雾有黏性,在喷漆行业中因堵塞而不适用
低温等离子净化法	投资较低、净化率稳定(对低浓度)、运行费低、操作维护简单方便、运行稳定、使用成本低,是目前喷漆行业中倡导和推广的主要废气治理方法	

综上所述,考虑到各有机物的水溶性较差,且废气浓度较低,本设计以低温等离子净化法处理挥发性有机废气。因为喷漆废气中含有大量黏性漆雾及微小粉尘,为避免对处理设施正常运转造成影响,该项目拟定在有机废气处理前增加前级预处理,即项目废气处理总工艺为前级预处理+低温等离子,主要包括漆雾的预处理和有机废气的净化两方面的内容。

(6)废气处理方案

①工艺流程图

本工程建议采用预处理+等离子净化法处理技术。喷漆废气处理工艺流程见图3-17。

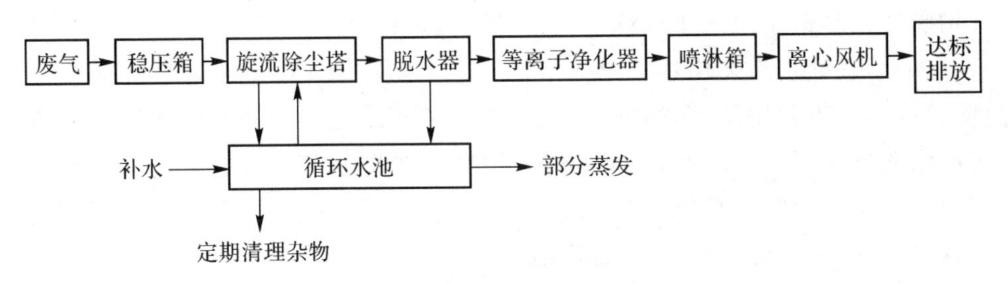

图 3-17　喷漆废气处理工艺流程

②工艺流程说明

2 个喷漆房喷漆生产过程中使用溶剂及烘房时所挥发出来的废气经管道收集后分别进入 2 个稳压箱，在每个稳压箱上开 3 个调节风门进行风压的调节；废气经风管调节阀连接后进入旋流除尘塔将大颗粒及溶于水的物质先喷洗，再经过脱水器将水雾分离，这是为了利用脱水器的脱水功能除去废气上携带的水分；排出的废气进入等离子净化器处理，经喷淋箱将溶于水的有机废气溶解在水中；净化后的废气由引风系统抽出，完成废气治理（该废气处理需将门上漏气的地方封闭起来，以免废气外溢，还有外部喷漆房水喷淋使用的循环水池需进行有机废气处理）。

循环系统的采用：第一次使用循环水池时需灌满，水池内严禁无水是为了保证正常使用水位。循环水池内的水在循环过程中会少量蒸发，此时可由自动补水系统进行补水，来保证正常运转所需的水位及水质（循环水不必外排）。运行一段时间后，循环池内沉渣变多，需要定期清渣，以保证设备正常运转，避免水管喷嘴堵塞。清出的废渣需由专业固废中心定期集中处理。

控制系统为了保证系统净化效率稳定，便于操作，电控部分实现喷房和设备两地控制。

③设备设计

a. 旋流除尘塔

规格型号：ϕ3000 mm，$H=5200$ mm。数量：2 台。处理风量：80000 m^3/h。

b. 脱水器

规格型号：ϕ3200 mm，$H=3000$ mm。数量：2 台。处理风量：80000 m^3/h。

c. 等离子净化器

规格型号：DLC—20×4。数量：2 套。处理风量：80000 m^3/h。

d.喷淋箱

规格型号:1050 mm×3360 mm×2080 mm。数量:2台。处理风量:60000 m^3/h。

e.循环水池

规格型号:8000 mm×2500 mm×1000 mm。数量:2座。

2.案例评析

本工程应用等离子法,具有如下优点:①使用方便,随时开机,随时使用,不需要预热过程,只要喷房开始工作,废气处理随之启用;②维护保养简单,电控部分除电子元件正常老化外不需要更换,安全可靠;长时间使用净化率稳定(废气进口总浓度≤300 mg/m^3);③运行费用低,运行状态稳定,消除企业因考虑治理运行成本而停开偷排废气违法行为,是目前喷漆行业中废气处理的最优方法;④设备造价较低,运行效果稳定,为企业减少治理投资。

通过工程实际运行验证,其系统运行可靠性高,污染物去除效率高,完全达到了国家环保标准,在技术上是可靠的,可作为参考。

3.4.4 案例三:某家具厂喷漆废气治理工程

1.工程设计

(1)工程概况

某家具厂位于沿海某市,是一家集研发、生产、销售为一体的大型专业家具工艺品制造企业。该厂废气主要来自水帘柜喷漆过程中产生的有机废气。废气中污染物主要含有悬浮颗粒物、芳香族化合物、苯、甲苯、二甲苯等。

根据该市《关于开展家具制造企业挥发性有机化合物污染治理的通知》,为了保护大气环境,该厂特委托相关设计单位为其车间产生的喷漆废气设计治理设施。经对该公司现场情况的了解,设计单位根据该厂废气排放的具体情况及排放量设计相应治理方案。

(2)设计范围

根据厂方要求,设计单位承担该厂废气治理的工艺、设备、风管、电气的设计,包括设备的选型、制作、购买、安装、运行调试和培训操作人员。

(3)设计原则

①认真贯彻执行国家关于环境保护的方针政策,遵守国家有关法规、规范、标准。

②根据气体污染程度及有害物质治理要求,选择合适的工艺路线,要求处理技术先进、处理后的气体质量达到排放标准,运行稳定、可靠。

③合理利用场地，整个工程具有布局合理、占地空间小、外形结构美观、投资小等特点。

④设备选型要综合考虑性能，要求高效、节能，运行成本低、设备使用寿命长，维护简单，管理方便。

(4)设计参数与指标

①处理风量

根据现场勘察，该厂有 5 座水帘柜，其中有 3 座投入使用，表面尺寸为 5.7 m×3.0 m，单套产生的最大废气量为 18000 m^3/h，总废气量为 54000 m^3/h，设计处理量为 54000 m^3/h。

②污染物成分及浓度

根据经验并参照同类型废气污染物浓度特点，该厂车间废气污染物浓度：颗粒物约为 200～350 mg/m^3；苯约为 20～30 mg/m^3；甲苯约为 80～120 mg/m^3；二甲苯约为 100～150 mg/m^3。

③排放标准

现有源自标准实施之日(2010 年 11 月 1 日)起按表 3-7 规定执行第Ⅰ时段标准，自 2012 年 6 月 1 日起按表 3-7 规定执行第Ⅱ时段标准。新源自本标准实施之日起按表 3-11 规定执行第Ⅱ时段标准。

表 3-11 企业排气筒 VOCs 排放限值

污染物	最高允许排放浓度(mg/m^3)		最高允许排放速率(kg/h)	
	Ⅰ时段	Ⅱ时段	Ⅰ时段	Ⅱ时段
苯	1	1	0.36	0.36
甲苯与二甲苯合计	40	20	1.2	0.96
总 VOCs	80	40	3.6	2.9

(5)废气处理工艺比选

有机废气的处理方法种类繁多，特点各异，常用的有水喷淋法、冷凝法、吸收法、燃烧法、催化法、吸附法等。

①水喷淋法

该法在大气污染处理上有着广泛的应用，在喷涂工序中也得到使用，如水帘柜就是一例，原理是通过用水喷淋废气，将废气中的水溶性或大颗粒成分沉降下来，达到污染物与洁净气体分离的目的。该法具有水资源易得，同时经过过滤、沉淀后可回用，最大限度降低水资源的浪费等优点。水喷淋法处理大颗粒成分效率很高，常作为废气处理的预处理方法。

②冷凝回收法

该法将废气直接冷凝或吸附浓缩后冷凝，冷凝液经分离回收有价值的有机物。该法用于浓度高、温度低、风量小的废气处理，但存在投资大、能耗高、运行费用大等缺点，因此无特殊需要，一般不采用此法。

③吸收法

吸收法分为化学吸收和物理吸收，但"三苯"废气化学活性低，一般不采用化学吸收。物理吸收选用具有较小挥发性的液体吸收剂（它与被吸收组分有较高的亲和力），吸收饱和后经加热解析冷却后重新使用。该法适合大气量、温度低、浓度低的废气，但存在装置复杂、投资大，吸收液的选用比较困难，且有二次污染等缺点。

④直接燃烧法

该法是利用燃气或燃油等辅助燃料燃烧放出的热量将混合气体加热到一定温度（700～800℃），驻留一定的时间，使可燃的有害气体燃烧。该法工艺简单、设备投资少，但能耗大、运行成本高。

⑤催化燃烧法

该法是将废气加热到200～300℃经过催化床燃烧，达到净化目的。该法能耗低、净化率高、无二次污染、工艺简单操作方便，适用于高温高浓度的有机废气治理，不适用于低浓度、大风量的有机废气治理。

⑥吸附法

吸附法分为直接吸附法和吸附回收法。直接吸附法是有机气体直接通过活性炭，达到95%的净化率，设备简单、投资小、操作方便，但需经常更换活性炭，用于浓度低、污染物不需回收的场合。吸附回收法是有机气体经活性炭吸附，活性炭饱和后用热空气进行脱附再生。

经过比较，考虑该家具厂的生产特点及规律，欲采用水喷淋预处理（主要处理漆雾、漆粉）、吸附—脱附—催化燃烧法深度净化的工艺来治理该家具厂的有机废气。

(6)废气治理方案

①工艺流程

该废气源属于大风量、低浓度的有机混合气体。在抽风过程中有少量漆雾颗粒物，必须进行预处理才能使废气进入到吸附催化净化装置，设计采用预处理设备即水洗及干式过滤器，确保颗粒的净化效果达到98%（80%）以上，吸附系统采用活性炭。具体处理工艺流程见图3-18。

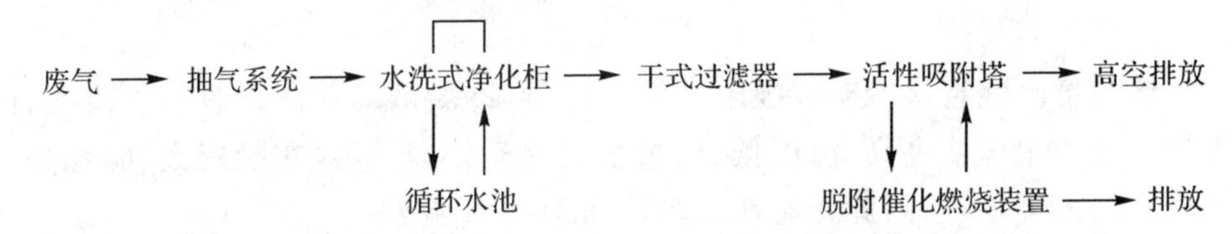

图 3-18 家具厂废气处理工艺流程

设备型号:HXC—2000 型系列化吸附—催化净化装置。工作方式:吸附系统与脱附催化燃烧系统间断交替。

②主要设备简介

a.水洗式净化柜系统。水洗式净化柜内装有若干层挡板,废气由进气口进入,柜内顶部装有旋转喷头,废气进入净化柜因水喷淋冲涤作用,且经过层层挡板逐板净化,废气中的颗粒物进入水中而去除,水体自流进入循环水池。循环水池的水使用一段时间后排入废水处理系统(或委托有资质的公司回收处理)。

b.干式过滤器。为防止水及漆雾进入活性炭吸附塔吸附层,该系统设计两层干式过滤系统,过滤料为棉网。

(Ⅰ)原理。设备采用双气路间断工作,设备吸附床吸附或脱附使用。含有机物的废气经风机的作用,经过活性炭吸附层,有机物质被活性炭特有的作用力截留在其内部,洁净气体排出;经过一段时间后,活性炭达到饱和状态,停止吸附,此时有机物已被浓缩在活性炭内。

催化净化装置内设加热室,启动加热装置,进入内部循环;当热气源达到有机物的沸点时,有机物从活性炭内跑出来,进入催化室进行催化,分解成 CO_2 和 H_2O,同时释放出能量。利用释放出的能量再进入吸附床脱附时,此时加热装置完全停止工作,有机废气在催化燃烧室内维持自燃,尾气再生,循环进行,直至有机物完全从活性炭内部分离,至催化室分解。活性炭得到了再生,有机物得到了催化分解处理。

(Ⅱ)技术性能及特点

(ⅰ)该设备设计原理先进,用材独特,性能稳定,操作简单,安全可靠,无二次污染,占地面积小、质量轻。吸附床采用抽屉式结构,装填方便,更换容易。

(ⅱ)采用新型的活性炭吸附材料——蜂窝状活性炭,其与粒(棒)状相比具有优势的热力学性能,低阻低耗,高吸附率等,适合于大风量下使用。

(ⅲ)催化燃烧室采用陶瓷蜂窝体的贵金属催化剂,阻力小,用低压风机就可正常运转,不但耗电少,且噪声低。

(ⅳ)催化燃烧装置的风量是废气源风量的 1/10,同时加热功率维持时间为 1 h 左右,节约能源。

(Ⅴ)吸附有机物废气的活性炭床,可用催化燃烧处理废气产生的热量进行脱附再生,脱附后的气体再送入催化燃烧室净化,不需外加能量,运行费用低,节能效果显著。

(Ⅲ)催化燃烧装置。催化燃烧法是利用催化剂作中间体,使有机气体在较低温度下,变成水和二氧化碳气体,即

$$C_nH_m + (n + \frac{m}{4})O_2 \xrightarrow[\text{催化剂}]{200 \sim 300℃} nCO_2 + \frac{m}{2}H_2O + \text{热量}$$

将烘干室的有机废气通过引风机作用送入净化装置,先通过阻火型除尘器,然后进入换热器,再送入到加热室;通过加热装置,使气体达到燃烧反应的温度;再通过催化床的作用,使有机气体分解成二氧化碳和水;再进入换热器与低温气体进行热交换,使进入的气体温度升高达到反应温度。如达不到反应温度,加热系统就可以通过自控系统实现补偿加热,使它完全燃烧,这样节省了能源,且废气有效去除率达到97%以上,符合国家排放标准。

本装置由主机、引风机及电控柜组成,主机由换热器、催化床、电加热元件、阻火型除尘器和防爆装置等组成,阻火型除尘器位于进气管道上,防爆装置设在主机的顶部,其工艺流程示意如图3-19所示。

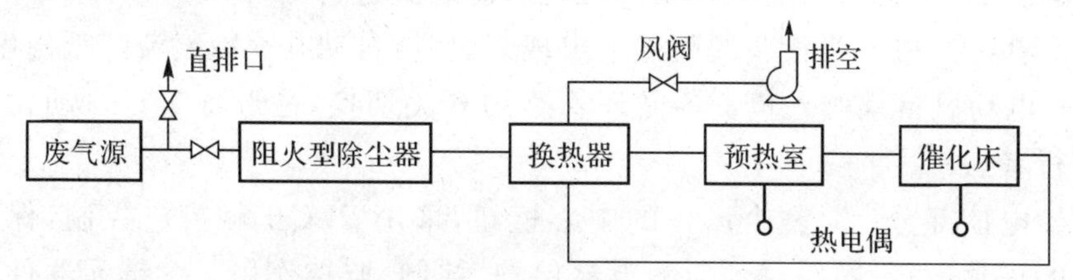

图3-19 催化燃烧装置工艺流程示意

废气源:直排口废气源应留有直接排放管路,用阀门控制,必要时使废气直接排空(如净化装置检修时)。

阻火型除尘器:由特制的多层金属网组成,可阻止火焰通过,过滤掉气体中较大的颗粒污物,是本净化装置的安全装置之一。

换热器:板式换热结构,利用催化反应放出的热量,加热进口废气,提高热能利用率,减少加热电能。

预热室:由燃烧器加热交换器预热后的废气,提高进气温度,达到催化反应条件。

热电偶:采用不锈钢保护管测量进气加热温度及净化温度。

催化床:这是本装置的核心,由多层蜂窝状催化剂组成。

防爆器:为膜片泄压方式,当运行出现异常时,可及时裂开泄压,防止意外

事故发生。

风机:采用后引风式,使本装置在负压下工作。

阀门:控制调节气体流量大小。

③主要部件说明

a. 吸附箱体。是整个装置第一个主循环的主要部件及核心工序,内装活性炭层及各种气流分布器等,以浓缩净化有机废气;活性炭由抽屉装填,更换极其方便。

b. 催化净化装置。该装置是将浓缩的有机废气引入分解的主要设备。有机废气经内装的加热装置从活性炭层中将有机物分离后,通过催化剂的作用分解成 CO_2 和 H_2O,同时释放能量,由热交换器置换能量,用于维持设备自燃的能源。同时也是烘干炉高温废气处理设备。热交换器和催化室体采用 SUS304 不锈钢板制作,电加热为不锈钢翅片式。

c. 主排风机。第一循环系统的一个主要部件,引导废气在设定的通道中运行。

d. 脱附风机。第二循环系统的一个主要部件,负责将热气流引入吸附箱脱附有机物,同时又将有机物引入催化燃烧装置进行分解。

e. 补冷风机。当设备脱附气流出现高温时,自动补充冷气流降低温度。

f. 电动风量蝶阀。负责各循环管路的开关切换,是设备实行自动化控制的执行者。

g. 电控部分。是整个设备的中心枢纽,采用 PLC+触摸屏控制,保证各设备的正常运行,同时对各动力点起保护、控制、监控作用。关键元器件采用进口产品。

h. 管路。是废气源、洁净气源的通道。直排及排风管道的标高为 15 m。

④设计参数

a. 进风风管

风管流速:10～12 m/s。

工艺尺寸:700 mm×700 mm。

材质:1.0 mm 镀锌板。

数量:3 条。

b. 水洗净化柜。本系统设计进风口风速为 15 m/s;每套系统的设计处理量为 18000 m^3/h,共 3 套系统。每套系统设计参数如下:

外形尺寸:4920 mm×2320 mm×1900 mm。

材质:1.5 mm 镀锌板。

PP 喷头:120 个。

空塔风速:1.2 m/s。

压力损失:$\Delta P=600$ Pa。

c. 干式过滤器

外形尺寸:2310 mm×900 mm×500 mm。

材质:1.5 mm 镀锌板。

压力损失:$\Delta P=100$ Pa。

过滤材料:网棉。

d. 活性炭吸附塔。本系统设计活性炭表面进风风速为 0.6 m/s;每座系统的设计处理量为 18000 m^3/h,共 3 座系统。每座系统设计参数如下:

外形尺寸:2300 mm×4000 mm×3200 mm。

过滤面积:9.2 m^2。

活性炭类型:蜂窝状活性炭。

活性炭过滤层:2 层。

过滤层厚度:250 mm。

e. 催化燃烧装置。1 套脱附催化燃烧系统,处理量为 2000 m^3/h,共设计 3 套,3 套交替使用。总功率:64 kW。

f. 排风风管

风管流速:10～12 m/s。

工艺尺寸:700 mm×700 mm。

材质:1.0 mm 镀锌板。

数量:3 条。

g. 采样平台及采样口

采样口尺寸:150 mm×150 mm。

采样平台:钢质。

护栏安全高度:1.05 m。

h. 车间抽风机

型号:4—72NO 7C。

功率:15 kW。

风量:$Q=18360$ m^3/h。

风压:1656 Pa。

转速:1600 r/min。

数量:3 台。

i. 补冷风机

型号：4—72NO 3.6A。

功率：3 kW。

风量：$Q=3045\ m^3/h$。

风压：1531 Pa。

转速：2900 r/min。

数量：1 台。

j. 管道泵

型号：GD65—19 。

流量：$Q=25\ m^3/h$。

扬程：$H=19$ m。

功率：2.2 kW。

⑤方案实施说明及参数

a. 处理设备型号为 HXC—200 型的吸附催化净化装置。设备采用单个吸附箱。整个脱附系统采用多点温度控制保证设备的脱附效果，活性炭使用寿命为 1～2 年。

b. 脱附设备采用 HC—Ⅲ型催化净化装置，内采用 SUS304 制作，电加热元件采用翅片式不锈钢材质，脱附时间为 4～5 h，内部装填的蜂窝状陶瓷催化剂使用寿命为 8000 h。

c. 过滤器采用框架式结构，过滤材料采用玻璃过滤棉，更换方便，同时在过滤棉两侧装有指针式压差计并可报警。

d. 管路中的阀门均采用气动风量蝶阀控制。该设备共由两个系统组成：一是吸附系统；二是脱附系统。内部之间自动切换。

e. 设备设有多种安全设施，如风机过载保护、超温保护。

f. 正常使用时能耗低。由于采用的是蜂窝状活性炭，其阻力低，所以使用过程中的能耗低，与正常送排风功率相等，不会给用户增加费用。

2. 案例评析

本工程采用水洗—吸附—脱附—催化工艺治理家具厂的有机废气，效果很好，有机废气治理后均能达标排放。整套处理装置运行稳定，管理方便，维护工作量小，可靠性高。经设备运转显示，虽然用了水洗工艺，但因干式过滤器滤水效果好，所以没有风机出现带水现象。治理过程中，废水循环使用，运行费用低，易操作。本案例可作为参考。

本工程的缺陷在于循环水池中有一定的污泥，需要清理。

4

固体废弃物处理与处置工程设计案例

4.1 固体废弃物处理与处置工程设计的基本内容和要求

固体废弃物处理与处置工程因涉及对象较多,而且处理工艺差别很大,没有统一的设计格式可循,其基本内容和要求主要有:

(1)设计方案简介　对给定或选定的工艺方案或主要构筑物(设备)进行必要的介绍和论述。

(2)主要工艺和构筑物(设备)计算　包括工艺参数选定、工艺计算、物料衡算、热量衡算、主要构筑物(设备)工艺尺寸设计计算和结构设计等。

(3)主要辅助设备选型和设计　包括典型辅助设备的设计计算和结构设计、设备型号和规格的确定等。

(4)工艺流程图、高程图或设备结构图绘制　标出主体构筑物(设备)和辅助设备的物料流向、流量、主要参数;构筑物(设备)图应包括工艺尺寸、技术特性表、接管表等。

(5)工程施工图　完整的工程设计由设计说明书和图纸两部分组成。设计说明书是设计工作的核心部分、书面总结,也是后续设计和安装工作的主要依据,应包括以下内容。

①封面;

②目录；
③设计任务书；
④概述(设计的目的、意义)；
⑤设计条件或基本数据；
⑥设计计算；
⑦构筑物(设备)结构设计与说明；
⑧辅助设备设计和选型；
⑨设计结果总汇表；
⑩设计说明书后附结论和建议、参考文献、致谢；
⑪工程设计图。

4.2 固体废弃物处理与处置工程设计案例一：垃圾卫生填埋工程设计

4.2.1 设计任务

1. 设计名称

设计名称：某城市生活垃圾卫生填埋场设计。根据相关规划，拟在某城市建立一个为10000人服务的垃圾卫生填埋场，垃圾填埋场的设计服务年限为10年。

2. 设计原始资料

(1)该城市人口数量为260万，垃圾产量为1.0～1.5 kg/(人·d)，垃圾压实密度为800 kg/m^3。

(2)气象资料：该城市位于我国南方，属亚热带季风气候，季风明显，降水充沛，四季分明，无霜期长。该市多年平均气温为17℃，多年平均降水量为1577 mm，日最大降雨量达为160 mm。该城市年主导风向为偏北风。

(3)场址概况：填埋场库区周围汇水面积为0.6 m^2。场底表土厚度为0.5～4.6 m不等，平均2.2 m。土壤渗透系数为6.0×10^{-4} m/s。场址地下水稳定水位埋深0.8 m。

3. 设计的任务

本次设计的目标是对某城市生活垃圾卫生填埋场进行设计，其主要内容包括以下几个方面。

(1)垃圾处理工艺的选择。

(2)工程内容,包括工程组成和工程概要。

(3)垃圾填埋库区主体工程,包括填埋场库容计算,防渗工程、垃圾渗滤液产生量和收集系统(调节池),填埋气体产生量和导气系统。

(4)填埋场封场系统的设计、计算。

4. 基本要求

(1)在设计过程中,培养学生独立思考、独立工作的能力以及严肃认真的工作作风。

(2)通过本课程设计,使学生具有初步的综合运用知识的能力,收集资料和使用技术资料的能力,方案比较分析、论证的能力,设计计算的能力等,从而提高学生的工程素质和综合素质。

(3)设计说明书应内容完整、计算准确、论述简洁、文字通顺、条理清晰。

(4)设计图纸应能较好地表达设计意图,图面布局合理、图签规范、线条清晰、主次分明、粗细适当、数据标绘完整,符合制图标准及有关规定,并附有一定文字说明。

4.2.2 生活垃圾概述

1. 城市生活垃圾定义与特点

固体废物是指在生产、生活和其他活动中产生的丧失原有利用价值,或者虽未丧失利用价值但被抛弃或放弃的固态、半固态和置于容器中的气态的物品、物质,以及法律、行政法规规定纳入固体废物管理的物品、物质。固体废物有多种分类方法,依据《中华人民共和国固体废物污染环境防治法》(以下简称《固废法》),将固体废物分为生活垃圾、工业固体废物和危险废物3类。

生活垃圾,是指在日常生活中或者为日常生活提供服务的活动中产生的固体废物,以及法律、行政法规规定视为生活垃圾的固体废物。根据该定义,生活垃圾包括城市生活垃圾和农村生活垃圾。

城市生活垃圾又称为城市固体废物,是指在城市居民日常生活中或为城市日常生活提供服务的活动中产生的固体废物,主要成分包括厨余物、废纸废塑料、废织物、废金属、废玻璃陶瓷碎片、庭院废物、砖瓦渣土,以及废旧家具器皿、废旧电器、废旧办公用品、废日杂用品、给水排水污泥等。城市生活垃圾主要产自城市居民家庭、城市商业、餐饮业、旅馆业、旅游业、服务业、市政环卫系统、城市交通运输、文教卫生团体和行政事业单位、工矿企业单位等。城市生活垃圾的主要特点是成分复杂,有机物含量高。表4-1列出了根据国家发达程度对垃圾的密度、含水率和热值的比较。

表 4-1 3 种类型国家垃圾密度、含水率和热值

<table>
<tr><th>国家类型</th><th>垃圾密度(kg/m³)</th><th>含水率(%)</th><th>热值(kJ)</th></tr>
<tr><td>发达国家</td><td>100～150</td><td>20～40</td><td>6300～10000</td></tr>
<tr><td>中等收入国家</td><td>200～400</td><td>40～60</td><td rowspan="2">≤4200</td></tr>
<tr><td>低收入国家</td><td>250～500</td><td>40～70</td></tr>
</table>

2. 城市生活垃圾的管理原则

我国的《固废法》中明确指出，“国家对固体废物污染环境的防治，实行减少固体废物产生、充分合理利用固体废物和无害化处置固体废物的原则”，即减量化、资源化、无害化的“三化”原则。

减量化是指通过采用合理的管理和技术手段，减少固体废物的产生量和排放量，以最大限度地合理开发资源和能源。减量化是防止固体废物污染环境的首先要求和措施。目前，我国城市生活垃圾的产生量十分巨大，超过 1×10^8 t/a。如果采取措施，尽可能减少城市生活垃圾的产生和排放，就可以在源头上直接减少城市生活垃圾对人体健康的危害，最大限度地合理开发利用资源和能源。

资源化是指采取管理和工艺措施从固体废物中回收物质和能源，加速物质和能源的循环，创造经济价值的广泛的技术方法。从城市生活垃圾管理的角度，资源化的定义包括 3 个范畴：物质回收，即从处理的城市生活垃圾中回收一定的二次物质，如纸张、玻璃、金属等；物质转换，即利用废弃物制取新形态的物质，如利用废玻璃和废橡胶生产建筑材料；能量转换，即从废物处理过程中回收能量，以生产热能或电能，如通过城市生活垃圾的焚烧处理回收热量，用于供热或发电。

无害化是指对已产生又无法或暂时尚不能综合利用的固体物质，经过物理、化学或生物方法，进行对环境无害或低害的安全处理、处置，达到废物的消毒、解毒并减少固体废物的污染危害。

3. 城市生活垃圾的处理处置方法

城市生活垃圾的处理与处置主要有生物处理、热处理和卫生填埋 3 种方法。

(1)生物处理　城市生活垃圾的生物处理是指通过微生物的好氧或厌氧作用，使其中可降解有机物组分转化为稳定的产物、能源或其他有用物质的处理技术。城市生活垃圾的生物处理包括堆肥化、厌氧消化等，其中，堆肥化作为大规模处理城市生活垃圾的生物处理技术得到了广泛应用。

堆肥化是在控制条件下，利用自然界广泛分布的细菌、放线菌、真菌等微

生物，促进来源生物的有机废物发生生物稳定作用，使可被生物降解的有机物转化为稳定的腐殖质的生物化学过程。堆肥化系统的分类：按温度分为中温堆肥和高温堆肥；按技术分为露天堆肥和机械密封堆肥。

(2) 热处理　城市生活垃圾的热处理是在装有城市生活垃圾的设备中通过高温使其中的有机废物分解并深度氧化，从而改变其物理、化学或生物组成和特性的处理技术。

城市生活垃圾的热处理技术包括焚烧、热解、熔融、烧结和湿式氧化等，其中，焚烧是城市生活垃圾最常用的热处理技术。焚烧是以一定量的过剩空气与被处理的生活垃圾中的有机废物在焚烧炉内进行氧化燃烧反应，使有机物转换为无机物，同时减少废物体积。

(3)卫生填埋　卫生填埋是通过采取防渗、铺平、压实、覆盖，对城市生活垃圾进行处理和对气体、渗滤液、蝇虫等进行治理的垃圾处理方法。

几种处理方法中，现代卫生填埋技术作为城市生活垃圾的最终处置技术，在世界范围内得到了广泛应用。即使在发达国家，如美国、英国、德国等大多数工业化国家，目前仍有70%～95%的城市生活垃圾采用卫生填埋。我国作为发展中国家，卫生填埋在城市生活垃圾最终处理处置技术中所占的比例更高。

4.2.3 填埋场的选址

1. 填埋场选址的基本原则

场址的选择是卫生填埋场全面设计规划的第一步。影响选址的因素很多，主要应从过程学、环境学、经济学、法律和社会学等方面来考虑。这些选择要求相辅相成，主要遵循两条原则：一是从防止环境污染角度考虑的安全原则；二是从经济角度考虑的经济合理原则。

安全原则是选址的基本原则。维护场地的安全性，要防止场地对大气的污染、对地表水的污染，尤其是要防止渗滤水释放对地下水的污染。因此，防止地下水的污染是场地选择时考虑的重点。

经济原则对选址也有相当大的影响。场地的经济问题是一个比较复杂的问题，它与场地的规模、容量、征地费用、运输费、操作费等多种因素有关。合理的选址可充分利用场地的天然地形条件，尽可能减少挖掘方量，降低场地施工造价。

2. 选址的考虑因素

填埋场的选址总原则应以合理的技术、经济方案，尽量少的投资，达到最理想的经济效益，实现保护环境的目的。必须加以考虑的因素有运输距离、场址限制条件、可以使用的土地容积、入场道路、地形和土壤条件、气候、地表和水文条件、当地环境条件以及填埋场封场后场地是否可被利用。

3.选址的条件

填埋场选址时应考虑以下因素：

(1)填埋场场址设置应符合当地城市建设总体规划要求，符合当地城市区域环境总体规划要求，符合当地城市环境卫生事业发展规划要求。

(2)填埋场对周围环境不应产生污染或对周围环境影响不超过国家相关现行标准的规定；

(3)填埋场应与当地的大气防护、水资源保护、大自然保护及生态平衡要求相一致；

(4)填埋场应具备相应的库容，使用年限宜10年以上，特殊情况下不应低于8年。

选址的限制条件包括：①填埋场场址不应选在城市工农业发展规划区、农业保护区、自然保护区、风景名胜区、文物(考古)保护区、生活饮用水水源保护区、供水远景规划区、矿产资源储备区、军事要地、国家保密地区；②填埋场厂址不应设在洪泛区、淤泥区、距居民居住区域或人畜供水点500 m以内的地区、直接与河流或湖泊相距50 m以内的地区、活动的坍塌地带、地下蕴矿区、灰岩坑及岩洞区。

4.厂址确定

该地区主导风向为偏北风，因此生活和管理设施宜集中布置并处于夏季主导风向的上风向，即垃圾填埋场的偏北角，以减少填埋场对居民生产生活的影响。

5.填埋库容计算

该填埋场采用平原型填埋，每年所需的场地体积为

$$V_n = \text{填埋垃圾量} + \text{覆盖土量} = (1-f) \times \frac{365W}{\rho} + \frac{365W}{\rho} \times \varphi$$

式中，V_n 为第 n 年垃圾填埋容量，m^3；f 为体积减小率，与垃圾组分有关，一般取0.15～0.25；W 为每日计划填埋废物量，kg/d；φ 为填埋时覆土面积占废物的比率，取0.15～0.25；ρ 为垃圾压实后的平均容重，kg/m^3。

每日计划填埋废物量 W：

$$W = w \times P = 1.2 \times 1 \times 10^4 = 1.2 \times 10^4 \text{(kg/d)}$$

式中，w 为垃圾产生率，kg/(d·人)，取1.2 kg/(d·人)；P 为城市人口。

根据上式，f 取 0.2，r 取 800 kg/m^3，φ 取 0.16，则第一年填埋的固体废物体积 V_1 为

$$V_1=(1-0.2)\times\frac{365\times1.2\times10^4}{800}+\frac{365\times1.2\times10^4}{800}\times0.16=52560(\mathrm{m}^3)$$

设该城市生活垃圾的年增长速率为 8%，则第一年至第十年废物体积的计算结果见表 4-2。

表 4-2 垃圾填埋场历年所需的场地体积

年度	第一年	第二年	第三年	第四年	第五年
废物体积(m^3)	52560.0	56764.8	61306.0	66210.5	71507.4
年度	第六年	第七年	第八年	第九年	第十年
废物体积(m^3)	77228.0	83406.3	90078.8	97285.1	105067.9

(1) 该卫生填埋场总的场地体积 V_t

$$V_t=\sum_{n=1}^{N}V_n=V_1+V_2+\cdots+V_{10}$$
$$=52560.0+56764.8+\cdots+105067.9\approx761415(\mathrm{m}^3)$$

(2) 填埋场总面积 A

$$A=\kappa\times\frac{V}{H}$$

式中，H 为垃圾填埋深度，m；κ 为修正系数，取值范围为 1.05～1.20。

填埋场预计填埋深度取 10 m，κ 取 1.1，则

$$A=\kappa\times\frac{V}{H}=1.1\times\frac{761415}{10}=83756(\mathrm{m}^2)$$

$$A=L\times B$$

式中，L 为填埋场长度，m；B 为填埋场宽度，m。

(3)填埋场宽度 B

设 L 取 300 m，则

$$B=\frac{A}{L}=\frac{83756}{300}=279.2\approx280(\mathrm{m})$$

4.2.4 填埋场基础工程与防渗

1. 场底基础工程

根据《生活垃圾卫生填埋技术规范》(CJJ 17—2004)的规定，卫生填埋场底地基应是具有承载能力的自然土层或经过碾压、夯实的平稳层，且不应因填埋场垃圾的沉陷而使场底变形、断裂。场底基础表面经碾压后，方可在其上贴

铺人工衬里。

《生活垃圾卫生填埋技术规范》还规定场底应有纵、横向坡度。纵横坡度宜在2%以上，以利于渗滤液的导流。由于填埋场长度达到300 m，如按2%坡度进行设计，则场区两端高差达6 m。受地下水埋深土方平衡及整体设计的影响，场区两端高差过大会造成较大的困难。实际设计建设中，垃圾卫生填埋场场底纵向主要坡度取1.3%，以保证渗滤液排放顺畅。

为确保填埋场安全，考虑到该填埋场土体条件较差，需要对其整形，对坑底及周围进行平整，取土同时作为坑四壁局部填土、每日覆盖用土和最终覆盖用土。填埋区底部按设计高程完成基底工程以后，底部要求平整，以利于防渗膜的铺设。

2.场区防渗工程

根据《生活垃圾卫生填埋技术规范》的规定，“填埋场必须进行防渗处理，防止对地下水和地表水的污染，同时还应防止地下水进入填埋区”。防渗工程是卫生填埋场的重要工程，主要作用有：①将填埋场内外隔绝，防止渗滤液进入地下水；②阻止场外地表水、地下水进入垃圾填埋场以减少渗滤液的产生量；③有利于填埋气体的收集和利用。防渗一般分为天然防渗和人工防渗。

(1)天然防渗　天然防渗是指在填埋场填埋库区，具有天然防渗层，其隔水性能完全达到填埋场防渗要求，不需要采用人工合成材料进行防渗。天然防渗的填埋场场地一般位于黏土和膨润土的土层中。《生活垃圾卫生填埋场防渗系统工程技术规范》(CJJ 113—2007)对天然防渗的要求：天然黏土类衬里及改性黏土类衬里的渗透系数不应大于1.0×10^{-7} cm/s，且场底及四壁衬里厚度不应小于2 cm。

(2)人工防渗　根据《生活垃圾卫生填埋技术规范》的规定，“填埋场必须防止对地下水的污染，不具备自然防渗条件的填埋场和因填埋垃圾可能引起污染地下水的填埋场，必须进行人工防渗，即场底及四壁用防渗材料作防渗处理”。

当填埋场不具备黏土类衬里或改良土衬里的防渗要求时，需采用人工合成材料进行防渗的方式。《生活垃圾卫生填埋场防渗系统工程技术规范》对人工防渗的要求：在填埋库区底部及四壁铺设高密度聚乙烯(HDPE)土工膜作为防渗衬里时，膜厚度不应小于1.5 mm，并应符合填埋场防渗的材料性能和现行国家相关标准的要求。

①防渗材料　防渗材料有多种类型，目前常用的主要有两类：黏土与人工合成材料。黏土除天然黏土外，还有改良膨润土等；人工合成材料种类很多，

如高密度聚氯乙烯(HDPE)膜、低密度聚氯乙烯(LDPE)膜、聚氯乙烯(PVC)膜等。近20年来,国内外填埋场最常用的是高密度聚氯乙烯(HDPE)膜。实际上,大部分填埋场所选用的防渗层材料均是黏土和HDPE膜。压实黏土与HDPE膜的特点和性能见表4-3。

表 4-3 压实黏土与 HDPE 膜的特点和性能

材料	渗透系数(h_1=0.3 m)	对库容的影响	抗穿刺能力	应用范围
HDPE膜	10^{-13}～10^{-14}	较小	较差	整个基底层防渗
压实黏土	10^{-6}～10^{-7}	较大	较好	场底防渗

② 防渗系统构造　根据《生活垃圾卫生填埋场防渗系统工程技术规范》的规定,防渗结构的类型应分为单层防渗结构和双层防渗结构。

单层防渗结构的层次从上至下为渗滤液收集导排系统、防渗层(含防渗材料及保护材料)、基础层、地下水收集导排系统。单层防渗结构的设计包括4种类型:HDPE膜+压实土壤复合防渗结构(图4-1)、HDPE膜+GCL复合防渗结构(图4-2)、压实土壤单层防渗结构(图4-3)和HDPE膜单层防渗结构(图4-4)。

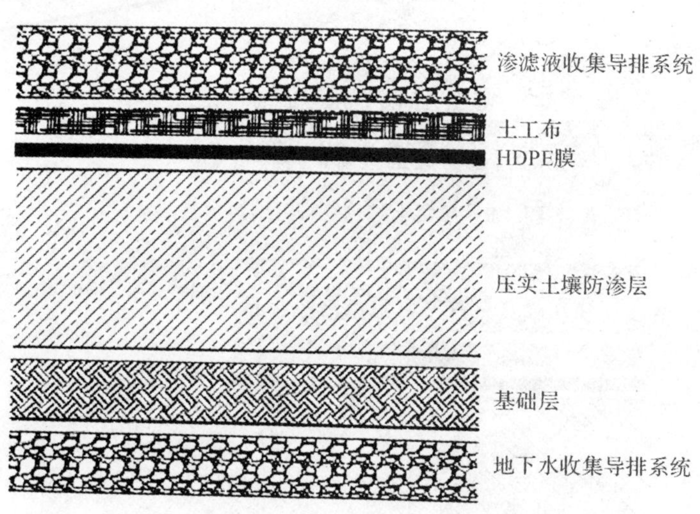

图 4-1　HDPE膜+压实土壤复合防渗结构示意图

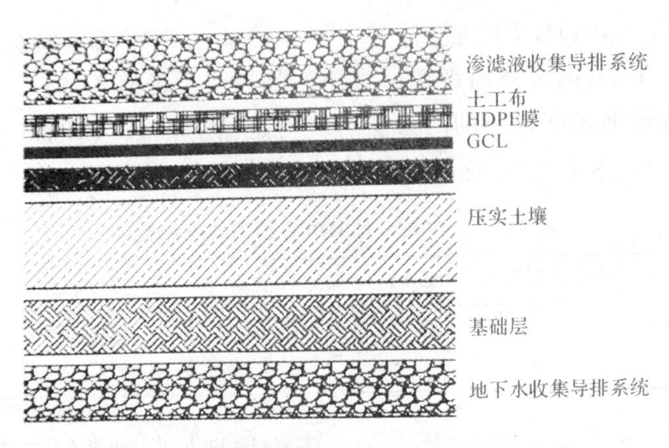

图 4-2　HDPE 膜＋GCL 复合防渗结构示意图

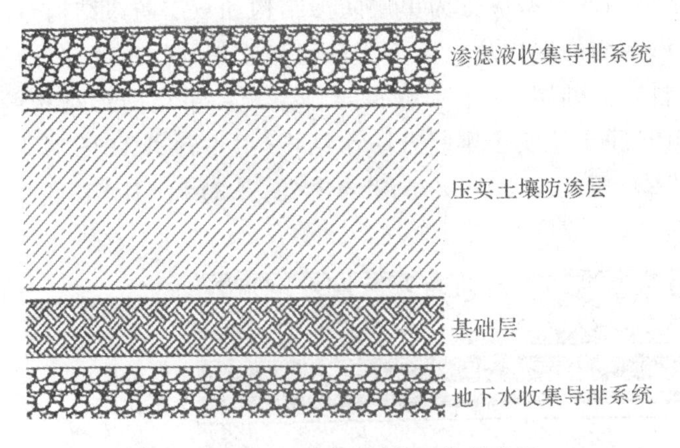

图 4-3　压实土壤单层防渗结构示意图

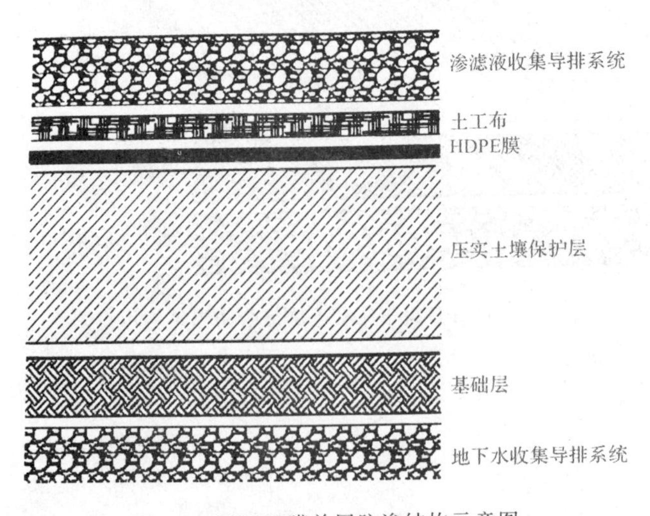

图 4-4　HDPE 膜单层防渗结构示意图

双层防渗结构的层次从上至下为渗滤液收集导排系统、主防渗层（含防渗材料及保护材料）、渗漏检测层、次防渗层（含防渗材料及保护材料）、基础层、地下水收集导排系统。双层防渗结构的设计如图 4-5 所示。

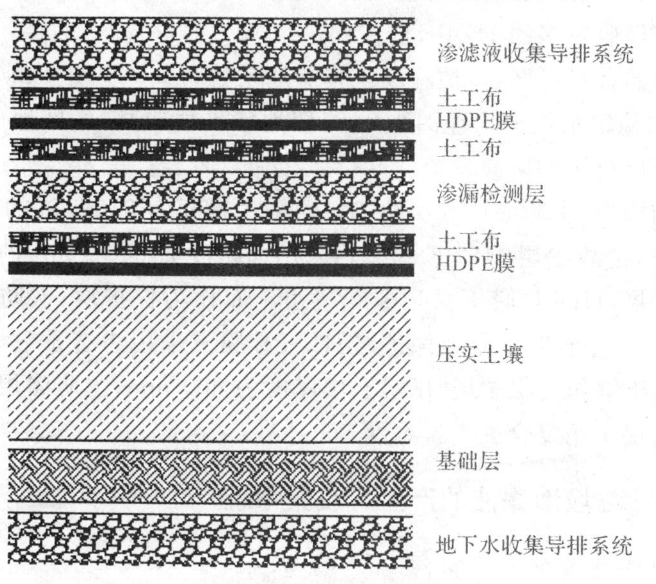

图 4-5　双层防渗结构示意图

③ 场地水平防渗系统方案比选　《生活垃圾卫生填埋场防渗系统工程技术规范》规定，防渗层设计应符合下列要求：

a. 能有效地阻止渗滤液透过，以保护地下水不受污染；

b. 具有相应的物理力学性能；

c. 具有相应的抗化学腐蚀能力；

d. 具有相应的抗老化能力；

e. 应覆盖垃圾填埋场场底和四周边坡，形成完整、有效的防水屏障。

由本设计中根据所给的原始资料可以知道：土壤渗透系数为 6.0×10^{-4} m/s，大于 10^{-5} m/s，属于渗漏性场地。

场区地下水位较低，离地面仅 0.8 m，此填埋场没有独立的水文地质单位，也无不透水层或弱透水层，因此也属于渗透性场地，故不宜采用水平防渗系统。

由于度量黏土衬层渗透性的主要指标是渗透系数，根据《城市生活垃圾卫生填埋技术规范》，天然黏土类衬里的渗透系数不应大于 10^{-7} cm/s，并且黏土层厚度要≥2 m。

因原始资料中并未给出当地土层中天然黏土的渗透系数，对比以上所介绍的3种防渗材料性能并考虑施工中常用的材料，故排除了用天然材料作衬垫层的方案，而选择人工合成防渗膜。在人工合成防渗膜中选用了性能较优、国内外使用经验较多的HDPE防渗膜。

根据原始资料可知，该填埋场土壤渗透系数为6.0×10^{-4} m/s，大于10^{-5} m/s，地下水稳定水位平均埋深0.8 m，即地下水位较高，场区地质条件不好，因此选择双层衬里的防渗系统。

防渗结构中，主防渗层和次防渗层均采用厚度为2.0 mm的HDPE膜作为防渗材料；主防渗层HDPE膜上均采用面密度为600 g/m^{2}的非织造土工布作为保护层，HDPE膜下采用非织造土工布作为保护层；次防渗层HDPE膜上采用非织造土工布作为保护层，HDPE膜下采用渗透系数$\leqslant1.0\times10^{-7}$ m/s的压实土壤作为保护层，压实土壤厚度为800 mm；主防渗层和次防渗层之间的排水层采用复合土工排水网。

4.2.5 垃圾渗滤液的产生与收集系统

1. 垃圾渗滤液概念和来源

垃圾渗滤液是指超过垃圾所覆盖土层饱和蓄水量和表面蒸发潜力的雨水进入填埋场地后，沥经垃圾层和所覆盖土层而产生的污水。渗滤液还包括垃圾自身所含的水分、垃圾分解所产生的水及浸入的地下水。

垃圾渗滤液主要有以下来源：

(1)降水渗入　降水包括降雨和降雪，是渗滤液产生的主要来源。

(2)外部地表水的渗入　包括地表径流和地表灌溉。

(3)地下水的渗入　渗滤液数量和性质与地下水同垃圾接触量、时间及流动方向等有关；当填埋场内渗滤液水位低于场外地下水水位，且没有设置防渗系统时，地下水就有可能渗入填埋场内。

(4)垃圾本身含有的水分　包括垃圾本身携带的水分以及从大气和雨水中吸附的水分。

(5)覆盖材料中的水分　与覆盖材料的类型、来源以及季节有关。

(6)垃圾在降解过程中产生的水分　与垃圾组成、pH值、温度和菌种等有关。垃圾中的有机组分在填埋场内分解时会产生水分。

2. 垃圾渗滤液的水质特征

垃圾渗滤液主要来源于降水和垃圾本身的内含水以及分解产生的水。垃圾渗滤液的主要污染成分包括有机物、氨氮和重金属等。其种类和浓度与垃圾分类、组分、填埋方式、填埋时间、填埋地点的水文地质条件、不同的季节和气候等密切相关。其水质主要呈现以下特征：

(1) 有机物的浓度高：对于新建的垃圾填埋场，大量挥发性酸的存在可能会产生高的 COD_{Cr} 和 BOD_5。

(2) BOD_5 与 COD_{Cr} 比值变化大：BOD_5/COD_{Cr} 值的高低与渗滤液处理工艺方法的选择密切相关。渗滤液 BOD_5/COD_{Cr} 值还与垃圾填埋场的使用年限有关。对“年轻”填埋场而言，其渗滤液多具有良好的可生化性，可采用生物方法加以处理；而对于“年老”填埋场，渗滤液的处理，必须考虑其可生化性随时间的变化。

(3) 金属含量高：垃圾渗滤液中含有 10 多种金属(重金属)离子，由于物理、化学、生物等作用，垃圾中的高价不溶性金属被转化为低价的可溶性金属离子而溶于渗滤液中，在处理过程中必须考虑对金属，尤其是重金属的去除。

(4) 营养元素比例失调，氨氮的含量高：随着填埋场使用年限增加，当进入产甲烷阶段后，渗滤液中的 NH_4^+ 浓度不断上升。另外，渗滤液中还存在溶解性磷酸盐不足、碱度较高、无机盐含量高的问题。

3. 渗滤液收集系统

(1) 收集系统的作用　渗滤液收集系统应保证在填埋场使用年限内正常运行，收集并将填埋场内渗滤液排至场外指定地点，避免渗滤液在填埋场底部蓄积。渗滤液的蓄积会引起下列问题：①场内水位升高导致垃圾体中污染物强烈浸出，从而使渗滤液中污染物浓度增高；②底部衬层上的静水压增加，导致渗滤液更多地渗漏到地下水土壤系统中；③填埋场的稳定性受到影响；④渗滤液有可能扩散到填埋场外。

(2) 收集系统的构造　渗滤液收集系统主要由渗滤液调节池、泵、输送管道和场底排水层组成。

① 排水层：场底排水层位于底部防渗层上面，由砂或砾石构成。当采用粗砂砾时，厚度为 30～100 cm，必须覆盖整个填埋场底部衬层，其水平渗透系数不应大于 0.1 m/s，坡度不小于 2%。

② 管道系统：一般穿孔管在填埋场内平行铺设，并位于衬层的最低处，且具有一定的纵向坡度，通常为 0.5%～2.0%。

③ 防渗衬层：由黏土与人工合成材料构筑，有一定的厚度，能阻止渗滤液下渗，并具有一定坡度，通常为 2%～5%。

④集水井、泵、检修设施以及监测和控制装置。

4.渗滤液的计算

(1) 渗滤液产生量的计算　渗滤液产生量的计算比较复杂，目前国内外已提出多种方法，主要有水量平衡法、经验公式法和经验统计法3种。水量平衡法综合考虑产生渗滤液的各种影响因素，依水量平衡和损益原理而建立；该法准确但需要较多的基础数据，而我国现阶段相关资料不完整的情况限制了该法的应用。经验统计法是以相邻相似地区的实测渗滤液产生量为依据，推算出本地区的渗滤液产生量；该法不确定因素太多，计算的结果较粗糙，不能作为渗滤液计算的主要手段，通常仅用来作为参考，不用作主要计算方法。经验公式法的相关参数易于确定，计算结果准确，在工程中应用较广。

渗滤液产生量的经验模型：

$$Q=\frac{1}{1000}C\times I\times A$$

式中，Q 为渗滤液水量，m^3/a；I 为降雨强度，mm；C 为浸出系数；A 为填埋面积，m^2。

由于填埋场中填埋施工区域和填埋完成后封场区域的地表状况不同，因此浸出系数也有较大差异。考虑填埋区和封场区的渗滤液产生量 Q：

$$Q=Q_1+Q_2=\frac{I(C_1A_1+C_2A_2)}{1000}$$

式中，Q_1 为填埋区渗滤液年产生量，m^3/a；Q_2 为封场区渗滤液年产生量，m^3/a；I 为降雨强度，mm；C_1 为填埋区浸出系数，一般取0.4～0.7；A_1 为填埋区汇水面积，m^2；C_2 为封场区浸出系数，$C_2=0.61\times C_1$；A_2 为封场区汇水面积，m^2。

填埋库区分为3块，分别进行填埋。因填埋场的服务年限为10年，3块填埋区的服务年限分别为4年、3年和3年。

①第一块填埋区的渗滤液产生量

第一块填埋区面积 A_1：

$$A_1=\kappa\frac{\sum_{n=1}^{4}V_n}{H}=1.1\times\frac{236841.3}{10}=26052.5(m^2)$$

取 $C_1=0.5$，$C_2=0.3$，则第一块填埋区填埋期间的渗滤液产生量 Q_1：

$$Q_1=\frac{IC_1A_1}{1000}\times4=\frac{1577\times0.5\times26052.5}{1000}\times4=82169.6(m^3)$$

第一块填埋区封场期间的渗滤液产生量 Q_2：

$$Q_2=\frac{IC_2A_2}{1000}\times6=\frac{1577\times0.3\times26052.5}{1000}\times6=73952.6(m^3)$$

第一块填埋区总的渗滤液产生量 Q_f：

$$Q_f = Q_1 + Q_2 = 82169.6 + 73952.6 = 156122.2(\text{m}^3)$$

②第二块填埋区的渗滤液产生量

第二块填埋区面积 A_2：

$$A_2 = \kappa \frac{\sum_{n=1}^{3} V_n}{H} = 1.1 \times \frac{232141.7}{10} = 25535.6\ (\text{m}^2)$$

C_1 和 C_2 分别取 0.5 和 0.3，则第二块填埋区填埋期间的渗滤液产生量 Q_1：

$$Q_1 = \frac{IC_1 A_2}{1000} \times 3 = \frac{1577 \times 0.5 \times 25535.6}{1000} \times 3 = 60404.5(\text{m}^3)$$

第二块填埋区封场期间的渗滤液产生量 Q_2：

$$Q_2 = \frac{IC_2 A_2}{1000} \times 3 = \frac{1577 \times 0.3 \times 25535.5}{1000} \times 3 = 36242.7(\text{m}^3)$$

第二块填埋区总的渗滤液产生量 Q_S：

$$Q_S = Q_1 + Q_2 = 60404.5 + 36242.7 = 96647.2(\text{m}^3)$$

③第三块填埋区的渗滤液产生量

第三块填埋区面积 A_3：

$$A_3 = \kappa \frac{\sum_{n=1}^{3} V_n}{H} = 1.1 \times \frac{292441.8}{10} = 32168.6\ (\text{m}^2)$$

则第三块填埋区填埋期间的渗滤液产生量 Q_1：

$$Q_1 = \frac{IC_1 A_3}{1000} \times 3 = \frac{1577 \times 0.5 \times 32168.6}{1000} \times 3 = 76094.8(\text{m}^3)$$

因 Q_2 为零，因此，第三块填埋区总的渗滤液产生量 Q_t：

$$Q_t = Q_1 = 76094.8(\text{m}^3)$$

渗滤液总产生量 Q：

$$Q = Q_f + Q_S + Q_t = 156122.2 + 96647.2 + 76094.8 = 328864.2(\text{m}^3)$$

渗滤液的年均产生量 Q_a：

$$Q_a = Q/10 = 32886.4(\text{m}^3)$$

(2)渗滤液调节池设计

最小调节池容积为

$$V \geqslant (Q_{\max} - Q) \times 5$$

式中，V 为调节池有效面积，m^3；$Q_{\max}$ 为设计最大渗滤液产生量，m^3/d；Q 为渗

滤液处理规模，m^3/d。

第一块填埋区填埋期间的渗滤液最大日产生量 Q_{m1}：

$$Q_{m1}=\frac{IC_1A_1}{1000}=\frac{160\times0.5\times26052.5}{1000}=2084.2(m^3/d)$$

第二块填埋区填埋期间的渗滤液最大日产生量 Q_{m2}：

$$\begin{aligned}Q_{m2}&=Q_1+Q_2=\frac{IC_2A_1}{1000}+\frac{IC_1A_2}{1000}\\&=\frac{160\times0.3\times26052.5}{1000}+\frac{160\times0.5\times25535.6}{1000}\\&=3293.4(m^3/d)\end{aligned}$$

第三块填埋区填埋期间的渗滤液最大日产生量 Q_{m3}：

$$\begin{aligned}Q_{m3}&=Q_1+Q_2+Q_3=\frac{IC_2A_1}{1000}+\frac{IC_2A_2}{1000}+\frac{IC_1A_3}{1000}\\&=\frac{160\times(0.3\times26052.5+0.3\times25535.6+0.5\times32168.6)}{1000}\\&=5049.7(m^3/d)\end{aligned}$$

因此，Q_{max} 取 5049.7 m^3/d。

渗滤液处理规模 $Q=800\ m^3/d$，则

$V\geqslant(Q_{max}-Q)\times5=(5049.7-800)\times5=21248(m^3)$（取 $V=21250\ m^3$）

调节池的有效水深 H 取 5 m，超高 0.5 m，则调节池的表面积 A：

$$A=\frac{V}{H}=\frac{21250}{5.5}=3863.6(m^2)（取\ A=3864\ m^2）$$

又因为调节池表面积 $A=L\times B$，调节池的宽度 B 为 50 m，则调节池的长度 L：

$$L=\frac{A}{B}=\frac{3864}{50}=77.3(m)（取\ L=80\ m）$$

调节池的实际尺寸：

$$L\times B\times H=80\ m\times50\ m\times5.5\ m$$

4.2.6 填埋气体的产生与收集处理

城市生活垃圾中含有大量的有机物，在垃圾卫生填埋过程中发生生物降解，降解过程最终产生的气体称作填埋气体。

填埋气体的生成是一个生物化学过程，在此过程中微生物将垃圾中的有机物分解产生二氧化碳（CO_2）、甲烷（CH_4）和其他气体。填埋气体主要分为两类：一类是主要气体；另一类是微量气体。填埋气体主要由生活垃圾中的有

机组分通过生化分解产生，主要含有 CH_4，CO_2，N_2，O_2，H_2S，NH_3，H_2 和 CO 等。填埋微量气体中许多为挥发性有机物（VOCs）。填埋气体的典型组成见表 4-4。

表 4-4 填埋气体的典型组成（体积分数）

填埋气体	CH_4	CO_2	N_2	O_2	H_2S	NH_3	H_2	CO	VOCs
组成（干重）(%)	45～50	40～60	2～5	0.1～1.0	0～1.0	0.1～1.0	0～0.2	0～0.2	0.01～0.6

填埋气体的典型特征为：温度为 43～49℃，相对密度约为 1.02～1.06，水蒸气含量达到饱和，热值范围为 15630～19537 kJ/m^3。

1. 填埋气体产量的预测

利用产气率模型计算填埋气体的实际产生速率和气体产生量。产气率是指在单位时间内产生的填埋气体总量，一般采用一阶产气速率动力学模型（Scholl Canyon 模型）计算填埋场产气速率。

第 t 年填埋场的产气速率：

$$q(t)=kY_0e^{-kt}$$

式中，$q(t)$ 为单位气体产生速率，$m^3/(t\cdot a)$；Y_0 为垃圾的实际产气量，m^3/t；k 为产气速率常数，a^{-1}。

垃圾的实际产气量可表示为

$$Y_0=M_tL_0$$

式中，M_t 为第 t 年所填垃圾量；L_0 为气体产生潜力，m^3/t。

L_0 和 k 的取值范围见表 4-5。

表 4-5 填埋场产气速率常数和气体产生潜力取值范围

参数	范围	建议值		
		潮湿气候	中湿度气候	干旱气候
$k(a^{-1})$	0.003～0.400	0.10～0.35	0.05～0.15	0.002～0.10
$L_0(m^3/t)$	0～312		140～180	

L_0 取 160 m^3/t，第一年生活垃圾的产气量：

$$Y_1=\frac{800\times52560}{1000}\times160=672768.0(m^3)$$

气体产气常数 k 取 0.1，则第一年填埋气体的产气速率：

$$q(t)=kY_0e^{-kt}=0.1\times672768.0\times e^{-0.1}=608745.7(m^3/a)$$

第一年至第十年的产气量和产气速率计算结果汇总于表 4-6。

表 4-6 填埋场产气速率和产气量

年度	产气速率(m^3/a)	产气量(m^3)	累计产气量(m^3)
第一年	608745.7	6727680.0	
第二年	1266191.0	7265894.4	13993574.4
第三年	1976232.1	7847168.0	21840742.4
第四年	2743076.7	8474944.0	30315686.4
第五年	3571269.7	9152947.2	39468633.6
第六年	4465718.1	9885184.0	49353817.6
第七年	5431723.1	10676006.4	60029824.0
第八年	6475008.5	11530086.4	71559910.4
第九年	7601756.6	12452492.8	84012403.2
第十年	8818644.5	13448691.2	97461094.4

2.填埋气体收集系统的设计与计算

填埋气体收集系统的作用是控制填埋气体在无控制状态下的迁移和释放,以减少填埋气体向大气的排放量和向地层的迁移,并为填埋气体的回收利用做准备。填埋气体收集系统可分为主动集气系统和被动集气系统。

被动集气系统包括排气井、水平管道等设施,它利用填埋场内气体产生的压力进行迁移,无须外加动力系统,具有结构简单、投资少的特点,适用于垃圾填埋量少、填埋深度浅、产气量低的小型垃圾填埋场。主动集气系统由抽气井、气体收集管、水汽凝结器和泵站、真空源、气体处理站、气体监测装置等组成,它采用抽真空的方法来控制气体运动,适用于大、中型卫生填埋气体的收集。

本设计采用主动集气系统对填埋气体进行收集。

填埋气体收集系统设计的第一步是对抽气井进行初步布置。抽气井的间隔是抽气是否有效的关键,抽气井的间隔应使各抽气井的影响区域重叠。最有效的抽气井布置通常为正三角形布置。正三角形布置抽气井井距可用下式来计算:

$$X=2r\cos 30^\circ$$

式中,X 为三角形布置井的间距;r 为影响半径。

本设计采用主动集气系统,根据规范井距为 90~100 m,取 90 m,则

$$r=\frac{X}{2\cos 30^\circ}=\frac{90}{2\cos 30^\circ}=51.96(\mathrm{m})\approx 52(\mathrm{m})$$

4.2.7 垃圾填埋场终场处理

根据《生活垃圾卫生填埋场封场技术规程》的规定,填埋场填埋作业至设

计终场标高或不再受纳垃圾而停止使用时，必须实施封场工程。垃圾填埋场在封场后，一般要30～50年才能完全稳定，达到无害化。该垃圾填埋场设计使用年限为10年，到期后需进行规范的封场覆盖、场址修复和严格的封场管理，以保障填埋场的安全运行。

填埋场封场工程应包括地表水径流、排水、防渗、渗滤液收集处理、填埋气体收集处理、堆体稳定、植被类型及覆盖等内容。

1.堆体整形与处理

垃圾堆体整形作业过程中，采用斜面分层作业法。堆体整形与处理后，垃圾堆体顶面坡度不应小于5%；边坡坡度大于10%时采用台阶式收坡，坡度每升2 m建一台阶；坡度大于20%而小于33%时，根据实际情况适当增加台阶。台阶宽度取2 m，高差为4 m。

2.终场覆盖

填埋场终场覆盖系统的基本功能是将垃圾与环境分离，减轻感官上的不良印象，避免为小动物或细菌提供滋生的场所，便于设备的使用和车辆的行驶，为植被的生长提供土壤，同时控制填埋气体的迁移扩散，并使地表水的渗入量最小化，从而减少渗滤液的产生。

《生活垃圾卫生填埋场封场技术规程》规定，填埋场封场必须建立完整的封场覆盖系统；封场覆盖系统结构由垃圾堆体表面至顶表面顺序应为：排气层、防渗层、排水层、植被层，如图4-6所示。

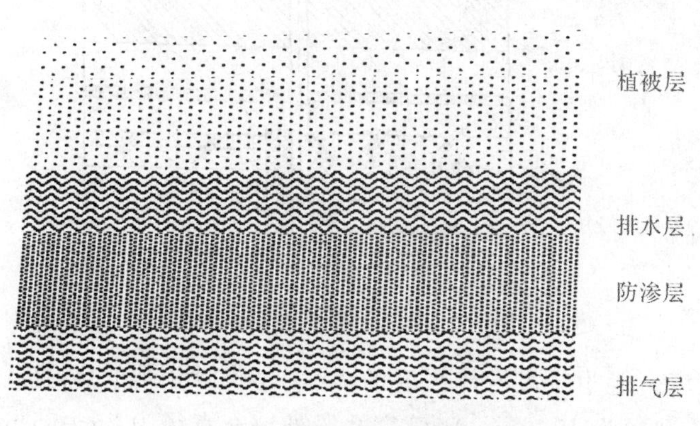

图4-6 封场覆盖系统结构示意图

(1)排气层 排气层的作用是控制填埋气体，将其导入填埋气体收集设施进行处理或利用。排气层采用粒径为25～50 mm、渗透系数$>1\times10^{-2}$ cm/s的粗砂或砾石，厚度为30 cm。气体导排层选用与导排性能等效的土工复合排水网或土工布。

(2)防渗层　防渗层的作用是防止入渗水进入填埋废物，并防止填埋气体逸离填埋场。防渗层选用由土工膜和压实黏性土组成的复合防渗层，其中，压实黏性土层的厚度为 30 cm，渗透系数$<1\times10^{-5}$ cm/s；土工膜应选择厚度不小于 1 mm 的 HDPE 膜或线性低密度聚乙烯土工膜(LLDPE)，渗透系数$<1\times10^{-7}$ cm/s。土工上下表面设置土工布。

(3)排水层　排水层的作用是排泄入渗的地表水等，降低入渗水对下部防渗层的水压力。排水层顶坡采用渗透系数$>1\times10^{-2}$ cm/s 的粗砂或砾石，厚度为 45 cm；边坡采用土工复合排水网，材料应有足够的导水性，保证施加于下层衬垫的水头小于排水层厚度。排水层与填埋库区四周的排水沟相连。

(4)植被层　植被层为填埋场最终的生态恢复层，有营养植被层和覆盖支持土层组成。营养植被层选用有利于植被生长的土壤或其他天然土层，厚度为 20cm；覆盖支持土层由渗透系数$>1\times10^{-4}$cm/s 的压实土层构成，厚度为 50cm。植被层选择浅根系植物。

3. 填埋气体收集与处理

对于填埋气体采用气体收集管(聚乙烯管)统一收集后用密封火炬就地燃烧处理，结构如图 4-7 所示。

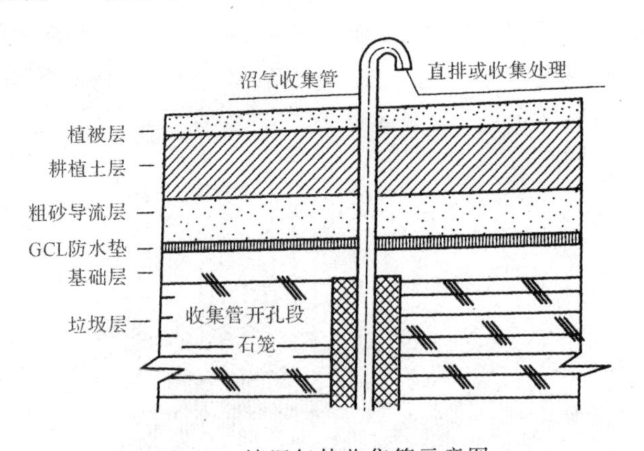

图 4-7　填埋气体收集管示意图

竖管长度一般为垃圾堆体深度的 2/3。本设计中取 6 m，直径为 100 mm，梅花形开孔，孔径为 10 mm。竖管穿孔段外填充直径为 25～55 mm 的厚卵石层，卵石外包裹钢丝层，将卵石与管道固定在一起，以防止垃圾堵塞孔洞。

填埋场终场覆盖后，需要排除覆盖层表面的降水径流以及周边山体进入场区的水流，以减少由于降水渗入增加垃圾渗滤液的产生量。地表水收集与导排系统的设计需基于填埋场封场后的地形地貌。填埋场截洪沟采用梯形断

面设计，并根据截洪沟所在位置的不同采用不同的结构，如图 4-8 所示。

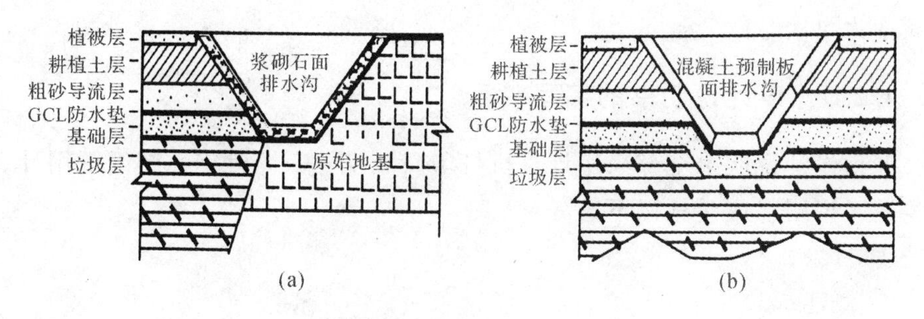

图 4-8　填埋场截洪沟示意图

4. 垃圾渗滤液的收集与处理

渗滤液收集井用穿孔的预制钢筋混凝土管制作(梅花形开孔，孔径为 150 mm)。收集井穿孔段外填充直径为 180～200 mm 的厚卵石层，填充厚度为 400 mm。

5. 填埋场封场后的土地回用

填埋场的稳定化程度直接决定其土地回用的可能性，不同的回用目的对填埋场的稳定性要求也不同。判断填埋场的稳定化指标主要有填埋场表面沉降速度、渗滤液水质、释放气体的质和量、垃圾体的温度、垃圾矿物化的程度等。但是，到目前为止，还没有填埋场稳定化的定量标准。

4.2.8　填埋场环境监测

填埋场环境监测是填埋场管理的重要组成部分，是确保填埋场正常运行和进行环境评价的重要手段。填埋场环境监测包括垃圾渗滤液监测、地表水监测、地下水监测和气体监测等内容。

(1)垃圾渗滤液监测　利用填埋场的每个集水井进行水位和水质监测，监测频率为 1 次/月。

(2)地表水监测　地表水监测的目的是通过对填埋场附近的地表水体监测，以确定水体是否受到填埋场污染。地表水监测对象主要是填埋场附近的河流和湖泊等，采样频率和监测项目取决于地场的监测计划和环保部门的要求。

(3)地下水监测　填埋场地下水井布设应满足：在填埋场上游设置一眼对照井，在下游设置三眼监测井；监测频率为：填埋场运行的第一年，采样频率为 1 次/月；其他年份，采样为 1 次/季度。

(4)气体监测　气体监测包括大气监测和填埋气体监测，目的是了解填埋气体的排出情况以及周围大气的气量状况。填埋场运行期间，填埋场气体监测频率为1次/月。

4.2.9 设计说明书的编写

课程设计说明书全部采用计算机打印(1.2万～1.5万字)，图纸可用计算机绘制。说明书应包括以下部分：

① 目录；

② 概述；

③设计任务(或设计参数)；

④工艺原理及设计方案比选；

⑤处理单元设计计算；

⑥构筑物或主要设备一览表；

⑦ 结论和建议；

⑧ 参考文献；

⑨ 致谢；

⑩ 附图。

其中③～⑥可参考本章4.2.1～4.2.8小节。由于篇幅有限，学生应根据课程设计内容和要求对其余部分进行编写，用语科学规范，详略得当。

处理构筑物、设备一览表应包括名称、型式(型号)、主要尺寸、数量、参数等；图纸包括垃圾卫生填埋场(封场后)总平面布置图1张(A2图纸)、垃圾卫生填埋场渗滤液收集填埋气输导平面图1张(A2图纸)和垃圾卫生填埋库区纵剖面图1张(A3图纸)；图纸应包括主图、剖面图，需按比例绘制，标出尺寸并附说明，图签应规范。

4.2.10 设计进度计划

发题时间	年　　月　　日
指导教师布置设计任务，熟悉设计原理、要求	0.5天
准备工作、收集资料及方案比选	1.0天
设计计算	1.5天
整理数据、编写设计说明书	2.0天
绘制图纸	1.0天
质疑或答辩	1.0天

4.3 固体废弃物处理与处置工程设计案例二：垃圾焚烧发电工程设计

4.3.1 设计任务

1.设计名称

设计名称：某城市生活垃圾焚烧发电工程设计。

2.设计原始资料

(1)××县城日产生垃圾量150 t/d，其中生活垃圾80 t/d，剩余70 t/d为菜市场产生的废弃蔬菜垃圾。以上垃圾每天运往老荒山垃圾场填埋处理。斗南花卉市场约产生残余花卉秸秆30 t/d，连同斗南镇的生活垃圾一起，运往大渔村垃圾处理场集中处理。××县县域内其他乡镇目前没有垃圾处理设施，其产生的生活垃圾由垃圾车运往乡镇附近进行简单堆放。

(2)根据《××县城总体规划修编》(2004—2020年)中确定的规划年限，结合××新城垃圾逐年产量及累计产量，通过对垃圾处理场处理能力的计算，确定××新城垃圾处理工程的近远期建设年限为：

近期2010—2015年垃圾处理能力：700 t/d；

远期2015年以后垃圾处理能力：1000 t/d。

4.3.2 垃圾成分预测

目前××新城城市垃圾中，烂瓜果蔬菜垃圾及残余花卉秸秆垃圾占有很大的比重；随着新城城市化进程的不断进行，城市人口的不断增加，其垃圾结构将有较大的改变。根据××现状的垃圾成分构成，我们对××新城将来的垃圾成分进行预测分析(表4-7)。根据实测数据，垃圾含水率为55%。

表4-7 ××新城垃圾成分预测

分类	无机物		有机物		废品类				
	煤灰泥土	陶瓷砖瓦	厨余	残余蔬菜花卉	塑料橡胶	纸张	竹木	金属	玻璃
含量(%)	16.40		67.67		9.68	11.43	1.36	0.87	2.02
小计(%)	16.40		67.67		15.93				

4.3.3 ××垃圾热值确定

焚烧发电厂的寿命一般在20年以上，所以需要考虑焚烧发电厂的整个运行期间的设备效率和配置的合理性等来设定垃圾特性。

垃圾焚烧发电厂预计 2010 年开始正式商业运行，为了追求设备配置的合理性和效率，一般取运行期间的中间年份的垃圾特性作为焚烧发电厂处理的标准垃圾，并同时考虑到运行初期的低质垃圾，以及随着生活水平的提高垃圾热值将会有所提高的运行后期的高质垃圾。

另外，垃圾特性不仅随着年份的变化而不同，即使在同一年度，垃圾特性随着季节也明显不同，一般是夏天垃圾热值较低，而冬天稍高。垃圾焚烧发电厂必须处理运行期间的所有年份和所有季节的垃圾，因此，垃圾特性一般设定为标准垃圾、低质垃圾和高质垃圾。

本工程运行期内的垃圾设计值暂按 6280 kJ/kg(1500 kcal/kg)考虑。但垃圾热值随季节变化比较大，为了保证焚烧炉在较宽的垃圾热值范围内都能稳定的运行，适用范围为 4190～9200 kJ/kg(1000～2200 kcal/kg)。

4.3.4 厂址选择

1. 选址的基本要求

依据《城市生活垃圾焚烧处理工程项目建设标准》、《生活垃圾焚烧污染控制标准》(GB 18485—2001)以及《生活垃圾焚烧处理工程技术规范》(CJJ 90—2002)等相应规范，××垃圾焚烧发电厂厂址选择基本要求是：

(1)满足城市整体规划、环境卫生专业规划以及国家现行有关标准的规定，与周围环境相协调；

(2)符合经济运输要求，有效降低运输成本；

(3)市政设施较为齐全，充分利用已有的市政基础设施，减少工程投资费用；

(4)选择在生态资源、地面水系、机场、文化遗址、风景区等敏感目标少的区域；

(5)有足够的用地面积，动迁少，尽可能少占或不占耕地，征地费用低；

(6)正常的水文地质条件，不受自然灾害的威胁；

(7)有可靠的电力供应，应满足电力上网要求；

(8)水源充足，选址应靠近河流等自然水源。

2. 场址比选

根据《城市环境卫生设施规划规范》(GB 50337—2003)、《生活垃圾焚烧处理工程技术规范》(CJJ 90—2002)、《城市生活垃圾卫生填埋技术规范》(CJJ 17—2004)的有关规定，以及《××新城总体规划》的要求，在××县域范围内进行了实地反复踏勘，初步选定三处拟选场址进行方案比较，最后确定××场址作为××新城垃圾焚烧工程推荐场址。三处拟选场址分别如下(略)。

4.3.5 焚烧工艺方案论证

1.焚烧炉炉型选择

目前国内外应用较多、技术比较成熟的生活垃圾焚烧炉炉型主要有机械炉排炉、流化床焚烧炉、热解焚烧炉、回转窑焚烧炉等四类。

(1)机械炉排炉

机械炉排炉采用层状燃烧技术，具有对垃圾的预处理要求不高、对垃圾热值适应范围广、运行及维护简便等优点，是目前世界上最常用、处理量最大的城市生活垃圾焚烧炉，在欧美等先进国家得到广泛使用，其单台最大规模可达900 t/d，技术成熟可靠。垃圾在炉排上通常经过三个区段：预热干燥段、燃烧段和燃尽段。垃圾在炉排上着火，热量来自上方的辐射和烟气的对流以及垃圾层的内部。炉排上已着火的垃圾通过炉排的特殊作用，使垃圾层强烈地翻动和搅动，引起垃圾底部的燃烧。连续的翻动和搅动也使垃圾层松动，透气性加强，有利于垃圾的燃烧和燃尽。

(2)流化床焚烧炉

流化床技术在70年前便已被开发，之后在20世纪60年代用来焚烧工业污泥，在70年代用来焚烧生活垃圾，80年代在日本得到一定的普及，市场占有率达10%以上，但在90年代后期，由于烟气排放标准的提高和自身的不足，其在生活垃圾焚烧上的应用有限。在国内，近些年来流化床焚烧炉得到了一定程度的应用，但该炉型多用于500 t/d以下规模的垃圾处理项目，且存在一定争议，有待进一步完善。

流化床焚烧炉的焚烧机理与燃煤流化床相似，利用床料的大热容量来保证垃圾的着火燃尽；床料一般加热至600℃左右，再投入垃圾，保持床层温度在850℃。流化床焚烧炉可以对任何垃圾进行焚烧处理，燃烧十分彻底，但对垃圾有破碎预处理要求，容易发生故障。另外，国内大部分流化床均需加煤才能焚烧。

(3)热解焚烧炉

热解焚烧炉是指在缺氧或非氧化气氛中以一定的温度(500～600℃)分解有机物，有机物将发生热裂解过程，从而变成热分解气体(可燃混合气体)；再将热分解气体引入燃烧室内燃烧，从而分解有机污染物，余热用于发电、供热。热解技术使用范围广，可用来处理多种垃圾。但是，由于受到垃圾特性的影响，后续热解气的特性（热值、成分等）也不稳定，所以燃烧控制难，灰渣难以燃尽，且环保不易达标。此技术在加拿大和美国部分小城市得到少量应用。

另外，在欧洲和日本，热解炉多应用旋转窑、流化床等炉型，然后加上燃烧熔融炉，将灰渣完全燃尽且熔融为玻璃质灰渣。此技术得到部分应用，但是其要求垃圾热值较高，工厂建设成本较高，且运行成本约为机械炉排的两倍以上。

(4)回转窑焚烧炉

回转窑焚烧炉的燃烧机理与水泥工业的回转窑相类似，主要由一倾斜的钢制圆筒组成；筒体内壁采用耐火材料砌筑，也可采用管式水冷壁，用以保护滚筒。垃圾由入口进入筒体，并随筒体的旋转边翻转边向前运动，垃圾的干燥、着火、燃烧、燃尽过程均在筒体内完成，并可根据筒体转速的改变调节垃圾在窑内的停留时间。回转窑常用于成分复杂、有毒有害的工业废物和医疗垃圾，在生活垃圾焚烧中应用较少。

表4-8为几种常见垃圾焚烧炉性能的比较。

表4-8 常见生活垃圾焚烧炉型比较

项目	机械炉排炉	流化床焚烧炉	热解焚烧炉	回转窑焚烧炉
炉床及炉体特点	机械运动炉排，炉排面积较大，炉膛体积较大	固定式炉排，炉排面积和炉膛体积较小	多为立式固定炉排，分两个燃烧室	无炉排，靠炉体的转动带动垃圾移动
垃圾预处理	不需要	需要	热值较低时需要	不需要
设备占地	大	小	中	中
灰渣热灼减率	易达标	原生垃圾在连续助燃下可达标	原生垃圾不易达标	原生垃圾不易达标
垃圾炉内停留时间	较长	较短	最长	长
过量空气系数	大	中	小	大
单炉最大处理量	1200 t/d	500 t/d	200 t/d	500 t/d
燃烧空气供给	易根据工况调节	较易调节	不易调节	不易调节
对垃圾含水量的适应性	可通过调整干燥段适应不同湿度垃圾	炉温易随垃圾含水量的变化而波动	可通过调节垃圾在炉内的停留时间来适应垃圾的湿度	可通过调节滚筒转速来适应垃圾的湿度
对垃圾不均匀性的适应性	可通过炉排拨动垃圾反转，使其均匀化	较重垃圾迅速到达底部，不易燃烧完全	难以实现炉内垃圾的翻动，因此大块垃圾难以燃尽	空气供应不易分段调节，因此大块垃圾不易燃尽
烟气中含尘量	较低	高	较低	高

续表

项目	机械炉排炉	流化床焚烧炉	热解焚烧炉	回转窑焚烧炉
燃烧介质	不用载体	需石英砂	不用载体	不用载体
燃烧工况控制	较易	不易	不易	不易
运行费用	低	低	较高	较高
烟气处理	较易	较难	不易	较易
维修工作量	较少	较多	较少	较少
运行业绩	最多	较少	少	生活垃圾很少，工业垃圾较多
综合评价	对垃圾的适应性强，故障少，处理性能和环保性能好，成本较低	需前处理且故障率较高，国内一般加煤才能焚烧，环保不易达标	没有熔融焚烧炉的热解炉，灰渣不可燃尽，热灼减率高，环保不易达标	要求垃圾热值较高（10475 kJ/kg以上），且运行成本较高
对本工程的适用性	合适	不合适	不合适	不合适

由表4-8可知，机械炉排炉相对其他炉型有以下几个特点：

①机械炉排炉技术成熟，大部分垃圾焚烧发电厂均采用该炉型，国内也有成功的先例；

②机械炉排炉更能够适应国内垃圾高水分、低热值的特性，确保垃圾的完全燃烧；

③操作可靠方便，对垃圾适应性强，不易造成二次污染；

④经济性高，垃圾不需要预处理而直接进入炉内，运行费用相对较低；

⑤设备寿命长，稳定可靠，运行维护方便，国内已有成熟的技术和设备；

⑥根据国家建设部、国家环保总局、科技部发布的《城市生活垃圾处理及污染防治技术政策》要求，“垃圾焚烧目前宜采用以炉排炉为基础的成熟技术，审慎采用其他炉型的焚烧炉”。

基于以上几点理由，推荐选用机械炉排炉作为××城市生活垃圾焚烧发电厂焚烧炉炉型。

2. 焚烧生产线的配置

根据《城市生活垃圾焚烧处理工程项目建设标准》的规定和国内外城市生活垃圾焚烧发电厂建设的经验，对于Ⅱ类处理规模的垃圾焚烧发电厂，焚烧生产线数量应为2～4条。根据××生活垃圾焚烧发电厂处理规模700 t/d的要求，综合考虑到将来扩展到1000 t/d处理规模的需要，对2条、3条和4条焚烧生产线3种方案进行分析比较。3种生产线布置方案各自的处理能力配置详见表4-9。

表 4-9 不同生产线布置方案的处理能力配置表

方案	单台炉处理能力(t/d)	焚烧生产线数量			全厂规模(t/d)	
		合计	本期	远期增加	本期	远期增加
方案一	500	2	1	1	500	500
方案二	350	3	2	1	700	300
方案三	250	4	3	1	750	250

对于单台处理能力为 250 t/d 和 350 t/d 的焚烧炉，国内目前关于两者都有较多的实际运行经验与数据，技术成熟、产品可靠，主要设备基本实现了国产化。对于单台处理能力为 500 t/d 的焚烧炉，国内目前应用较少，且大多采用进口。如果近期仅采用一条为 500 t/d 焚烧线，势必造成设备备用率较差，一旦焚烧系统出现故障，将导致全厂停止发电和垃圾处理的中断，对整个系统影响较大，不利于焚烧发电厂长期稳定的处理生活垃圾。同时，单台处理能力为 500 t/d 左右的焚烧炉大多采用国外进口，国内只有个别厂商具备制造能力，若采用国外进口势必造成投资的增大和建设周期的加长，也不利于促进国内环保制造产业的发展。

从技术可行性考虑，单台炉处理能力为 250 t/d 和 350 t/d 的焚烧系统都属于成熟的技术，不存在大的技术差别，在国内都有成功建设和运行的经验，能够适应当地的生活垃圾，因此这两种方案在技术上都可行。

从设备维修时对焚烧发电厂处理能力和汽轮机工作稳定性的影响考虑，焚烧线数量越多，设备备用性越好，故障和检修对焚烧发电厂的影响越小，也有助于汽轮机组工况的稳定。

从投资角度考虑，在总处理规模确定的条件下，在技术可行的情况下，全厂采用焚烧线数量越少，单台垃圾焚烧炉规模越大，焚烧发电厂设备数量和金额也就越少，因此，采用大规模的焚烧炉能够有效地减少单位投资成本和一次性投资。从土建方面考虑，2 台焚烧炉配置还能够有效减少占地面积和土建投资费用。

在焚烧处理规模一定的情况下，焚烧线数量越少，则维修、操作、管理更为方便，所需运行人员比较少；由于设备相对较少，全厂故障率也随之降低，原材料与能耗较少。××生活垃圾焚烧发电厂三种焚烧生产线配置方案优缺点比较详见表 4-10。

表 4-10 不同焚烧线配置方案优缺点比较表

项目	方案一(500 t/d 系列)	方案二(350 t/d 系列)	方案三(250 t/d 系列)
一次性投资	高(多为国外进口)	低(国产设备)	低(国产设备)
处理费用	低	中	中
备用性	差	中	好
人员配备	少	较少	较多
占地面积	较小	中等	较大

通过综合比较,从减少运行管理工作量、减少运行管理人员、提高焚烧发电厂生产效率的角度出发,优先选取方案二为推荐方案。选用单台处理能力为 350 t/d 的焚烧炉较为适宜,焚烧生产线数量为近期 2 条,远期预留 1 条。

生活垃圾焚烧炉机械负荷适应范围为 60%～110%,而经济负荷一般为 80%～100%,也就是说入炉垃圾的质量在额定质量的 80%～100%范围内焚烧炉运行都是经济的。本工程用 2 台 350 t/d 焚烧炉处理 700 t/d 垃圾。当然,为了充分利用焚烧装置,建议加快××垃圾收运体系的建设,提高入炉焚烧垃圾的量。

当有单台炉临时检修的情况下,可采取以下必要的措施避免对焚烧发电厂正常运行的冲击:加大垃圾贮坑容量,使其具有一定的缓冲能力;其余焚烧炉在 110%负荷下运行;合理安排检修进度,在检修前先基本清空垃圾仓内的垃圾。通过以上措施,在单台焚烧炉短期检修的情况下,不会对全厂的运行产生影响。

3. 汽轮发电机组的配置

本垃圾焚烧发电厂的处理规模为 700 t/d,近期装有两台焚烧炉,单台设计日处理垃圾 350 t,设备选用 350 t/d 焚烧炉。设计工况下,垃圾的低位热值为 6280 kJ/kg,共可产生中温中压参数(4 MPa,400℃)的蒸气约为 52 t/h。此外还要考虑到远期达到 1000 t/d 的需要,届时蒸气产量将达到 78 t/h。

《生活垃圾焚烧处理工程技术规范》和《城市生活垃圾焚烧处理工程项目建设标准》均要求生活垃圾焚烧发电厂汽轮机组的数量不宜大于 2 套。国内大多数焚烧厂也都是采用 1 套或 2 套汽轮机。目前国内常见的汽轮发电机组详见表 4-11。

表 4-11 不同汽轮机形式比较

额定功率(MW)	6	7.5	9	12
额定进汽量(t/h)	32	38	47	61
汽轮机类型	标准	非标	非标	标准
单位功率投资	中	偏高	偏高	低
供货期	短	偏长	长	短
效率	低	中	中	高
耗水量	高	偏高	偏低	低

从表 4-11 可以看出,国内标准产品汽轮机形式一般是 6 MW 和 12 MW,而 7.5 MW 和 9 MW 采用较少。如果本工程采用 2 台 6 MW 的汽轮发电机组,最大进汽量为 64 t/h,能够满足近期 52 t/h 的蒸气产量;但一旦远期工程上马,就不能满足要求,势必要建设第 3 套汽轮发电机组,将造成投资的增加和厂房的增大,是不适宜的。而采用非标产品,如 2 台 9 MW 汽轮发电机组,其投资高,交货时间长,很少采用;其虽然可以满足远期工程需要,但一期情况下其工作负荷仅为 60%,是很不经济的。

本工程远期建议采用 2 台汽轮机,其中本期工程先建设 1 台 12 MW 汽轮发电机组和 1 套高温旁路凝汽器,远期工程再建设 1 台 6 MW 机组,这样就能够兼顾近期和远期的需要。而 12 MW 和 6 MW 为标准产品,性能稳定,维护期短,其故障率远远低于焚烧炉,工作寿命长。在本期工程中,即使单台汽轮机发生故障,蒸气也可以通过旁路凝汽器进行回收,保证焚烧炉的稳定运行。因此经比较确定本工程发电机组为 12 MW+6 MW,本期工程装备一台 12 MW 汽轮发电机组。

4.3.6 烟气净化方案

1. 烟气排放指标的确定

根据工艺计算。单台锅炉出口烟气流量在 6280 kJ/kg 热值下为 6.2×10^4 Nm^3/h。本工程烟气排放标准设计满足国标《生活垃圾焚烧污染控制标准》(GB 18485—2001),并考虑到××现代化发展对环境保护的需要,进一步限定粉尘及二噁英等污染物的排放,使之处理达到国内先进水平。本工程确定的烟气排放指标见表 4-12(以干基、O_2 含量 11%计)。

表 4-12 烟气排放标准表

序号	污染物名称	单位	GB 18485—2001	本工程目标
1	颗粒物	mg/Nm^3	80	30
2	HCl	mg/Nm^3	75	75
3	HF	mg/Nm^3	—	—
4	SO_x	mg/Nm^3	260	260
5	NO_x	mg/Nm^3	400	400
6	CO	mg/Nm^3	150	150
7	Hg 及其化合物	mg/Nm^3	0.2	0.2
8	Cd 及其化合物	mg/Nm^3	0.1	0.1
9	Pb	mg/Nm^3	1.6	1.6
10	其他重金属	mg/Nm^3	—	—
11	烟气黑度	林格曼级	1	1
12	二噁英类	ng TEQ/Nm^3	1.0	0.1

为了达到上述的排放标准，需要确定相应的烟气净化工艺。在通常情况下，烟气净化工艺主要针对酸性气体（HCl，HF，SO_x）、NO_x、颗粒物、有机物及重金属等进行控制，其工艺设备主要包括酸性气体脱除、颗粒物捕集、NO_x 的去除和有机物及重金属的去除工艺设备。

2. 酸性气体脱除工艺的确定

酸性气体净化工艺按照有无废水排出分为干法、半干法和湿法三种，每种工艺有其组合形式，也各有优缺点。

(1)干法除酸

干法除酸可以有两种方式：一种是干式反应塔，干性药剂和酸性气体在反应塔内进行反应，然后一部分未反应的药剂随气体进入除尘器内与酸进行反应；另一种是在进入除尘器前喷入干性药剂，药剂在除尘器内和酸性气体反应。

除酸的药剂大多采用消石灰（$Ca(OH)_2$），让 $Ca(OH)_2$ 微粒表面直接和酸气接触，产生化学中和反应，生成无害的中性盐颗粒。在除尘器里，反应产物连同烟气中粉尘和未参加反应的吸收剂一起被捕集下来，达到净化酸性气体的目的。

消石灰吸附 HCl 等酸性气体并进行中和反应，要有一个合适温度（约140℃左右），而从余热锅炉出来的烟气温度往往高于这个温度。为增加反应塔的脱酸效率，需通过换热器或喷水调整烟气温度，一般采用喷水法来实现降温。

此种方式的特点是:

①工艺简单,不需配置复杂的石灰浆制备和分配系统,设备故障率低,维护简便;

②药剂使用量大,运行费用略高;

③除酸(HCl)效率比湿法和半干法低。

(2)半干法除酸

半干法除酸一般采用氧化钙(CaO)或氢氧化钙[$Ca(OH)_2$]为原料,制备成氢氧化钙[$Ca(OH)_2$]溶液作为吸收剂,在烟气净化工艺流程中通常置于除尘设备之前,因为注入石灰浆后在反应塔中形成大量的颗粒物,必须由除尘器收集去除。由喷嘴或旋转喷雾器将 $Ca(OH)_2$ 溶液喷入反应塔中,形成粒径极小的液滴;由于水分的挥发从而降低废气的温度并提高其湿度,使酸气与石灰浆反应成为盐类,掉落至底部。烟气和石灰浆采用顺流或逆流设计,维持烟气与石灰浆微粒充分反应的接触时间,以获得高的除酸效率。

半干式反应塔内未反应完全的石灰,可随烟气进入除尘器。若除尘设备采用袋式除尘器,部分未反应物将附着于滤袋上与通过滤袋的酸气再次反应,使脱酸效率进一步提高,同时提高了石灰浆的利用率。

此种方式的特点是:

①半干式反应塔脱酸效率较高,对 HCl 的去除率可达 90%以上,此外对一般有机污染物及重金属也具有良好的去除效率;若搭配袋式除尘器,则重金属去除效率可达 99%以上。

②不产生废水排放,耗水量较湿式洗涤塔少。

③流程简单,投资和运行费用相对较低。

④石灰浆制备系统较复杂。

(3)湿式洗涤塔

湿法脱酸采用洗涤塔形式,烟气进入洗涤塔后与碱性溶液充分接触得到充分的脱酸效果。洗涤塔设置在除尘器的下游,以防止粒状污染物阻塞喷嘴而影响其正常操作。同时湿式洗涤塔不能设置在袋式除尘器上游,因为高湿度的饱和烟气将造成粒状物堵塞滤布,气体无法通过滤布。湿法洗涤塔产生的废水经浓缩形成的污泥进入设置于除尘器前的干燥塔内进行干燥,以干态形式排出。湿式洗涤塔所使用的碱液通常为 NaOH,而较少用石灰浆液 $Ca(OH)_2$,以避免结垢。

此种方式的特点是:

①流程复杂,配套设备较多。

②净化效率较高，在欧洲及美国应用多年的实绩均可验证：其对 HCl 脱除效率可达 95%以上，对 SO_2亦可达 80%以上。

③产生含高浓度无机氯盐及重金属的废水，需经处理后才能排放。

④处理后的废气因温度降低至露点以下，需再加热，以防止烟囱出口形成白烟现象，造成不良景观。

⑤设备投资高，运行费用也较高。

综上所述，湿法净化工艺的污染物净化效率最高，可满足排放标准的要求，其工艺组合形式也多种多样，但由于流程复杂，配套设备较多，并有后续的废水处理问题，一次性投资和运行费用高，在经济发达国家应用较多。干法净化工艺在日本近年的焚烧发电厂建设中采用较多，其工艺比较简单，投资和运行费用低于湿法，但净化效率相对较低。半干法净化工艺可达到较高的净化效率，投资和运行费用低，流程简单，不产生废水，欧洲的焚烧发电厂采用得较多。半干法在国内已有较多成功的应用实例，积累了一定的运行经验，故本工程推荐采用半干法净化工艺。

3. 除尘工艺的确定

垃圾焚烧发电厂的粉尘控制可以采用静电分离、过滤、离心沉降及湿法洗涤等几种形式。常见的设备有电除尘器、袋式除尘器、文丘里除尘器等。文丘里除尘器的能耗高且存在后续的水处理问题，所以此处仅对静电除尘器和袋式除尘器进行比较。

(1)静电除尘器

静电除尘器内含有一系列交错组合的电极及集尘板。带有粒状污染物的烟气沿水平方向通过集尘区段，其中粒状物受电场感应而带负电，由于电场引力的影响，其被渐渐移动至集尘板被收集；采用振打方式在集尘板上产生振动以震落吸附在集尘板上的粒状物，落入底部的飞灰收集入灰斗内。除尘器通常采用多电场方式，以提高除尘效率。

静电除尘器除尘效率较高，通常可达 95%以上，并广泛用于燃煤发电厂，但对微小粉尘除尘效率相对较低，且在静电除尘器工作温度范围内容易再合成二噁英。

(2)袋式除尘器

袋式除尘器可除去粒状污染物及重金属。袋式除尘器通常包含多组密闭集尘单元，其中包含多个由笼骨支撑的滤袋。烟气由袋式除尘器下半部进入，然后由下向上流动；当含尘烟气流经滤袋时，粒状污染物被滤布过滤，并附着在滤布上。滤袋清灰方法通常有下列三种方式：反吹清灰法、摇动清除法及脉冲喷射清除法。清灰后落下来的粉尘掉落至灰斗并被运走。

袋式除尘器通常以清灰方式分类，在城市垃圾焚烧设施中，较常使用的为脉冲清灰法。脉冲喷射清除法可具有较大的过滤速度，废气是由外向滤袋内流动，因此其尘饼是累积在滤袋外。在清除过程中，执行清除的集尘单元将暂停正常操作，由滤袋出口端产生高压脉冲气流以清除尘饼。脉冲喷射清除法将使滤袋弯曲，造成尘饼破碎而掉落在灰斗中。袋式除尘器同时兼有二次酸气清除的功能，上游的酸气清除设备中部分未反应的碱性物附着在滤袋上，在烟气通过时再次和酸气反应。

袋式除尘器的缺点是滤袋材质脆弱，对烟气高温、化学腐蚀、堵塞及破裂等问题甚为敏感。20 世纪 80 年代后，各国致力于滤料技术开发，尤其是对聚四氟乙烯薄膜滤料(PTFE)等材料在袋式除尘器上的开发应用，使上述袋式除尘器弊端得以极大改观。袋式除尘器目前已广泛应用于新建的城市垃圾焚烧发电厂及老厂改造上。袋式除尘器和静电除尘器的比较情况见表 4-13。

表 4-13　袋式除尘器、静电除尘器性能比较

项目		袋式除尘器	静电除尘器
集尘效率(%)	＜1 μm	＞90	＜20
	1～10 μm	＞99	＞95
	＞10 μm	＞99	＞99
风速(m/s)		＜0.02	＜1
压力损失(Pa)		约 1500	300～500
耐热性		一般耐热性较差，高温时需选择适当的滤布	耐热性能佳，一般可达 350℃，特殊设计可达 500℃
对烟气化学成分变化的适应性		好	差
脱除二噁英		较好	差，存在二噁英再合成现象
耐酸碱性		可选择适当的滤布	好
动力费用		略高	略低
设备费		基本相同	基本相同
操作维护费		较高	较低

随着环保要求的日益严格，电除尘器不仅不能满足脱除有机物(二噁英等)、重金属的需要，同时也不能满足粉尘排放的要求，所以，现在已基本不再采用电除尘器作为焚烧垃圾厂的粉尘处理装置。国家标准 GB 18485—2001 中明确规定生活垃圾焚烧炉除尘装置必须采用袋式除尘器。

4.重金属及二噁英去除工艺的确定

重金属以固态、液态和气态的形式进入除尘器，当烟气冷却时，气态部分转化为可捕集的固态或液态微粒。所以，垃圾焚烧烟气净化系统的温度越低，则重金属的净化效果越好。

城市生活垃圾中含有的氯元素、有机质很多，因此锅炉出口的烟气中常含有二噁英类物质(PCDD，PCDF)。

目前常用的重金属及二噁英去除工艺是活性炭吸附加袋式除尘器，可以达到较好的去除效果。采用半干法净化工艺，活性炭喷入装置设置在除尘器前的管道上，干态活性炭以气动形式通过喷射风机喷射入除尘器前的管道中，通过在滤袋上和烟气的接触进行吸附并去除重金属和二噁英类物质。

另外二噁英类物质(PCDD，PCDF)的控制措施还包括以下几个方面：

(1)使垃圾充分燃烧；

(2)控制烟气在炉膛内的停留时间和温度；

(3)控制进入除尘器入口的温度低于200℃。

国外一些公司对半干法的烟气净化工艺进行了研究，当进入除尘器的烟气温度为140～160℃时，对二噁英类的去除率达到99%以上，汞的排放检测不出。

5. NO_x 去除工艺的确定

NO_x 的去除工艺有选择性非催化还原法(SNCR)、选择性催化还原法(SCR)等。

(1)选择性催化还原法(SCR)

SCR法是在催化剂存在的条件下，NO_x 被还原成 N_2。为了达到SCR法还原反应所需的400℃的温度，烟气在进入催化脱氮器之前需要加热。试验证明，SCR法可以将 NO_x 排放浓度控制在50 mg/Nm^3 以下。

(2) 选择性非催化还原法(SNCR)

SNCR是在高温(800～1000℃)条件下，利用还原剂将 NO_x 还原成 N_2。SNCR不需要催化剂，但其还原反应所需的温度比SCR法高得多，因此SNCR需设置在焚烧炉膛内完成。

两种方法相比较，SCR法不仅需要催化剂，同时还要在除尘器后进行重新加热，需要耗用大量热能，因此，工程上SNCR比SCR法应用得更多一些。

目前，NO_x 的净化是烟气净化系统中最困难和最昂贵的技术。SNCR技术相对来说投资较少，但因其布置在炉膛内，并且国内尚无应用先例，因此必须由国外供货商整体供货。

考虑到中国目前的国情以及烟气排放标准、烟气原生浓度等指标，结合炉内燃烧等技术，建议不设专门的 NO_x 去除设施，具体有以下原因：

①SNCR 进口投资较高，同时后期的使用、维护费用也很高。

②结合炉内燃烧技术，包括 O_2 的控制、炉内温度的控制等，能够减少 NO_x 在锅炉出口的原生浓度。

③NO_x 在锅炉出口的原生浓度为 200～600 mg/Nm^3 左右，一般在 300 mg/Nm^3 以下，已经基本接近烟气排放指标，同时通过活性炭吸附、石灰中和反应等能去除一部分 NO_x。

目前的焚烧技术在不使用 NO_x 去除设施的情况下，同样可以达到排放浓度为 150～400 mg/Nm^3，所以为了节省投资并节省运行维护费用，本方案建议不设 NO_x 去除设施，但预留 SNCR 脱氮系统接口。

本设计确定烟气净化工艺是以立足国情、适当超前、方便操作、技术成熟为指导思想的。经过综合比较，推荐采用"半干式反应塔＋活性炭吸附＋袋式除尘器"烟气净化工艺。

4.3.7 垃圾处理工艺流程

根据以上的工艺选择，全厂垃圾处理工艺流程框图见图 4-9。

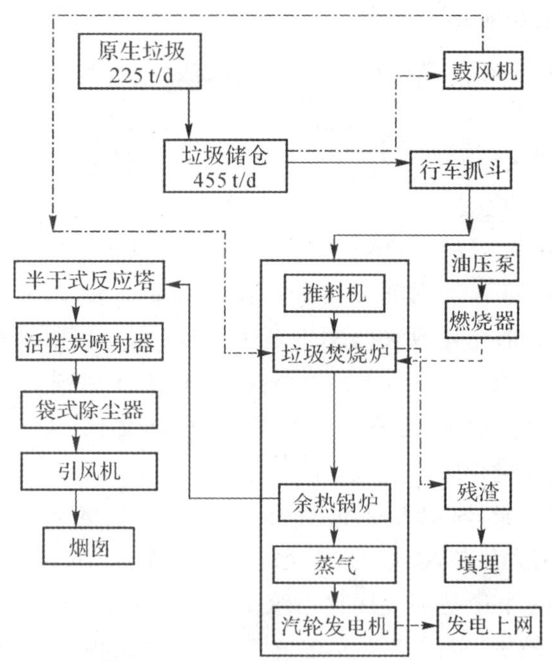

图 4-9　工厂垃圾处理工艺流程框图

4.3.8 垃圾焚烧主要工艺单元设计

1. 垃圾接收及贮存

(1)称量

垃圾通过垃圾焚烧发电厂地磅房称量后,经高架引桥进入焚烧主厂房进行处理。

(2)垃圾卸料平台

垃圾卸料平台布置在主厂房 7 m 处,紧贴垃圾贮坑,采用室内型,以防止臭气外泄和降雨。卸料平台设有专用的垃圾运输车进出口 1 处,卸料位 9 个,平台宽 19 m,拥有足够的面积来满足最大垃圾转运车辆的行驶、掉头和卸料而不影响其他车辆的作业。垃圾卸料平台周围设置清洗地面的水栓和保持地面坡度,并在垃圾贮坑方向设置排水沟,以便收集和排出污水,将其与垃圾贮坑收集的渗沥液一同送到污水处理设施。操作人员可根据垃圾在贮坑内分布情况操作平台内的指示灯来指示垃圾车应在哪个卸料门卸料。卸料门前方设置高约 20 cm 的挡车矮墙和紧急按钮,防止车辆坠入垃圾贮坑内。平台设一个进出口,进出口车道宽 7 m,进出口上方设有电动卷帘门和空气幕墙以阻止臭气的扩散。

(3)垃圾卸料口设置

垃圾卸料平台设 9 个垃圾卸料门。各卸车位设编号,方便管理;并设有红绿灯指示。垃圾卸料门之间设有隔离岛,以避免垃圾车相撞,并给工作人员提供作业空间。

卸料平台设有摄像头,垃圾抓斗控制室值班人员可随时了解卸料平台内各卸车位的情况,并根据垃圾贮坑堆料情况指示卸车位置。

(4)垃圾贮坑设计计算

垃圾贮坑长 52 m,宽约 18 m,深约 12 m,其中地上部分 7 m,地下部分 5 m。总有效容积:11232 m^3,若垃圾容重按 0.4 t/m^3 计,则可贮存垃圾约 4492 t,可满足本期工程 6 d 以上的焚烧量,也可满足远期工程 4.5 d 的焚烧量。垃圾贮坑剖面如图 4-10 所示。

针对××市以及国内生活垃圾热值低、含水率高、随季节变化幅度大等特点,本工程对垃圾贮坑进行了以下设计:

①为了使垃圾在坑内能够充分地脱水、混合,改善焚烧炉的燃烧状况,提高入炉垃圾的热值,设计将垃圾贮坑容积加大,延长垃圾在坑内的停放时间,使其具备能够存储 6 d 以上的垃圾量的能力;同时,加大垃圾贮坑容积还能够

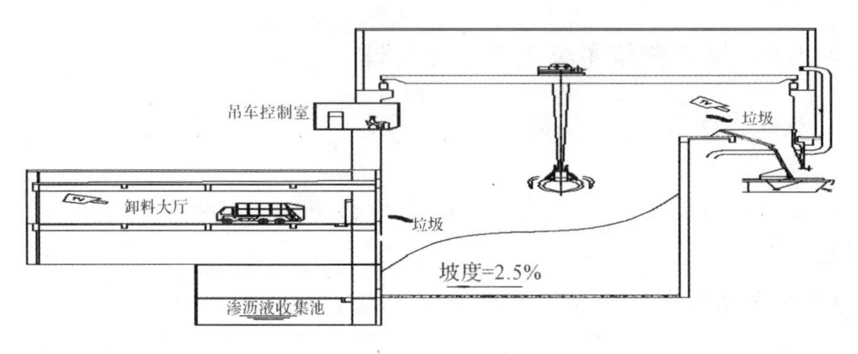

图 4-10 垃圾贮坑示意图(剖面)

使焚烧发电厂在自身或外界负荷变化下有较强的缓冲能力。

②为了收集垃圾贮坑渗出的污水,应在坑底保持 2%～2.5%的排水坡度,并在卸料平台底部设置一排拦污栅。为防止垃圾贮坑底部垃圾堵塞拦污栅,拦污栅应有一定的高度。渗沥水通过拦污栅进入污水导排沟内,最后汇集在渗沥液收集池。在渗沥液导排不畅的情况下,检修人员可以身着防护设备从两侧进入污水导排沟内进行清理作业。

③设置一个渗沥液收集池和两个污水泵。由于渗沥液收集池位于地下 5 m以下,而××市地下水位较高,为减少工程造价和地下水的渗入,收集池不宜设置太大,收集池按照 60 m^3 设计,约能储存 10～12 h 的渗沥液量,并在厂房外设置一密闭的地下渗沥液储存池,容积约 400 m^3。当收集池内液位到达一定高度时,污水泵将渗沥液抽到储存池内,储存池约能储存全厂 3.5 d 的垃圾渗沥液。目前原生垃圾热值较低,垃圾中水分含量较高,尚不具备渗沥液回喷条件,因此渗沥液将送往焚烧发电厂内的污水处理装置处理,同时焚烧炉预留渗沥液回喷装置,待将来垃圾热值满足回喷要求后进行处理。

通过以上措施,能够做到及时导排渗沥液,大大减少垃圾贮坑内渗沥液的淤积,从而降低入炉垃圾的含水率,提高热值。

垃圾贮坑上部设有焚烧炉一次风机和二次风机的吸风口。风机从垃圾贮坑中抽取空气,用作焚烧炉的助燃空气,这可以维持垃圾贮坑中的负压,防止坑内的臭气外溢。同时,在垃圾贮坑上部设有事故风机,事故风机出口通过旁路直通到烟囱,在全厂停炉检修或突发事故的情况下,将垃圾贮坑内的气体通过 80 m 高的烟囱排入大气,避免臭气的自由外溢,同时也满足消防防爆、防燃的要求。

垃圾贮坑屋顶除设人工采光外,还设置自然采光设施,以增加垃圾贮坑中的亮度。垃圾贮坑内设消防水枪,防止垃圾自燃。垃圾贮坑的两侧固定端留有抓斗的检修场地，可方便起重机抓斗的检修。

(5)垃圾吊车

垃圾吊车位于垃圾贮坑的上方，主要承担垃圾的投料、搬运、搅拌、取物和称量工作。根据本项目处理总规模的设置，本厂拟选用2台10 t垃圾吊车，一用一备。

垃圾吊车主要由桥架、大车运行机构、起升机构、小车运行机构、电气设备、抓斗六大部分组成。六大部分中除电气设备和桥架外，另外的四部分都有各自的电机，进行单独驱动，满足生产所需的倒垛投料、称重作业要求。

垃圾称重系统具有自动称重、自动显示、自动累计、打印、超载保护等功能。

2. 垃圾焚烧系统

(1)进料系统

生活垃圾经给料斗、料槽、给料器进入焚烧炉排，垃圾进料装置包括垃圾料斗、料槽和给料器，如图4-11所示。

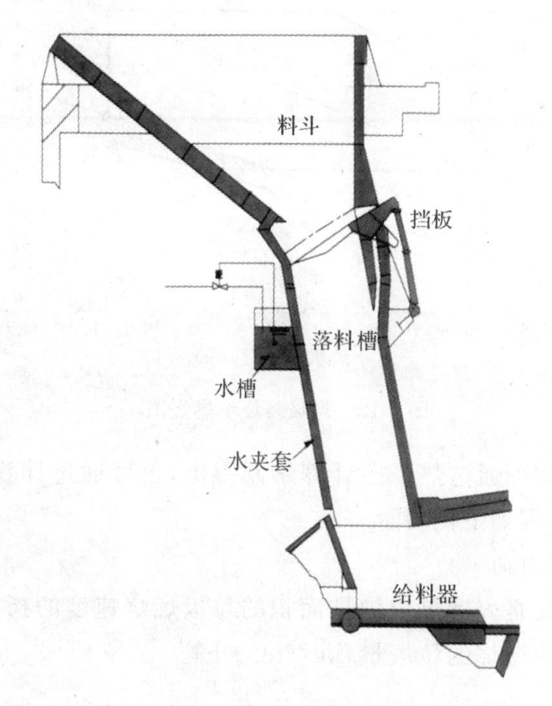

图4-11 料斗与落料

垃圾给料斗用于暂时贮存垃圾吊车投入的垃圾，随后将垃圾送入焚烧炉处理。给料斗为漏斗形状，能够贮存约1 h焚烧量的垃圾，由可更换的加厚防磨板组成。为了观察给料斗和溜槽内的垃圾料位，给料斗安装了摄像头和垃圾料位感应装置，并与吊车控制室内的电脑屏幕相连。料斗内设有避免垃圾搭桥的装置。

给料溜槽设计为垂直于给料炉排，这样能够防止垃圾的堵塞，能够有效防止火焰回窜和外界空气的漏入，也可以存储一定量的垃圾。溜槽顶部设有盖板，停炉时将盖板关闭，使焚烧炉与垃圾贮坑相隔绝。

给料炉排位于给料溜槽的底部，保证垃圾均匀、可控制地进入焚烧炉排上。给料炉排由液压杆推动垃圾通过进料平台进入炉膛。炉排可通过控制系统调节，其运动的速度和间隔时间能够通过控制系统测量和设置。

(2)焚烧炉

本垃圾焚烧炉燃烧图见图 4-12。

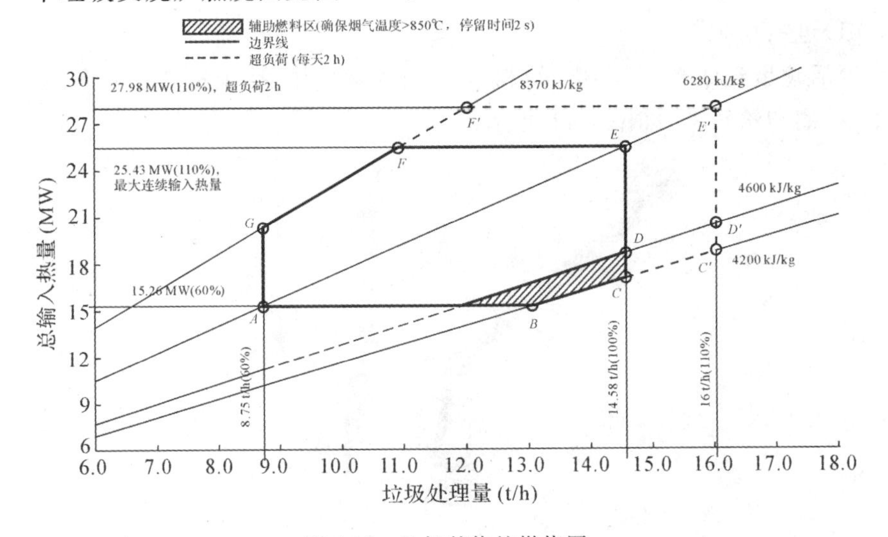

图 4-12 垃圾焚烧炉燃烧图

焚烧炉的燃烧图通过热平衡计算绘制得出，也可通过计算确定焚烧炉的设计参数，计算过程如下例所示。

(1)炉排机械负荷

炉排机械负荷是表示单位炉排面积的垃圾燃烧速度的指标，即单位炉排面积和单位时间内燃烧的垃圾量，kg/(m^2·h)。

$$G_f=\frac{G}{tA}$$

式中：G_f——炉排机械负荷，kg/(m^2·h)；

G——垃圾燃烧量，kg/d；

t——运行时间，h/d；

A——炉排面积，m^2。

已知焚烧炉的处理能力 $G=350$ t/d，运行时间 $t=24$ h，单台焚烧炉的机械负荷 $G_f=150\sim350$ kg/(m^2·h)，取 185 kg/(m^2·h)，求得单台焚烧炉排面积 A：

$$A=G/(t\cdot G_f)=350\times1000/(24\times185)=39.42(m^2)$$

故单台焚烧炉炉排面积不小于 39.42 m^2，炉排总宽度取 6 m，炉排总长度为 13.5 m，隔墙为 0.5 m。

(2)燃烧室热负荷 q_v

燃烧室热负荷是衡量单位时间内单位容积所承受热量的指标，燃烧容积为一、二次燃烧室之和。

燃烧室热负荷的大小表示燃烧火焰在燃烧室内的充满程度。燃烧室太小，燃烧室内火焰过于充满，炉温会过高，因而炉壁耐火材料容易损伤，烟气的炉内停留时间也不够，容易引起不完全燃烧，严重时会产生一氧化碳，在后续烟道中再燃烧，炉壁和炉排上也易熔融结块；燃烧室过大时，热负荷偏小，炉壁过大，炉温偏低，炉内火焰充满不足，燃烧不稳定，也容易使焚烧炉灰渣的热灼量值偏高。

连续运行焚烧炉热负荷值一般为 $3.36\times10^5\sim6.30\times10^5$ kJ/(m^3·h)，取 $q_v=4.40\times10^5$ kJ/(m^3·h)。

$$q_v=\frac{m[Q_d+C_{pk}L_n(t_a-t_0)]}{V}$$

式中：m——单位时间的垃圾燃烧量，kg/d；

Q_d——垃圾的平均低位热值，kJ/kg；

C_{pk}——空气平均定压比热容，kJ/(m^3·℃)；

L_n——单位质量的垃圾获得的平均燃烧空气量，m^3/kg(标准状态)；

t_a——预热空气温度，℃；

t_0——环境温度，℃；

V——燃烧容量积，m^3。

已知焚烧炉单台处理能力 $m=14.6$ t/h $=1.46\times10^4$ kg/h，$Q_d=6280$ kJ/kg，$t_0=20$℃，$t_a=230$℃，$L_n=3.16$ m^3/kg，$C_{pk}=1.30$ kJ/(m^3·℃)，$q_v=4.40\times10^5$ kJ/(m^3·h)，求得燃烧室的容积 V：

$$V=\frac{m[Q_d+C_{pk}L_n(t_a-t_0)]}{q_v}=\frac{1.46\times10^4[6280+1.30\times3.16(230-20)]}{4.40\times10^5}$$

$$=237(m^3)$$

故焚烧炉单台燃烧容积按 237 m^3 设计。

(3)燃烧空气量及一次、二次助燃空气量的计算

理论空气量为

$$L_0=(8.89V_C+26.67V_H+3.33V_S-3.33V_O-0.75V_{Cl})\times10^{-2}(m^3/kg)$$

把待处理垃圾各元素的含量值代入上式(垃圾可燃元素含量已知):

$$L_0=(8.89\times19.8+26.67\times2.9+3.33\times0.2-3.33\times10.9-0.75\times0.37)\times10^{-2}=2.18(m^3/kg)$$

实际空气需要量:

$$L_n=N\times L_0$$

式中,N为空气过剩系数。一般要求燃烧过程的空气过剩系数为1.45左右,本设计中空气过剩系数取1.45,则

$$L_n=1.45\times2.18=3.16(m^3/kg)$$

燃烧炉每小时额定负荷所需的空气总量为

$$G_{空}=G_{rx}L_n(1+a)$$

式中:G_{rx}——焚烧炉每小时处理的垃圾量,t/h;

a——风量密度,一般为0.29。

已知:设计中,生活垃圾每小时处理量$G_{rx}=14.6$ t/h,实际每吨垃圾焚烧需3.16 m^3的空气,$a=0.29$,求得焚烧炉每小时额定负荷所需的空气总量$G_{空}$为

$$G_{空}=G_{rx}L_n(1+a)=14.6\times3.16\times1.29=59.52(t/h)$$

故设计焚烧炉每小时燃烧垃圾所需空气量为59.52 t/h。

本设计一次、二次助燃空气由两台风机单独送风,则一次、二次风机容量应分别确定。设计二次风流量占整个助燃空气量的22%,求得二次风助燃空气容量$G_{空2}$为

$$G_{空2}=G_{空}\times22\%=59.52\times22\%=13.09(t/h)$$

一次风助燃空气容量为

$$G_{空1}=G_{空}-G_{空2}=59.52-13.09=46.43(t/h)$$

故设计一次风助燃空气量为46.43 t/h,二次风机助燃空气量为13.09 t/h(标准状态下)。

(4) 燃烧产物的烟气量

焚烧垃圾炉产物的生成量及成分是根据燃烧反应的物质平衡进行计算的,1 kg生活垃圾完全燃烧后产生烟气量V_n

$$V_n=0.01867V_C+0.007V_S+0.106V_H+0.0124V_W+0.06V_{Cl}+0.008V_N+(0.0016gn+n-0.21)L_0(m^3/kg)$$

按我国锅炉计算标准,干空气的含湿量 $g=10$ g/kg,将 $n=1.45$ 代入上式中,可得每公斤垃圾燃烧产生的烟气量为

$$V_n=0.1867\times19.8+0.0007\times0.2+0.106\times2.9+0.0124\times45+0.006\times0.3+0.008\times0.4+(0.00161\times10\times1.45+1.45-0.21)\times2.18=3.99(\mathrm{m^3/kg})$$

每小时燃烧产物的烟气量 $m_{烟}$ 为

$$m_{烟}=(G_{垃圾}+G_{空})-(a_{hz}+a_{th})=15.3+59.52-3.3-0.77=70.75(\mathrm{t/h})$$

故每小时燃烧产物的烟气量为 70.75 t/h(标准状态下)。

(5) 生活垃圾焚烧每小时的排渣量及飞灰量

①渣量为生活垃圾中灰渣的量和未燃的可燃物的量之和,灰渣的热灼减率为 5%,则求每小时排渣量 a_{hz}

$$a_{hz}=G_{r垃圾}\times A/(100\%-5\%)$$

式中:$G_{r垃圾}$——每小时焚烧垃圾量,14.6 t/h;

A——垃圾中的渣含量,取 20.5%。

因此,$a_{hz}=14.6\times20.5\%/95\%=3.15(\mathrm{t/h})$。故设计渣量为 3.15 t/h,每台炉冷渣除渣机设计两台,每台渣机除渣量为 $3.15/2\times1.5=2.4(\mathrm{t/h})$。

(6) 垃圾焚烧炉的能量平衡

根据垃圾焚烧炉系统平衡条件和力学第一定律能量守恒定律,得

$$Q_{1入}+Q_{2入}=Q_{1出}+Q_{2出}+Q_{3出}+Q_{4出}+Q_{5出}$$

式中:$Q_{1入}$——生活垃圾焚烧时所放出的热量,kJ/h;

$Q_{2入}$——空气带入的物理热量,kJ/h;

$Q_{1出}$——余热利用有效热量,kJ/h;

$Q_{2出}$——排烟热损失,kJ/h;

$Q_{3出}$——不完全燃烧热损失,kJ/h;

$Q_{4出}$——焚烧炉散热损失,kJ/h;

$Q_{5出}$——焚烧炉渣及飞灰带走的物理损失,kJ/h;

①供热及带入热量

a. 垃圾燃烧热

$$Q_{1入}=G_{r垃圾}\times Q_d$$

式中:$G_{r垃圾}$——每台炉每小时处理掉的垃圾量,kg/h。

$$Q_{1入}=14.6\times10^3\times6280=9.1688\times10^7(\mathrm{kJ/h})$$

b. 空气带入的物理热量

$$Q_{2入}=V_K C_{pk} t_0$$

式中：V_K——空气流量，m^3/h；

C_{pk}——温度 t_0 时的比热容，kJ/(m^3·℃)；

t_0——供气空气的环境温度，$t_0=20$℃。

由于以环境温度为基准点，空气带入的物理热为 $Q_{2入}=0$，得

$$Q_{入}=Q_{1入}=9.1688\times10^7(\text{kJ/h})$$

②支出热

a.有效利用率

$$Q_{1出}=\eta\times Q_{1入}$$

式中：η——考虑供热或发电能量转化率，一般设计中垃圾利用率取40%。

$$Q_{1出}=40\%\times9.1688\times10^7=3.6675\times10^7(\text{kJ/kg})$$

b.排烟热损失 $Q_{2出}$

$$Q_{2出}=m_yC_{py}(t_y-t_0)$$

式中：m_y——烟气流量；

C_{py}——烟气比热容，kJ/(m^3·℃)，一般取1.23 kJ/(m^3·℃)；

t_y——排烟出口温度，℃，一般取430℃；

t_0——环境温度，℃，一般取20℃。

$$Q_{2出}=7.075\times10^4\times1.23(430-20)=3.568\times10^7(\text{kJ/h})$$

③不完全燃烧热损失 $Q_{3出}$

在设计中，考虑机械炉排焚烧方式，固体不完全燃烧热损失按供入量的4%计。在设计中气体不完全燃烧损失量按供入量的1%计，那么不完全燃烧的损失为

$$Q_{3出}=(4\%+1\%)\times9.1688\times10^7=0.458\times10^7(\text{kJ/h})$$

④灰渣、飞灰物理热损失 $Q_{4出}$

$$Q_{4出}=a_{hz}C_{hz}(t_{hz}-t_0)\text{（飞灰忽略不计）}$$

式中：a_{hz}——灰渣量，t/h，取3.15 t/h；

C_{hz}——灰渣的比热，kJ/(kg·℃)，一般取0.413 kJ/(kg·℃)；

t_{hz}——出炉灰渣的温度，℃，一般取600℃；

t_0——环境温度，℃，一般取20℃。

$$Q_{4出}=3150\times0.413\times(600-20)=0.076\times10^7(\text{kJ/h})$$

⑤炉体散热损失 $Q_{5出}$

一般设计生活垃圾焚烧炉中炉体散热损失按供入热量的5%考虑，得

$$Q_{5出}=9.1688\times10^7\times5\%=0.458\times10^7(\text{kJ/h})$$

合计：

$$Q_{出}=Q_{1出}+Q_{2出}+Q_{3出}+Q_{4出}+Q_{5出}$$
$$=3.668\times10^7+3.568\times10^7+0.458\times10^7+0.076\times10^7+0.458\times10^7$$
$$=8.228\times10^7(\mathrm{kJ/h})$$

相对误差：

$$\Delta\delta=\frac{|Q_{入}-Q_{出}|}{Q_{入}}\times100\%=\frac{|9.1688\times10^7-8.228\times10^7|}{9.1688\times10^7}\times100\%=10\%$$

因此，$\Delta\delta>5\%$，则有效利用热为

$$\eta_{有效}=\frac{Q_{1出}+Q_{4出}}{Q_{入}}\times100\%=\frac{3.668\times10^7+0.076\times10^7}{9.1688\times10^7}\times100\%=40.8\%$$

焚烧炉是垃圾焚烧发电厂极其重要的核心设备，它决定着整个垃圾焚烧发电厂的工艺路线与工程造价。为了长期、稳定、可靠地运行，从长远考虑，本工程应选用技术成熟可靠的炉排炉焚烧方式。

炉排面由独立的多个炉瓦连接而成，炉排片上下重叠，一排固定，另一排运动，通过调整驱动机构，使炉排片交替运动，从而使垃圾得到充分的搅拌和翻滚，达到完全燃烧的目的。垃圾通过自身重力和炉排的推动力前进，直至排入渣斗。

炉排分为干燥段、燃烧段和燃烬段三部分。燃烧空气从炉排下方通过炉排之间的空隙进入炉膛内，起到助燃和清洁炉排的作用。

根据垃圾低位热值设计参数以及焚烧炉的技术特点，本项目焚烧炉的相关性能参数如表 4-14 所示。

表 4-14　焚烧炉性能参数表

性能参数名称	单位	数据
焚烧炉单台处理量	t/h	14.6
焚烧炉超负荷运行时的最大处理量	t/h	16
无助燃条件下使垃圾稳定燃烧的低位热值要求	kJ/kg	4600
焚烧炉年正常工作时间	h	≥8000
一期年处理能力	10^4 t	20
垃圾在焚烧炉中的停留时间	h	约 1.5
烟气在燃烧室中的停留时间	s	>2
燃烧室烟气温度	℃	850
助燃空气过剩系数		1.8
助燃空气温度	℃	200～230
焚烧炉允许负荷范围	%	60～110
焚烧炉经济负荷范围	%	80～100

续表

性能参数名称	单位	数据
燃烧室出口烟气中 CO 浓度	mg/Nm^3	100
燃烧室出口烟气中 O_2 浓度	%	6～12
余热锅炉过热蒸气温度	℃	400
余热锅炉过热蒸气压力	MPa	4.1
蒸气量指标(垃圾 350 t/d 下)	t/(h·炉)	26
余热锅炉排烟温度	℃	<230
余热锅炉给水温度	℃	130
单位处理耗电	KWh/t 垃圾	约 70
焚烧炉效率	%	77
焚烧炉渣热灼减率	%	≤5

3.余热锅炉的设计参数

余热锅炉的设计参数见表 4-15。

表 4-15　余热锅炉的设计参数表

序号	设计内容	设计参数
1	蒸气温度	400℃
2	蒸气压力	4.1 MPa (G)
3	最大连续蒸发量	26 t/h (LHV=6280 kJ/kg)
4	排烟温度	190～230℃
5	给水温度	130℃

4.轮发电系统

(1)设计原则

为提高垃圾焚烧发电厂的经济性,并防止对大气环境的热污染,应对焚烧过程产生的热能进行回收利用。本期工程垃圾处理规模为 700 t/d,远期将达到 1000 t/d。入炉垃圾设计热值为 6280 kJ/kg。垃圾经焚烧后,对垃圾焚烧余热通过能量转换的形式加以回收利用。垃圾焚烧炉和余热锅炉为一个组合体,余热锅炉的第一烟道就是垃圾焚烧炉炉膛,对它们组合体的总称为余热锅炉。在余热锅炉中,主要燃料是生活垃圾,转换能量的中间介质为水。垃圾焚烧产生的热量被介质吸收,未饱和水吸收烟气热量成为具有一定压力和温度的过热蒸气,过热蒸气驱动汽轮发电机组,热能被转换为电能。为了使垃圾焚烧在获得良好的社会效益的同时取得一定的经济效益,又由于本工程周围无蒸气热用户,故本工程拟利用垃圾焚烧锅炉产生的过热蒸气供汽轮发电机组发电。

一期两台焚烧炉配套余热锅炉产生压力4.1 MPa、温度400℃的总蒸气量为2×26=52(t/h),进入汽轮机带动发电机发电。

(2)汽轮发电机组参数

①汽轮机主要技术参数:

数量 1台

型号 N12—3.8

额定功率 12 MW

汽机额定进汽量 61 t/h

汽机最大进汽量 64 t/h

主汽门前蒸气压力 3.8 MPa(a)

主汽门前蒸气温度 395℃

额定转速 3000 r/min

抽汽级数 3级非调整抽汽(1空气预热器+1除氧器+1低压加热器)

给水温度 130℃

设计冷却水温度 27℃

最高冷却水温度 33℃

②一期发电机的主要技术参数:

数量 1台

型号 QF—12—2

额定功率 12 MW 10.5 kV

额定转速 3000 r/min

功率因数 0.8

频率变化范围 48.5～50.5 Hz

冷却方式 空气冷却

发电机效率 ＞97%

(3)热力系统

两台垃圾焚烧余热锅炉产生的过热蒸气汇集到主蒸气母管,在主蒸气母管上经汽机主汽门进入凝汽式汽轮机中做功驱动发电机发电后,排汽进入凝汽器冷凝为凝结水。由凝结水泵将凝结水加压后进入中压热力除氧器。除氧后的130℃给水由锅炉给水泵送至余热锅炉循环运行。空气预热器所需加热蒸气从汽轮机抽汽和汽包抽取,加热后冷却的凝结水返回至中压除氧器。

本工程的主蒸气系统采用母管制。给水泵进出口的高低压给水母管均采用母管制。在给水泵出口处还设有给水再循环管和再循环母管。

全厂设置一台连续排污扩容器和一台定期排污扩容器。连续排污扩容器的二次蒸气送回除氧器作为加热蒸气，以回收热量。锅炉排污水排入排污扩容器，排污扩容器的污水排入热井冷却后，进入厂区污水管网。

热力系统中设有两台减温减压器，用于当汽机因故停机或启动时，一级减温减压器将余热锅炉产生的蒸气降压降温到低压蒸气，供空气预热器加热用，疏水可利用余压送入除氧器；二级减温减压器供除氧器加热给水用。正常运行时，空气预热器、除氧器和低压加热器所需的加热用蒸气由汽轮机抽汽供给。

为使汽机排汽在凝汽器中凝结，系统中设有循环冷却水系统。循环水除供凝汽器冷却用水外，还供给发电机空气冷却器、油冷却器和部分设备冷却用水。

为使汽轮机获得尽可能好的经济性，凝汽器应保持一定的真空度，为此系统中设有抽汽器。另外，系统中还设有低位水箱、低位水泵和疏水箱、疏水泵，这些设备可将系统内有关设备和管道内的疏放水收集并送入除氧器，从而减少汽水损失，提高系统的经济性。

为满足汽轮发电机组本体的调节、保安和润滑等要求，汽机间还设有油系统，它包括油箱、油泵、油冷却器等。

由于本期工程只有 1 台汽轮机，为保证汽轮机检修或故障下焚烧厂的正常运行，本工程设置一台旁路凝汽器。当汽轮机发生故障时，蒸气进入旁路凝汽器，同时减少入炉垃圾量和降低锅炉的蒸发量。

4.3.9 运行工况技术经济指标

垃圾焚烧发电厂处理规模	700 t/d
垃圾焚烧炉数量	2 台
单台炉垃圾处理量	350 t/d
设计工况垃圾热值	6280 kJ/kg
设计工况单台炉产汽量	26 t/h
总产汽量	52 t/h
汽轮发电机组数量	1 台(12 MW)
设计工况下单台汽轮机进汽量	61 t/h

正常生产时，实行两炉两机运行制。考虑到每年机炉运行 8000 h，并均要有 760 h 的检修时间。本期工程年最大发电量约为 76×10^{6} kWh。

4.4 固体废弃物处理与处置工程设计案例三:其他一些典型工艺的应用举例

4.4.1 城市有机垃圾厌氧消化工程案例

1. 有机垃圾干法消化工程案例

厂址:法兰克福,landfill Florsheim-Wicker。

规模:分类收集家庭有机垃圾 45000 t/a+液体有机垃圾 5000 t/a。

处理对象:法兰克福西部及威斯巴登的分类收集家庭有机垃圾、食品加工业有机废物等。

工艺概况:推流式卧式干法消化(plug flow)反应器 3 台,年产 500 万方沼气,年发电 10.55×10^4 kWh,年产 14000 t 营养土用于填埋场终场覆盖或农用。图 4-13 为该厂的外景图。

图 4-13 法兰克福有机垃圾干法消化厂外景

(1)车间布置

如图 4-14 所示,该处理设施分为前处理车间、消化反应器、挤压脱水车间、除臭生物滤池、好氧干化隧道窑、出料车间。

图 4-14 法兰克福有机垃圾干法消化车间布置图

(2)工艺流程及特征

设施的组成:称重系统、给料系统、预处理系统、厌氧消化反应器系统、沼渣脱水系统、除尘除臭系统、沼渣好氧干化、沼液污水处理系统、沼气热电联产系统等部分。因为该项目建设在填埋场旁,其中沼液污水处理系统、沼气热电联产系统并入了填埋场的渗滤液处理及填埋气发电利用系统一起处理和利用(图 4-15)。

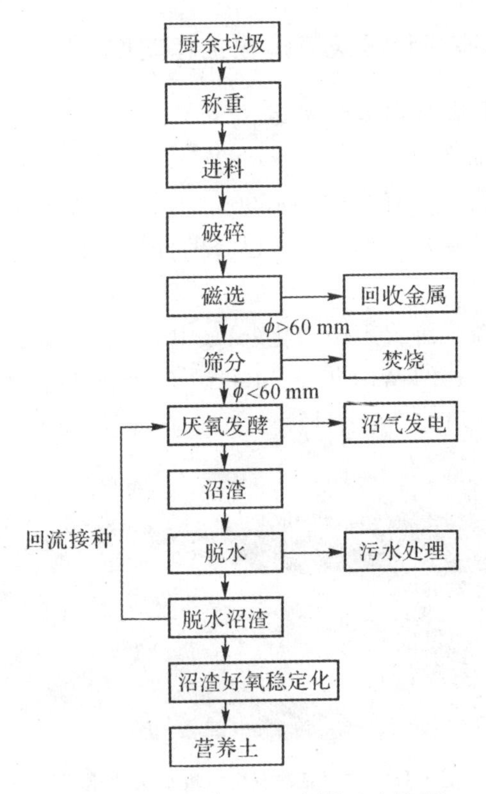

图 4-15　项目工艺流程示意图(ϕ 为粒径)

①厨余垃圾称重

在市区装满厨余垃圾的收集车进站时,智能化管理的称重计量系统自动进行垃圾吨位测量、存储数据然后打印记录。称重计量系统与全厂计算机监控管理系统联网,可分别按每车、每天、每月、每季度、每年统计厨余垃圾量,记录收集车运行状况,并适时输出相关数据,打印统计报表。

②给料系统

分类收集的厨余垃圾直接由垃圾车卸入处理车间内的受料区。为了防止卸料时产生的气味外溢,垃圾卸料厅设有两密闭卷帘门和空气幕墙,在垃圾车到达时，卷帘门打开，门两侧的空气幕墙将隔离车间内外的空气流通，阻断车间内臭气外溢。车间设有臭气收集系统，将收集的臭气进行集中处理。

③预处理系统

装载机将卸入受料区的垃圾直接送到破碎机破碎，再经过磁选和筛孔为60 mm的星盘筛，筛下物通过皮带机输送到缓冲库，并通过螺旋输送机输送到消化反应器的布料系统。大于60 mm的筛上物则送临近的生物质发电厂焚烧处理。

分选后筛下物中干物质含量为25%左右，粒径小于60 mm。

④厌氧发酵系统

从预处理系统破碎和分选的高有机质组分的物料，通过螺旋输送机布料输送到3个并列的卧式消化反应器，进入厌氧发酵产气系统。厌氧系统的厌氧发酵菌种主要有发酵细菌(产酸细菌)、产氢产乙酸菌、产甲烷菌等。卧式干法消化反应器是顺流混合式反应器，底部为半圆形。反应器采用钢筋混凝土防腐结构。根据设计温度与大气温度最低温差，反应器需要进行隔热处理，罐外部有绝缘保温层。搅拌方式为机械搅拌。

a.厌氧消化反应器。这是厌氧发酵系统中最重要的装置，该工艺采用卧式顺流式消化反应器，横截面底部为半圆形；采用混凝土和钢结构结合的密封结构，内部保持轻微的过压状态；顶部设有沼气收集罩，包括安全阀、观察和检测仪表等设备。本项目由3个并列的卧式消化反应器组成，每个消化反应器长为28 m，宽为7.5 m，有效高度为7 m(图4-16和图4-17)。

图4-16 消化反应器进料端螺旋

图 4-17　消化反应器顶部的提升和布料、进料机构

该工艺采用“塞流”工艺，有一个缓慢旋转的纵向的搅拌装置。物料经过预处理后与来自末端出料柱塞泵的回流物料在反应器内混合接种，在反应器内呈半流态状态，通过中间的搅拌轴及其叶片缓慢转动进行搅拌和接种，物料在搅拌和流体作用下自然流向另一端。设计物料在消化反应器内的停留时间为 18 d。

在 55℃高温下，物料进行发酵，采用沼气发电系统的余热进行消化反应器的温度控制调节，在消化反应器内壁布设有调温用的水管。发酵产生的沼气从顶部管道抽走，进入沼气利用设施进行利用。经过消化反应后，物料的含固量为 20%。

干式发酵技术的核心设备是消化反应器。在消化反应器中，有机垃圾进行厌氧发酵降解，同时产生沼气。消化反应器内的温度设定为 55℃，保证了高温厌氧菌生长和繁殖的适宜条件。55℃控温反应和 14～18 d 的发酵期保证了发酵产物完全腐熟并达到较好的消毒效果。

部分经过发酵的生物垃圾(发酵产物)将作为活性生物与新的物料混合，以加速物料的发酵过程。

b. 温度控制。该项目采用高温厌氧发酵工艺，通过在罐体外部表面设置保温隔热层，来防止热量散失，另外，反应器设有加热热水管进行温度补偿，补充散失的热量，从而将消化反应器内部温度控制在 55℃左右。

c. 搅拌方式。进入消化反应器的反应物料主要为分类收集的厨余垃圾。为了使物料在消化反应器内更好地混合均匀和接种，采用物料回流接种的工艺，并通过水平转轴缓慢的搅拌作用与消化物料均匀混合，促进消化反应速度。该系统搅拌速度小，电量消耗低。

d. 工艺参数监控。消化反应器内部设有检测装置，对反应器内部压力、甲烷与二氧化碳含量等指标进行测定和监控。整个发酵过程通过自动控制系统对消化反应器的进料、出料、搅拌频率、pH 值、温度等参数进行在线检测和监控(表 4-16)。另外,对发酵液定期取样,对更多的指标(挥发酸、氨氮等)进行实验室测试,测试结果及时反馈,以便操作人员及时调整消化反应器运行参数,保证厌氧消化过程的持续和稳定。

表 4-16 厌氧发酵系统的工艺控制参数

控制参数	发酵温度	停留时间	进料固含率	出料固含率	pH 值
数值	55℃	18 d	25%	20%	7～7.5

e. 进料、出料。采用连续的方式进行进料和出料,消化反应器中物料体积要保持恒定,因此反应器的排料时间、排料量与进料时间、进料量相同,即消化反应器中厨余垃圾进料与沼渣排料同时进行。出料选用设有控制阀门的重力自然出料方式,排放出的沼渣进入柱塞泵,直接送至挤压脱水系统。

⑤沼渣脱水系统

从消化反应器尾部出来的物料,用柱塞泵输送到沼渣脱水车间,再经过螺旋挤压脱水。沼渣期望的干物质含量由压力机设定。脱水后的沼渣含水率约为40%,直接用皮带机输送到隧道窑式好氧干化车间。图 4-18 为沼渣脱水系统。

脱出沼液经过气浮除渣后送往填埋场污水处理厂处理。按照德国的技术标准,沼液也可以作为液肥施用。

⑥好氧干化

脱水的沼渣采用皮带输送机自动进料和布料,进入隧道窑式好氧系统(图 4-19)。隧道窑底部设有通风沟,便于风机将空气送入堆体,为好氧生物反应提供充足的氧气。经过 10 d 的好氧干化,含水率从 60%下降到 50%。其间,在第 5 天进行一次倒仓,以便于物料的均匀干化。

图 4-18 沼渣脱水系统

图 4-19 沼渣好氧干化仓

干化完后的物料用装载机出料并装车运输到填埋场顶部堆放，自然稳定化后待用，其中部分作为填埋场终场覆盖土，部分送到 6 km 外的农田作为营养土使用。

⑦臭气处理

从给料和预处理车间、好氧干化车间收集的废气和臭气，首先通过喷淋酸洗，去除其中的氨，然后经过生物滤池处理后，通过烟囱排放。

2. 有机垃圾湿法消化工程案例

传统的全混合式湿法厌氧消化反应器存在物料容易发生短路等致命缺陷，因此无法保证所有物料都能有充足的停留时间和充分的厌氧消化反应，所以有机物降解效率低，沼气产出率低，有机物的稳定化效果差。而欧洲发展的推流式厌氧消化反应器技术弥补了该缺点，它保证所有物料都经过充足的停留时间和厌氧消化反应，而不会由于短路而排出反应器。其可使有机物降解彻底，沼气产量高，总的停留时间缩短。

由德国 VENTURY 公司(ventury GmbH Energieanlagen)发展的推流式厌氧消化反应器技术，是近年发展起来的新兴的具代表性的厌氧消化工艺技术之一，广泛应用于污泥处理、畜牧和农业废物处理、餐厨垃圾处理等有机垃圾的厌氧消化处理工程。

(1)推流式厌氧发酵工艺

推流式消化反应器由内筒和外筒组成，底部通过旋流板相连通。经过预处理分离的有机浆液由外筒顶部进入，再通过底部进入内筒，消化完毕的物料通过内筒顶部溢流出料。物料的流动是推流式的，保证所有物料在消化反应器内停留足够的时间，新进入的物料不会未经充分消化反应就排出消化反应器。新物料通过内筒顶部充分消化的旧物料回流到外筒进行接种和局部混合。

通过调节内外筒之间的压力差来实现物料的进出料和接种混合，并通过在内外两个筒间快速流动时由旋流器在底部产生旋流，将沉淀的杂质推送到外筒底部的角上，通过阀门排出，保证其不在底部沉积。漂浮物也通过外筒顶部排出，不会形成结壳来影响反应器的安全运行。

推流式厌氧发酵工艺流程如下：

①内罐产生的沼气及时抽排到储气罐，两边没有压差。

②打开外罐与储气包间的阀门，内外罐间气体阀门关闭，两罐之间建立压力差 400 bar，外罐液面下降，内罐液面上升。

③外罐进料泵工作，同时内罐自溢式出料。定期通过自压力将底部沉渣

排出和外罐顶部漂浮物溢流排出，避免顶部结壳。

④打开两罐间气体阀门，同时打开回流接种阀门。内罐物流迅速回流到外罐，在底部的旋流板作用下产生快速的旋流，将沉积在底部的杂质推送到边角，便于排出。同时，内罐顶部物料对外罐顶部新进入的物料进行接种和混合。

通过这样一个循环，实现了进料、出料、接种、除渣等功能，在保证低能耗安全运行的同时，也具有比常规消化反应器更高的效率。

图 4-20 为推流式厌氧发酵工艺原理示意图。

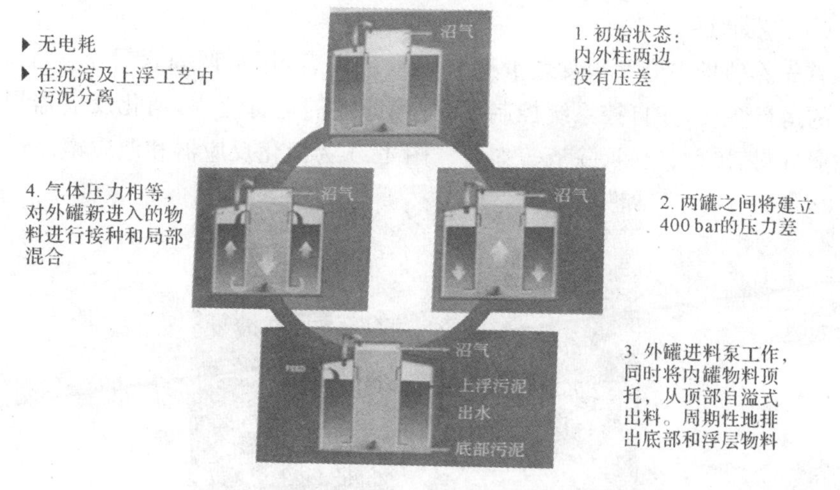

图 4-20 推流式厌氧发酵工艺原理示意图

实际上反应器是半连续进出料的，进行一个循环每天约需 1 个多小时。可根据物料具体情况决定底部排渣和顶部溢渣次数。

该反应器工作原理是利用气体负压，不需要搅拌装置和循环泵。物料的进出料、接种和混合通过在反应器内外罐的压力转换过程中完成。反应器为钢混凝土结构，分为内罐和外罐两个空间。

根据沼气产量和反应器内沼气的压力（压力测量装置控制）进行加料，平均每天 10～12 个加料过程。

这种工艺具有自动化程度高，低维护，低能耗的特点。物料推流过程能避免物料短路，从而避免没有完全反应的物料直接排出反应器。罐体内的沉淀物质将在反应器底部收集并定期排走，从而避免沉淀物堆积的优点。

(2)德累斯顿农业废物厌氧消化工程案例

①项目概况

场址：位于德累斯顿西郊养殖场。

处理对象：主要处理养殖场牛粪和废弃粮食。

处理能力：70 t/d。

反应器形式：双罐推流式湿法消化，35℃中温消化。

反应器容量：3 m^3。

后储存罐容量：900 m^3。

热电联产：500 kW 发电机组。

运行起始时间：2009 年。

技术提供商：ventury GmbH Energieanlagen。

②工艺描述

首先养殖场牛粪和粮食废弃物在调质罐混合，用水调固含量至 8%。根据设定的运行频次，在自控系统控制下，按照前述的运行流程，消化反应器周期性地完成进料、接种、出料、除渣等作业。图 4-21 为消化反应器和调质罐外形图。

图 4-21　消化反应器和调质罐

经过混合调质的物料，通过外罐泵入消化反应器，再通过反应器底部的连通，在完成消化反应后，通过内灌顶部溢流出料，最后通过管道进入后储存罐。

后储存罐的作用包括：

a. 顶部的沼气包起到沼气储存罐和缓冲作用；

b. 让物料中的沼气泡充分释放出来；

c. 进一步提高降解率。

后发酵罐是半地下混凝土结构，罐内有潜水搅拌装置混匀物料。

沼气存储包是膜装的罐体，该膜体设计为双层高强度 PVC 纤维膜（图 4-22）。外膜密封缓冲罐上的气体空间，内膜的张力根据里面气体的多少增加或减少。内外膜均由一种防紫外线、防风化和微生物的耐磨材料组成。高度耐久聚酯纤维具有很高的耐用性和屈曲应力。

4-22 污泥后储存罐及顶部的储气包

整个后储存罐系统的主要功能包括：

a. 储气功能。

b. 增压功能。

c. 泄压功能。

d. 电子泄压及水封保护、泄压双重泄压方式。

e. 气压稳压功能。

f. 显示功能。

g. 外膜压力及内膜容量显示：均为无级精确连续电子 LED 显示。

h. 控制过程显示：指示灯显示。

i. 外膜恒压控制功能。

j. 一般为逻辑电路控制，也可以订制成 PLC 系统。

k. 外膜控制压力值可在一定范围内(300～5000 Pa)进行随意调整。

l. 内膜容量控制功能。

m. 内膜沼气容量(不是压力)高、低位信号精确输出及报警；便于后置设备的启动和停止，如高位火炬点燃信号输出、低位后增压机停启信号输出、报警信号输出、中位信号输出等；此信号是连续信号，可以在使用过程中任意调整以达到合理最佳效果。

n. 内外膜保护功能。

o. 露天放置。

消化反应器在底部设有排渣管道，根据物料情况定期打开阀门，沉积在底部的重杂质依靠重力自动排到后储存罐。

如图 4-23 所示的两条连通消化反应器和后储存罐的管道，其中上面一条是溢流出料管道，下面一条带有电磁阀的是排砂管道。

图 4-23　连通消化反应器和后储存罐的管道

根据德国有关技术规范，农业废物经厌氧消化后的沼渣不需进行固液分离，在储存 180 d 以后，可直接施用到农田。图 4-24 是用于储存沼渣的储池，底部铺设高密度聚乙烯防渗层。

图 4-24　沼渣储池

③推流式湿法消化的特点

a. 没有搅拌装置，不需要内部的搅拌，因而能耗和运行维护费用较低。

b. 具有除去沉淀物和漂浮物的功能，保证了运营的安全性；适宜于处理含沙量较高或杂质难以去除的物料，如含沙的污泥和餐厨垃圾等。

c. 高效的降解，避免物料短路流出，充分的停留时间和降解率，消除了完全混合消化反应器反应不完全的缺陷，VS 降解率提高到 80%以上。

d. 停留时间短，节约了反应时间。

e. 高产气量，与常规相比高出 30%以上。

(3)高固含量有机废物厌氧消化技术的比较

①预处理要求和对物料的敏感度

湿法厌氧消化技术对物料预处理的要求高，但这也是工艺的风险所在。湿法工艺的物料水分含量高，如果在进入消化反应器前没有提前去除玻璃、碎砖石、塑料和纤维等异物，重物的沉淀积累和漂浮物在表面的集结，会严重影响工艺过程。因此，湿法厌氧消化对预处理工艺的要求较严格，但也导致了挥发性有机组分的损失，从而影响了产气量。而干法技术对物料的预处理要求要低得多，对重物和塑料的敏感度很小，不需要严格的分选，通常只需破碎并通过 60 mm 筛子即可。

②后处理

湿法发酵后，脱水后含固量只能为 20%左右。其发酵沼渣特性如同污水厂脱水污泥，难以直接进行好氧稳定化，需要加入大量的干物料或骨架材料；而干法发酵后，残渣可以脱水挤压到固含量为 40%左右，可以直接进行好氧稳定化或干化。

③污水处理

湿法发酵要求将物料稀释到固含量为 8%～12%，因此需要加入 100%～120%的水；对于 200 t/d 的设施，有 350～370 t/d 沼液需要处理。而干法工艺，只需处理工艺过程中垃圾自身发酵所产生的游离水。

④工艺能耗

湿法自耗能较高，最高可达产能的 50%，主要是泵和脱水及污水处理的能耗。而干法发酵由于前处理和后处理简单，典型能耗率只占总产能的 20%～30%。

因此，固含量 25%及以上的有机垃圾，干法发酵相对于湿法发酵的优势在于：

a. 将污水处理量降到最少；

b. 对杂质异物敏感性小，预处理工序简单；

c. 可以采用高温参数，转化效率高，停留时间短；

d. 系统更稳定，可靠性好；

e. 残渣量小，含水率低，容易进一步好氧干化或稳定化。

4.4.2 综合处理的典型工程案例

这里介绍 MBT＋生物干化＋流化床焚烧案例。

20 世纪 90 年代以来，较多的 MBT(机械—生物处理)设施采用生物干化工艺，利用有机物好氧降解过程中产生的热量，通过 2 周的处理时间，达到干化垃圾的目的。对过程进行控制则通过控制通入的空气量来实现。

在意大利、奥地利以东的欧洲地区，通过好氧机械生物处理生产 RDF(垃圾衍生燃料)，应用于流化床锅炉或作为水泥窑燃料的项目案例较多。例如，位于意大利米兰的 Sistema Ecodeco 的 MBT 处理厂，采用 MBT＋生物干化处理技术对混合生活垃圾进行处理，之后将其制成 RDF，作为流化床焚烧炉的替代燃料。

1. 机械预处理和生物干化过程

运送来的垃圾贮存在垃圾坑中，用抓吊送到破碎机，破碎到 150 mm 以下。然后用抓吊装卸到位于封闭车间内的平行布置的大型好氧条垛仓内。每个条垛仓宽 3 m，高 6 m，长 30～40 m。该设施共有 19 个条垛仓，空气从条垛的底部进入，通过控制风量将温度控制在 40～50℃。车间顶部安装有生物滤池，进行臭气处理。生物滤池采用树皮作为填料，喷水保持湿度，每 4 年更换 1 次。

物料停留 2 周后，可实现 20％～30％的减量(主要是水分损失，也有 1.5％的碳减量)。物料进一步加工成 RDF。

2. RDF 加工

首先筛分干化后的物料，20 mm 以下的直接填埋。其余的经过气流分选，重物质填埋处理，轻物质经过磁选和涡流分选去除金属，再粉碎到 30 mm 以下，作为 RDF 成品利用，送鼓泡流化床焚烧发电。

RDF 成品的含水率为 15％，热值为 17600 kJ/kg，氯化物含量为 0.6％。

上述工艺的流程如图 4-25 所示。

该厂每年处理 70000 t 垃圾，产生 35000 t RDF，用于循环流化床锅炉发电。图 4-26～图 4-30 为该工程实际运行的照片图。

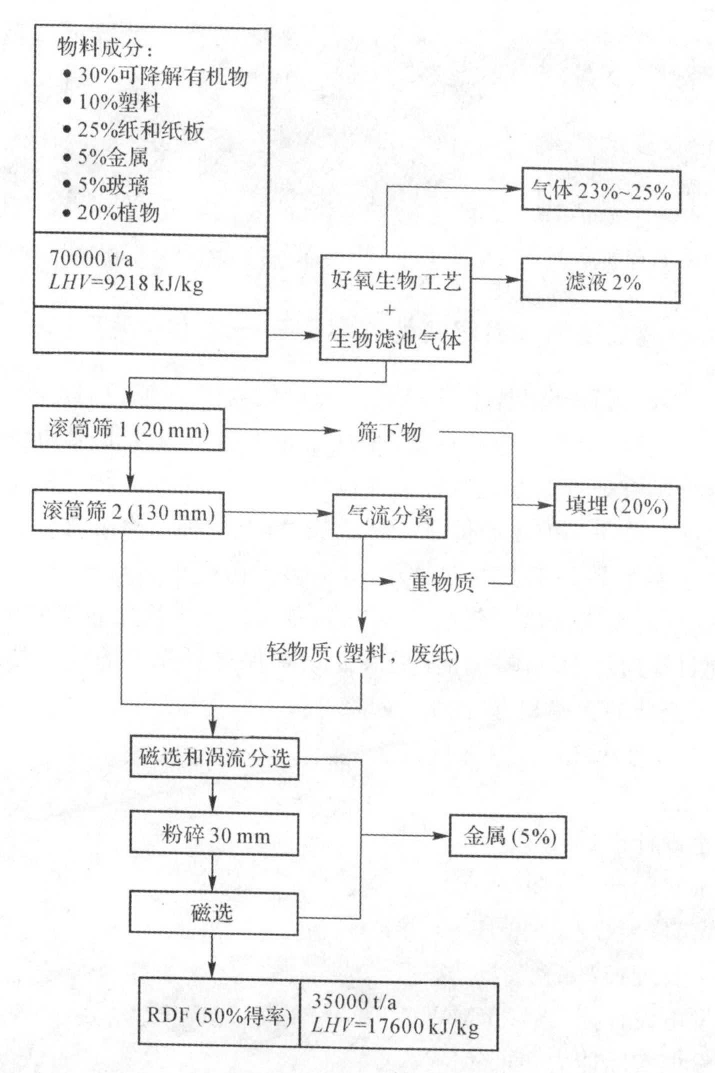

图 4-25　工艺流程示意图

图 4-26　垃圾坑、抓吊和破碎机(150 mm)
(通过抓吊将物料输送到好氧干化仓)

图 4-27　好氧堆肥
(仓顶部的生物滤池)

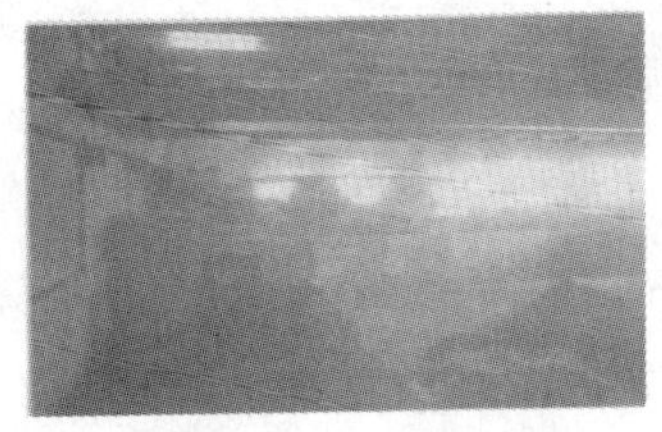

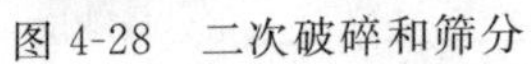

图 4-28　二次破碎和筛分

图 4-29　布袋除尘

图 4-30　RDF 成品库

4.4.3　危险废物水泥窑共处置案例——北京水泥厂

北京金隅红树林环保技术有限责任公司成立于 2005 年 12 月(以下简称金隅红树林),隶属于北京金隅集团,是北京市专业处置工业废物规模最大的公司,拥有全国首条专业处置城市工业废物示范线,工业废物处置能力为$(8\sim10)\times10^4$ t/d。公司目前已取得了环保部颁发的 30 种危险废物的处置经营许可证,2009 年处置各种工业废物 5 万吨(不包括污染土壤),其中包括 28 类总计 2×10^4 t 危险废物。该示范线项目曾被列入第三批国家重点技术改造“双高一优”项目导向计划。国家环保局和北京环保局对先进的废物处理工艺生产线给予了充分的支持和肯定。

1. 生产工艺情况

(1)工艺参数

水泥窑设计产量:3000 t/d;

水泥窑实际产量:3200 t/d;

水泥窑直径:4.2 m;

水泥窑长度:67 m;

余热发电设计能力:7.5 MW;

余热发电实际能力:4.5 MW;

吨熟料发电量:24.5 kWh/t;

高温风机能力:290000 m^3/h。

(2)燃料

水分:14.3%;

用量:178032 t/a;

热值(收到基):21873 kJ/kg;

挥发分:28.95%;

固定碳:51.32%;

灰分:11.59%。

(3)原料

石灰石用量:1749600 t/a;

硅质校正料用量及种类:砂岩 67600.2 t/a;

铁质校正料用量及种类:铁粉 37140 t/a;

石膏用量及种类:天然石膏 30313.8 t/a,脱硫石膏 32280.6 t/a;

混合材用量及种类粉:煤灰 119745 t/a,高炉矿渣粉 51865.8 t/a。

(4)能耗

吨水泥综合电耗:109.26 kWh/t;

吨水泥综合能耗:99.32 kg ce/t;

吨熟料综合电耗:43.76 kWh/t;

吨熟料综合能耗:117.04 kg ce/t;

吨熟料标煤耗:115.0 kg ce/t。

注:kg ce/t 指千克标准煤/吨。

(5)设备规格及型号(表 4-17)

表 4-17 设备规格及型号

分解炉规格及型号	TD 型分解炉 ϕ6300 mm	生料磨类型	中卸磨
预热器级数	5 级	生料磨规格	ϕ5.0 m×10 m+2.5 m
预热器系列	双系列	生料磨数量	1 台
窑头袋式收尘器	35×10^4 m^3/h	水泥磨类型	球磨
窑尾袋式收尘器	60×10^4 m^3/h	水泥磨规格	ϕ4.2 m×13 m
		水泥磨数量	1 台

(6)原料成分(表 4-18)

表 4-18 原料成分

单位:%

成分	SiO_2	Al_2O_3	Fe_2O_3	CaO	MgO	K_2O	Na_2O	SO_3
石灰石	6.42	1.61	1.17	48.21	1.62	0.51	0.04	0.08
黏土质								
硅质	88.24	4.15	1. 31	1.03	0.59	0.83	0.04	0.04
铁质	45.02	3.99	39.27	1.47	1.41	0.34	0.12	0.39
混合材	50.59	31.41	4.58	3.89	0.79	1.09	0.13	0.33
石膏								39.72

(7)产品成分(表 4-19)

表 4-19 产品成分

单位:%

项目	SiO_2	Al_2O_3	Fe_2O_3	CaO	MgO	K_2O	Na_2O	SO_3
熟料成分	21.84	5.06	3.40	64.77	2.56	0.85	0.21	0.59

(8)熟料物理检验(表 4-20)

表 4-20 熟料物理检验

3 天强度(MPa)		28 天强度(MPa)		需水量(%)	初凝时间(min)	终凝时间(min)
抗压	抗折	抗压	抗折			
5.9	29.0	8.7	54.9	24. 22	121	168

(9)质量控制指标(表 4-21)

表 4-21 质量控制指标

项目	3 天强度	28 天强度	MgO	f-CaO	Cl	K_2O	Na_2O	SO_3
熟料	≥26 MPa	≥58 MPa	≤5.0%	≤1.5%	≤0.06%	碱当量≤0.8%		≤1.5%
水泥	≥24 MPa	≥52 MPa	≤5.0%		≤0.06%	碱当量≤0.7%		≤3.5%

2. 处理废物情况

(1)处理废物种类

在正常条件下,窑内物料温度为 1450℃,物料停留时间为 30~40 min,燃烧时产生的烟气在窑内可停留 6 s,炉内气体温度可达 1750℃。在保证产品质量的前提下,结合各生产工序设备情况,焚烧时由人工将固态废物从窑尾均匀加入,瓶装液态、半固态废物用空气炮从窑尾直接打入水泥烧成段,液态有机废液随燃油从窑头喷入。根据环保规划,每年可焚烧(1~1.5)×10^4 t 有害废物。按每天水泥原料投料 3700 t 计算,每小时可焚烧 1~1.5 t 废物。焚烧产生的废气经布袋除尘器处理后,通过 100 m 高的烟囱排入大气。

本项目采用水泥回转窑焚烧有害废弃物。按照废弃物在水泥生产中的作用,将有害废弃物分成三类:

①用作二次燃料。对于含有热值的有机废弃物,包括固体、液体和半固体状污泥,可作为水泥窑的“二次燃料”。

②用作水泥生产原料。对于主要含重金属的各种废弃渣,尽管其不含或少含可燃物质,但可作为水泥生产原料来利用;而对于卤素含量高的有机化合物和含镁、碱、硫、磷等的废弃物,由于其对水泥烧成工艺或水泥性能有一定影响,应严格控制其焚烧喂入量。

③对含 Hg 废弃料等不宜入窑焚烧。

北京水泥厂根据水泥工业特点，结合上述利用途径，对北京市工业危险废物的分类情况详见表 4-22。该厂可处理的废物包括《国家危险废物名录》中列出的 47 类中的 28 类危险废物，如废酸碱、废化学试剂、废有机溶剂等工业危险废物和医药废物等。北京水泥厂工艺包括浆渣制备系统、替代燃料制备焚烧系统、废液处置系统、危险废物处置系统、残渣处置系统、工业污泥处置系统。废物处置流程见图 4-31。

表 4-22 北京市工业危险废物的分类(根据水泥工业特点分类)

废物类型	序号	废物种类	排放源
用作二次燃料	1	染料涂料类	北京印刷厂油墨渣(固态和半固态)；北京轻型汽车公司废喷漆渣和废电泳漆渣；北内锻造公司废油漆渣；北京吉普汽车有限公司废油漆渣
	2	医药废物	北京第二制药厂烟酸废炭、异烟肼废炭和甲壬酮高沸物；北京制药厂制药母液
	3	有机树脂类	红狮涂料公司树脂废渣；北京化工二厂有机硅废渣和二氯乙烷残液；北京轻型汽车公司废沥青渣；北京东方罗门哈斯有限公司压敏焦渣和丙烯酸树脂渣
	4	废乳化液	北内集团废乳化液：北京吉普汽车有限公司废乳化液；北京天伟油嘴油泵有限公司废乳化液
	5	废矿物油	北内集团废矿物油；北京天伟油嘴油泵有限公司废矿物油
	6	热处理含氰废物	北内锻造公司热处理渣
	7	废卤化物有机溶剂	北京天伟油嘴油泵有限公司三氯乙烯废液
用作水泥原料	1	含铜废物	北京冶炼厂铜渣；北京吉普汽车有限公司废铜渣
	2	含锌废物	北京冶炼厂锌渣；北京吉普汽车有限公司镀锌污泥
	3	表面处理废物	北京天伟油嘴油泵有限公司电镀污泥和亚硝酸钠热处理渣
	4	含钡、氯废物	北京天伟油嘴油泵有限公司氯化钡热处理渣
	5	医药废物	北京第二制药厂氯化钠渣

废物焚烧与新型回转窑煅烧两项技术有机结合，在生产优质水泥熟料的同时焚烧处置工业废物，实现了利用水泥回转窑处置废物与环境保护的充分结合，对工业废物处置彻底，不会造成二次污染，没有残渣产生。金隅红树林公司主要以液态(如工业废液)、固态(如工业垃圾)和半固态(如工业污泥和其他可利用废物)三大类城市工业废物的无害化、资源化、减量化处置为主，拥有世界先进的废物预处理工艺设备、国内新型回转式焚烧炉系统，并配备了较为完善的化验设备及监测设备。新型回转式焚烧炉系统采用法国皮拉德公司最

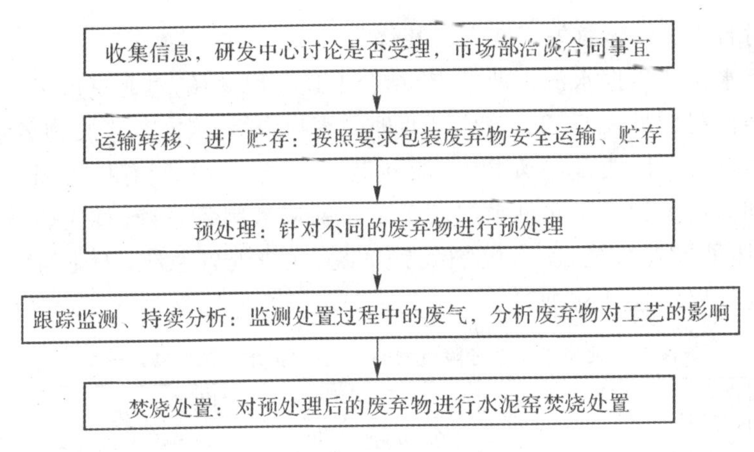

图 4-31　北京水泥厂废物处置流程

新的多通道低氮燃烧器技术，为国内首次使用，可实现煤粉、工业废液、危险废物、替代燃料的同时燃烧。整条处理工艺路线包括浆渣制备系统、废液处理系统、污泥搅拌系统、焚烧残渣处理系统、废酸直接焚烧系统、酸碱中和处理系统、替代燃料制备系统、乳化液处置系统。

(2)关键工艺。北京水泥厂解决的利用水泥窑处置危险废物的技术难题如下：

①在国外利用的水泥窑危险废物一般是经过专业危险废物处理厂预处理之后，适宜进水泥窑焚烧的废物，由水泥厂焚烧处置。而我国危险废物管理刚刚起步，没有专业的危险废物预处理厂，从产废单位收集的危险废物直接进入水泥厂，对危险废物的安全运输、分类贮存是水泥生产企业必须解决的难题。

②固体废物成分复杂，自身发热量差异较大，在连续处置过程中经常造成窑内“忽冷忽热”的现象，发生废物处置和窑况稳定之间的矛盾。

③危险废物有 47 大类，很多废物相互之间具有反应性，处置不当，会发热、爆炸，产生有毒气体等，如酸和碱、酸和氰化物。因此，安全处置危险废物必须掌握废物物理化学特征，做好危险废物的预处理的安全措施。

④危险废物热值和稳定性差异很大，处置过程既要保证废物的彻底焚毁，又要考虑充分利用废物自身热值，必须摸索不同废物的入窑位置、入窑方式。

⑤卤族元素和碱性物质加入量不当会对水泥窑运行及熟料质量产生影响，因此必须合理计算、确定、控制含卤素物质和碱性物质的废物的焚烧量，确保熟料质量。

(3)关键预处理系统。该公司研究国内外废物预处理和处置技术，自主研发了 6 套工业废物预处理系统，并结合废物特性与窑的煅烧要求选择了 6 处入料点：

①浆渣制备焚烧系统。可将经过破碎后的工业垃圾、工业污泥、废液、废漆渣等多种废物投入混合设备内搅拌成浆渣状，最后经过浆体输送设备喷入窑尾烟室焚烧。

②替代燃料制备焚烧系统。将收集来的具有热值的工业废物经多级破碎后，制成粒径小的替代燃料，然后作为燃料从窑头多通道燃烧器喷入窑内焚烧，节约大量能源(煤粉)。

③废液处置系统。可将废酸液、废碱液在预处理阶段中和后，与收集来的废有机溶剂、废矿物油、废乳化液调配成具有一定热值的废液，然后作为燃料从多通道燃烧器喷入窑内焚烧，可替代部分煤粉，实现了资源的再利用。

④工业污泥处置系统。将各种工业污泥用稳定剂搅拌后，进入窑尾预燃炉，可替代部分原料。

⑤焚烧残渣处置系统。将各垃圾焚烧厂产生的焚烧残渣经过粉磨后，代替熟料生产使用的硅质、铝质原料，可彻底将焚烧残渣无害化处置。

⑥危险废物处置系统。将各垃圾焚烧厂产生的毒性强、含有害成分多的危险废物，通过气力输送经燃烧器喷入窑内焚烧，彻底消灭其危害。

(4)回转窑改进方案。为了确保安全处置工业废物，生产优质熟料，天津水泥设计研究院在进行回转窑焚烧系统设计时，对系统进行了如下 6 项改进：

①在窑尾增加了一个预燃炉系统，使得焚烧系统的热稳定性增强，确保了废物处置的连续和稳定。

②回转窑长度增加了 4 m，延长了废物的停留时间。由于回转窑热容大，稳定性高，使得系统适合处置液体、固体等多种形态的危险废物，而且可以实现废物的大量处置。

③回转窑前后均采用低氮燃烧系统来减少氮氧化物的排放，实现了煤粉、工业废液、危险废物、替代燃料的同时燃烧。窑头采用低一次风的大推力燃烧器，这样可以使燃料在较低的空气含量条件下进行正常的燃烧，并提高火焰空间的温度分布均齐性，从而有效地降低氮氧化物的形成。炉尾分解炉采用了具有实用新型专利的低氮氧化物在线分解炉，能起到很好的脱硝效果，确保废气中氮氧化物的排放达到国家标准。

④对废气处理系统进行了技术改进，修正了工艺参数，并采用了进口设备，确保了废物的安全无害化处置。

⑤建立了工业废物实验室，配备了先进的检验和分析仪器，如质谱仪、色谱仪、荧光分析仪等。对所有进厂的工业废物进行检验分析，确定废物的成

分、热值、重金属含量、废物毒性等,为后续处理分类提供数据。

⑥安装了废气在线监测系统,并与环保部门实现监测数据联网。

(5)完善管理。金隅红树林在处置危险废物过程中,始终认真贯彻《中华人民共和国固体废物污染环境防治法》,严格按照"无害化、资源化、减量化"的要求处置工业废物。依据《危险废物焚烧污染控制标准》和《危险废物贮存污染控制标准》等建立符合国家标准的废物处置场所,设置各种标志和标牌,建立专门的废物分拣贮存库、废物贮存坑,按标准要求进行防渗漏处理,采取单独废液收集措施,杜绝废物泄漏;对废物处置车间的气体进行收集,采取活性炭吸附和强制排风措施,将异味气体抽入窑内焚烧处置。

工业废物处置领域是特殊的行业。金隅红树林为确保废物处置工作全过程安全生产,将废物处置工作程序纳入环境管理体系和职业健康安全管理体系,各个岗位制订废物处置作业指导书。为保证废物从运输、储存、预处理到焚烧这些环节的安全生产,制定了一套完整的规章制度,其中包括《安全生产责任制》、《工业废物运输管理制度》、《工业废物预处理管理制度》、《工业废物处置操作规程》、《危险废物事故救援应急预案》等。公司定期检查制度执行情况,定期演练应急预案。

(6)信息化。金隅红树林研发中心自主开发了"北京金隅红树林公司废物处置管理系统",该系统专门用于废物处置管理,借助公司内部局域网形成了一个有效的管理网络(可延伸至外网),协助实现废物从处置申请、运输、入厂、入库、出库,到最终被处置销毁的全过程规范化管理,监控废物处置的各环节,方便把握各个部门对于整个工作流程的运行状况。2002 年 6 月 1 日系统正式运行,至今已完全达到了预期的效果。该系统的应用,极大提高了废物处置流程的工作效率,方便了部门之间的信息沟通,并减少了无谓的纠纷。目前,金隅红树林已经向国家知识产权局申请该系统软件的著作权,该软件可应用于废物处置的管理流程控制,并可根据情况对软件做出适当的修改。

(7)污染控制。目前,金隅红树林可处理的废物除了工业废物,还包括《国家危险废物名录》中 47 类危险废物中的 28 类,如废酸碱、废化学试剂、废有机溶剂、废矿物油、乳化液、医药废物、涂料染料废物、有机树脂类废物、精(蒸)馏残渣、焚烧处理残渣等。

① 对烟气中污染物进行检测

北京环保局环境监测中心、中国科学院生态环境研究中心等多家权威机构先后对金隅红树林的回转窑污染物排放进行了监测,其结果远远低于国家规定的排放标准(砷标准为 1.0 mg/m^3,实际排放小于 1.6×10^{-4} mg/m^3;铬标准为 0.1 mg/m³,实际排放小于 5×10^{-4} mg/m³;二噁英类标准为 0.5 ng TEQ/m³,实际排放均小于 0.009 ng TEQ/m³)。

根据《水泥工业大气污染物排放标准》(GB 4915—2001)和《危险废物焚烧污染控制标准》(GB 18484—2001),对水泥回转窑处理危险废物前后,其窑尾布袋除尘器出口烟道排放的废气中的颗粒物、二氧化硫、氮氧化物、氟化物等指标进行了现场取样检测分析,结果见表 4-23。

表 4-23 北京水泥厂大气污染物监测结果

污染物	不焚烧危险废物 排放浓度(mg/m³)	焚烧危险废物 排放浓度(mg/m³)	排放限值 排放浓度(mg/m³)
烟尘	1.5	2.5	30
SO_2	15	20	400
NO_x	400	524	800
HF	0.03	0.09	10
CO	49	76	80
HCl	0.69	0.53	60
Hg	0.01	0.03	0.1
As+Ni	0.0005	0.005	1.0(As+Ni)
Cr+Sb+Sn+Cu+Mn	0.056	0.18	4.0(Cr+Sn+Sb+Cu+Mn)
Pb	0.0063	0.05	1.0
Cd	0.005	0.008	0.1
林格曼黑度	一级	一级	林格曼一级

注:括号中数据为吨产品排放量。

烟尘、二氧化硫、氮氧化物、氟化物排放标准执行《水泥厂大气污染物排放标准》(GB 4915—2004),水泥厂旋窑系统危险废物大气污染物排放执行《危险废物焚烧污染控制标准》(GWKB 2—1999)。将排放物浓度和相应的标准进行对比分析可以发现,在用回转窑焚烧处理危险废物时,通过除尘器后的烟尘、氮氧化物、氟化物等的排放浓度和吨产品排放量均不超过《水泥厂大气污染物排放标准》(GB 4915—2004)中的有关限值,烟气中氯化氢和汞、铬、铅、镉、镍等重金属的排放浓度也远低于《危险废物焚烧污染控制标准》(GWKB 2—1999)中相应标准值。因此在当前的废物混烧量和操作条件下,水泥窑的工况没有受到任何不良影响,水泥窑处置危险废物完全符合相应的环境要求。

②水泥产品浸出毒性检测

水泥产品浸出毒性检测情况见表 4-24。

表 4-24 水泥产品浸出毒性检测记录单

序号	测试项目	测试结果	单位	序号	测试项目	测试结果	单位
1	镉	0.014	mg/L	5	铅	0.007	mg/L
2	铬	0.009	mg/L	6	锌	0.156	mg/L
3	铜	0.059	mg/L	7	砷	未检出	mg/L
4	镍	0.026	mg/L				

4.4.4 废电池的综合利用实例

各国对于不同种类废电池的综合利用工艺差别较大，以下简略介绍一些国家的处理实例。

1. 废含汞干电池的处理实例

瑞士 Wimmis 废电池处理厂处理废旧干电池，年处理量约为 3.0×10^3 t，产品为锰、铁、锌、汞。首先进行有机物焙烧，分解温度为 300～700℃，然后在熔炼炉中 1500℃条件下进行金属氧化物的还原，其中 Fe，Mn 等金属熔化，Zn 等蒸馏分离出来，Zn 蒸气挥发进入冷凝器，得以冷凝、分离。处理工艺流程如图 4-32 所示。

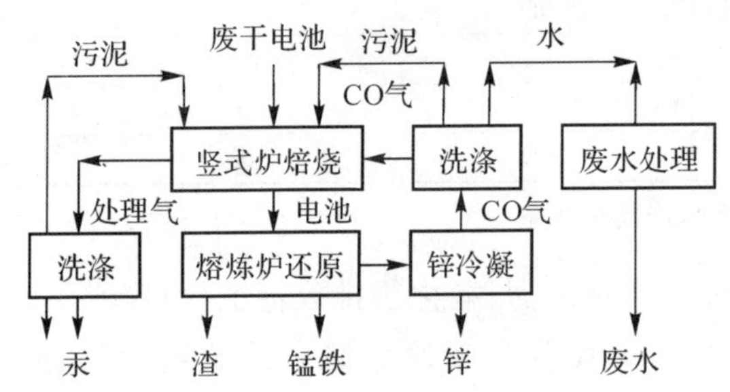

图 4-32 干电池处理工艺流程

日本住友重机械工业株式会社开发了一种火法冶金电池回收工艺，用来处理碱性、锌碳和氧化汞电池。这一工艺的出现引起了许多欧洲国家的重视，因为它可以在减压条件下将废电池从生活垃圾中分离出来。瑞士 BATREC 公司将运用这一技术建设 2000 t/a 规模的工厂。

在日本通产省的资助下，清洁日本中心(CJC)开发了一种处理含汞废物(当然包括干电池)的技术。三井金属工业株式会社同野村矿山株式会社合作，采用这一技术在北海道 Itomuka 于 1985 年建成处理含汞废物的工厂。到 1987 年，这一工厂开始接受来自 300 多个自治体的废电池。根据日本厚生省的规定以及日本废弃物协会的安排，各个自治体将收集到的废电池送到这一工厂,并按 7.5×10^4 日元/t(500 美元/t)交纳费用。

2.镍镉电池

荷兰研究院(Dutch Research Institute)进行过镍镉废电池湿法冶金回收处理的深入研究,并于 1990 年进行了这一工艺的中试研究。工艺流程见图 4-33。首先对废镍镉电池进行破碎、筛分,筛分物分为粗颗粒和细颗粒。粗颗粒主要为铁外壳、塑料和纸,通过磁分离将粗颗粒分为铁和非铁两部分,然后分别用 6 mol/L 的盐酸在 30～60℃温度下清洗,去除黏附的镉。清洗过的铁碎片可以直接出售给钢铁厂生产铁镍合金,而非铁碎片由于含有镉而需要作为危险废物进行处置。细颗粒则用粗颗粒的清洗液浸滤,约有 97%的细颗粒和 99.5%的镉被溶解在浸滤液中。过滤浸滤液,滤出主要为铁和镍的残渣,残渣约占废电池的 1%,作为危险废物进行处置。过滤后的浸滤液用溶剂萃取出所含的镉,含镉萃取液用稀盐酸再萃取,产生氯化镉溶液。将溶液的 pH 值调到 4,然后通过沉淀、过滤去除其中所含铁。最终通过电解的方法回收镉,可得到纯度为 99.8%的金属镉。提取镉的浸滤液含有大量的铁和镍,铁可以通过氧化沉淀去除,然后用电解方法从浸滤液中回收高纯度的镍。

美国 INMETCO 公司在 1260℃的温度下用旋转炉处理各种已经破碎的镍镉电池,然后用水喷淋所收集的气体。水中残渣除含有大量的镉之外,还含有铅和锌,被送到镉的精炼工厂进一步提高纯度。炉中的铁镍残渣被送入埋弧电炉熔化以制取铁镍合金,这一产品可卖给不锈钢工厂,而副产品——无毒残渣可作为建筑用骨料出售。

法国 SNAM 公司 SAVAM 工厂进行镍镉电池处理。拆解工序主要是为了工业镍镉蓄电池所设。工业镍镉蓄电池进入工厂后,首先要拆掉塑料外壳,倾倒出电解液并进行处理,以便去除其中所含的镉,然后再出售给电池制造商。接下来将电池中的镉阳极板和镍阴极板分离开来。这些材料与普通民用镍镉电池一起被分选成三类:含铜废物、含镍不含镉废物和不含镍也不含镉废物。含镉废物进入热解炉去除所有有机物,剩下的金属废物进入蒸馏器。加热后镉蒸气立即在蒸馏器中被冷却,以铜矿渣形式回收镉。可以通过铸造的工艺提纯镉,经过提纯回收的镉纯度可达到 99.95%。剩下的铁镍废渣同含镍废料一起熔融,炼制铁镍合金,出售给不锈钢制造商。

瑞典 SAB NIFE 公司镍镉电池的回收工艺流程同 SAVAM 工厂的基本类似。工业镍镉电池被拆解、清洗、分类;民用密封镍镉电池先是进行热解去除有机物,然后将工业镍镉电池中的镉阳极板、民用密封镍镉电池的热解残渣同焦炭一起送入 900℃的电炉中,在该温度下镉被蒸馏成气体,然后在喷淋水浴中形成小镉球。镉球纯度高,可直接售出。热解产生的废气经过焚烧和水洗后排放。据介绍,SAB NIFE 具有每年回收 200 t 镉的生产能力(约处理 1400 t镍镉电池),废气中镉的排放量低于 5 kg/a,废水经处理后排放的镉总量低于 1 kg/a。

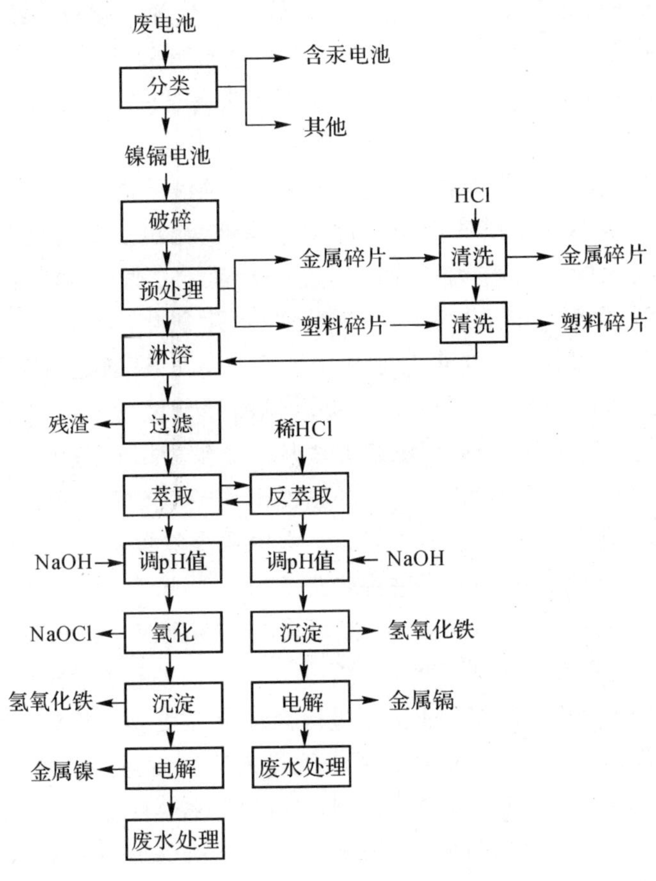

图 4-33　镍镉废电池湿法冶金回收处理工艺流程示意图

3. 铅酸废电池的回收利用

意大利的 Ginatta 回收厂的生产能力为 4.5 t/a,对工业废铅酸电池进行处理,处理能力为 1.175 kg/h,生产工艺流程如图 4-34 所示。处理工艺分四个阶段:①对废电池进行拆解,电池底壳同主体部分分离;②对电池主体进行活化,硫酸铅转化为氧化铅和金属铅;③电池溶解,转化生成纯铅;④利用电解池将电解液转化复原。

回收利用工艺过程中的底泥处理工序中,硫酸铅转化为碳酸铅。转化以后，底泥通过酸性电解液从电解池中浸出。电解液中所含的铅离子和底泥中的锑得到富集。在富集过程中，氧化铅和金属铅发生作用。

国内外废铅蓄电池处理厂很多。国内的大小废铅蓄电池的处理厂大约有300家，采用的多为火法处理工艺，技术较为落后，应鼓励推广先进的无污染处理技术。

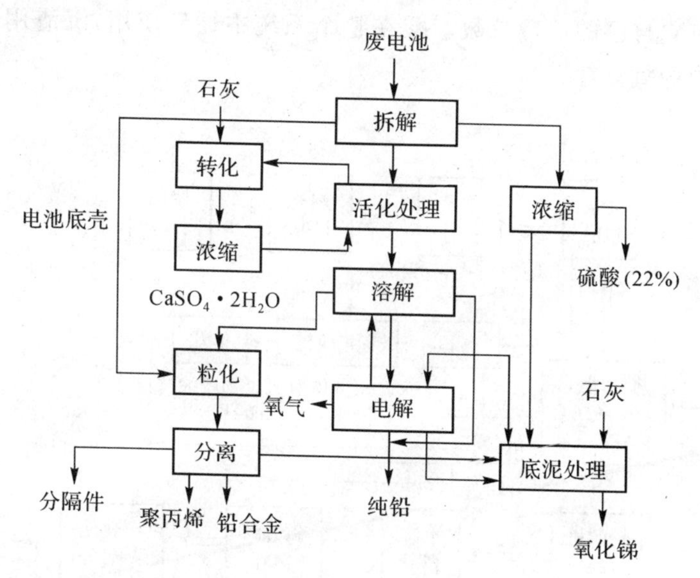

图 4-34 Ginatta 回收厂废电池处理工艺流程

4.混合废电池的回收

瑞士 Recytec 公司利用火法和湿法工艺相结合，处理没有分类的混合废电池，并分别回收其中的各种重金属。处理流程见图 4-35。首先，混合废电池在 600～650℃的负压条件下进行热处理。过程中产生的废气经过冷凝将其中的大部分组分转化为冷凝液。冷凝液经离心分离分为三部分，即含有氯化铵的水、液态有机废物和废油以及汞和镉。废水用铝进行置换沉淀去除其中含有的微量汞后，进入其他过程处理，或通过蒸发进行回收。从冷凝装置出来的废气经过水洗后进行二次燃烧以便去除其中的有机成分，然后通过活性炭吸附，最后排入大气中。洗涤废水同样进行置换沉淀去除所含微量汞后再排放。

热处理剩下的固体物质要进行破碎，然后在室温至 50℃的温度下水洗。这时氧化锰在水中形成悬浮物，同时溶解锂盐、钠盐和钾盐。清洗水经过沉淀去除氧化锰(其中含有微量的锌、石墨和铁)，然后通过蒸发、部分结晶回收碱金属(锂、钠和钾)盐。废水则进入其他过程处理，剩余固体通过磁处理回收铁和镍。最终的剩余固体进入被称为“Recytec™ 电化学系统和溶液”(Recytec™ Electrochemical Systems and Solutions)的工艺系统中。这些固体是混合废电池富含金属的部分，主要有锌、镉、铜、镍以及银等贵金属，还有微量的铁和它的二价盐。在这一系统中，首先通过磁分离去除含铁组分，非铁金属利用氟硼酸进行电解沉积。不同的金属用不同的电解沉积方法分离回收，每种方法有它自己的运行参数。酸在整个系统中循环使用，沉渣用电化学方法去除其中的氧化锰。

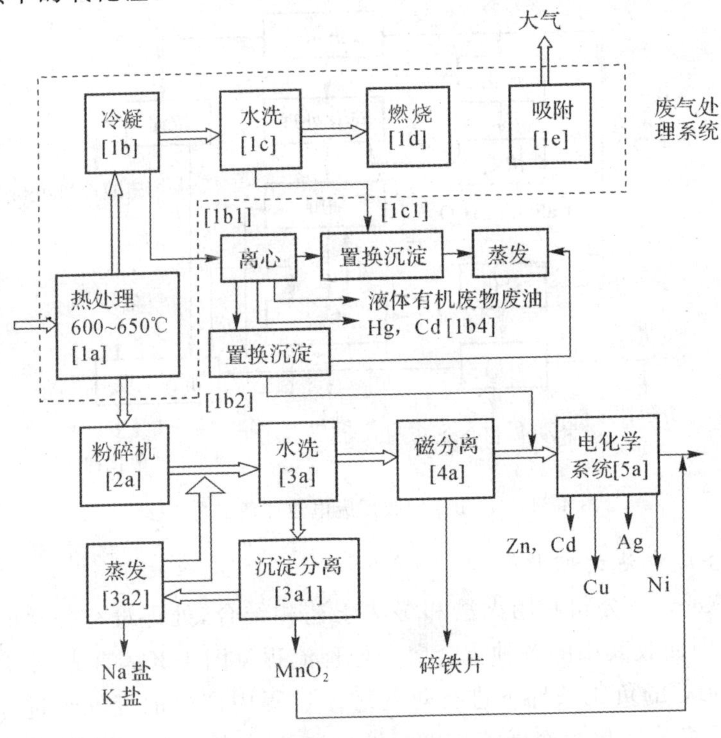

图 4-35　Recytec 废电池处理流程

据了解，整个过程没有二次废物的产生，水和酸闭路循环，废电池组分的95%被回收。

奥地利 Voest-Alpine 工程公司处理混合废电池。混合废电池主要包括纽扣电池和柱型电池(碱性和非碱性电池、锌碳电池等)。首先进行分选，分别将废电池分为纽扣电池和柱型电池。纽扣电池进入 650℃高温处理，汞被蒸发、冷凝并回收。剩下的残渣被溶解于硝酸(其中的不锈钢壳等物不溶解，将其分离)，在溶液中加入盐酸，然后分离出氯化银。氯化银用金属锌还原成金属银。过程中产生的废水用固定电解床去除所有微量汞，然后中和排放。

标准电池首先粉碎、筛分;通过磁选分离筛上物中的含铁碎片,剩下的是塑料和纸片;筛下物中主要含有氧化锰、锌粉和碳,通过热处理去除其中的汞和锌。热处理残渣通过淋溶除去钠和钾,剩下的产物可以用于生产电磁氧化物。所产生废水同处理纽扣电池产生的废水合并处理。

5

生态工程及生态治理工程设计案例

5.1 概　述

生态治理工程设计的目的就是遵循自然界物质循环的规律，充分发挥资源的生产潜力，防止环境污染，达到经济效益和生态效益的同步发展。与传统的工程相比较，生态治理工程是一类少消耗、多效益、可持续的工程治理体系。

生态治理工程主要是基于实现“循环经济”的原则，将一个系统产出的污染物转化为本系统或者另一个系统的生产原料，从而实现废弃物的资源化。而实现循环经济最重要的手段之一就是生态治理工程。

生态治理工程设计要求经济效益和生态效益统一、清洁生产以及生态系统保持持续发展的能力。学生们应学会应用生态系统中物质共生与循环再生的原理，并结合系统工程的最优化方法，设计出分层多级利用物质的生产工艺系统。

5.2 生态治理工程设计案例一：河道生态治理工程设计

5.2.1 概述

1. 基本情况

杭州某河道位于杭州市西湖区，为余杭塘河一支流，整体呈东西走向，东起丰潭路西 200 m 处(闸门处)，西至紫荆花北路。

本案例把河道东起丰潭路西 200 m 处(闸门处)，西至与娄家湾河交界处共长约 300 m 的河段，作为杭州该河道水环境生态修复工程的治理段，进行水环境生态修复工程的设计。

通过对该河道污染情况的实地调查、分析，河道水质为地表水劣Ⅴ类(标准)，是典型的重度富营养化水体。

河道汇集了区域内的部分生活污水(主要来自富源饭店东南角小海豚汽车服务机构处排污口)，三坝雅苑居民区初期雨水，菜地(位于建筑空地内)所施化肥地表径流带来的N、P污染。娄家湾河汇流区域的污染物通过水体自然交换而进入治理段，其中娄家湾河(河道中部分表面漂浮着大量垃圾，能闻到恶臭)水污染比较严重，而且由于污染物的积累，底泥中的氮、磷存在季节性释放问题；水体缺乏流动性，因此容易产生水华，夏季部分河段甚至会出现黑臭现象。

2. 治理段的基本情况

河道治理段两岸基本为原有土驳岸经加强和美化的自然驳岸。治理段水深 1.0～1.5 m 不等，总长约 300 m，宽 17～22 m 不等，总面积约 6000 m^2。水流方向从东向西，水体流速缓慢，基本无流动。水体中基本不存在高等水生植物，季节性存在以小杂鱼为主的水生动物，透明度在 10 cm 左右。水体水位波动与外河(西环河、余杭塘河)基本一致。

枯水期时，低于正常水位下 50 cm 时(平均水深小于 1 m)，水体底泥污染物的释放对水体影响较大，表现为河道出现大面积水华，甚至黑臭的现象。丰水期时，若高于正常水位 50 cm 时(平均水深大于 1.5 m)，水体底泥污染物的释放对水体影响相对较小；若在夏季，河道的水华或黑臭出现频率有所下降，而冬季基本不会出现黑臭、水华现象。

5.2.2 河道治理段水体生态环境调查与评价

1. 水质现状

2010年4月14日和5月12日采样得出的水质监测数据如表5-1所示。

表5-1 河道治理段两次水质监测数据(2010年)

分析项目(均值)	标准值(Ⅴ类)	4月14日		5月12日	
pH值	6.0～9.0	7.24	达标	7.60	达标
DO	≥2.0	1.03	超标	—	—
COD_{Cr}	≤40.0	86.10	超标	85.40	超标
氨氮	≤2.0	15.70	超标	44.30	超标
总P	≤0.4	0.19	达标	3.64	超标

说明:4月14日因取样当日下小雨,雨水对河道治理段的水质起到一定的稀释作用,N、P浓度相对较低;5月12日因天气连续晴热,水体黑臭,N、P浓度较高。

由水质监测数据及相关河道水质监测结果表明,治理段河道的DO、COD_{Cr}、氨氮等都超过地表水Ⅴ类标准,为劣Ⅴ类地表水。

2. 底质特性分析

河道底质结构为部分泥质、部分塘渣,由浮泥层、污泥层和淤泥质土三层组成,总厚度约为30～40 cm不等,主要污染物为死亡藻类、树叶、垃圾等沉积物。

3. 生物相现状初步调查情况

治理段河道内浮游植物以蓝藻为优势种;浮游动物以原生动物为主,优势种为旋回侠盗虫;无自然生长的水生高等植物。

4. 污染源及污染原因分析

(1)内源污染影响:该河道治理段因水域长期受上游和两岸居民区生产、生活污水及死亡植物茎叶、藻类沉积影响,有较多的有机污染物在河床底部淤积,其通过与上覆水体的反复交换,不断向上释放高浓度污染,成为对水域污染贡献率较大的内源性污染源。

(2)面污染源进入:初期雨水(该河道治理段的雨水汇集区域面积较大,上游及沿河地面污染如居民生产、生活污水,汽车尾气沉降污染物等随雨水地表径流进入河道)。

(3)点污染源进入:汇流区域部分生活污水(老小区雨水和污水管网由于各种原因一般都连通)、泵站补水(补水河水质差时)、市政管网溢流口溢流污水、居民小区餐饮、汽修污水进入河道。

(4)废弃物的进入:两岸居民区内垃圾入河道,以至沉积物和部分漂浮物腐烂污染水体。

5.2.3 设计目标

该设计的目标前提为:治理段河道周边不新增污染物排放口,不新增排放量;条件允许情况下,尽量控制并减少原有入河污染量。

长时间内河道水位上下波动不超过 1.2 m,保持河中心水位在 1 m 以上。若进行水利调配水工程,在治理段,控制水体流速在 0.1 m/s 以下。

河道保洁或其他水面作业时,尽量避开本工程设施,特别是设备和电缆。

1. 总体目标

在保证水利要求的基础上,通过一系列现代环保工程技术、生物工程技术、物理工程技术的综合应用,控制该河道治理段的水质稳定,持续改善水质,进行水环境生态式综合整治。通过水生动、植物定向培养,建立起稳定的人工生态体系,实现人工生态体系向自然生态体系的演替,恢复水体生物多样性,并充分利用自然系统的循环再生、自我修复等特点,实现水生态系统的良性循环。

同时,恢复引进水生观赏植物、水培花卉、陆生花卉,结合周边环境造景,强调"绿化"与环境的协调性、景观的功能实用性和景观自身的可观赏性。水体景观设计目标:以"人文、人性、自然和生态"为原则,以江南水乡格调为特色,水生植物为主,盆花植物为辅,力图创造一个自然的、生态的、和谐的独具水乡风格的人性化的生态景观。

2. 设计水质目标

水质感观目标:整个治理段常年无黑臭,无大面积水华发生,无藻类等漂浮物聚集,水体颜色正常。水体透明度一年三季大于 40 cm,其余时间大于 30 cm。

根据实际情况,使该水域达到夏季不发生黑臭的目标,而长远根治还应考虑截污、外域清洁水源的换水,逐年改进,最终达到地表水功能区标准。

3. 水生植被修复目标

该河道治理段水生态系统食物链中的生产者具有多样性种群,暖季、寒季植物能自然更替,建立以水生植物为优势种群的稳定的植物群落。

4. 生物相目标

建立底栖动物、鱼类种群,增加杂食性鱼类种群,以消费浮游生物(特别是浮游植物)、有机碎屑、腐碎、巨大的微生物生物量,建立起较为复杂的水生生物食物链，增强生态系统的平衡维护能力，进而净化水体。

5. 水面景观目标

在保证水体环境自然性的基础上，进行水面“景观绿化”，视觉上力求“四季见绿，三季有花”，冬季部分植物保持常绿，春夏秋季时令花卉植物开放。水面景观综合沿岸景观和倒影以及水面植物进行景观布置，形成水面画卷。

5.2.4　工艺流程

治理段河道的水体黑臭控制工程以黑臭控制剂、微气泡复氧系统控制两工艺来实现；治理段水体内部纵向和横向的流动、交换，水体整体的流动性等，由造流装置系统来实现；生物接触氧化水质净化工程以生物栅、高效净水膜两工艺来实现；内源污染物的控制（底泥中的污染物释放问题）由底质控制剂来实现；水生生态系统修复工程以设置浮岛式湿地、净化浮岛，投放底栖动物，种植挺水和浮水植物这些工艺来实现（图 5-1 和图 5-2）。

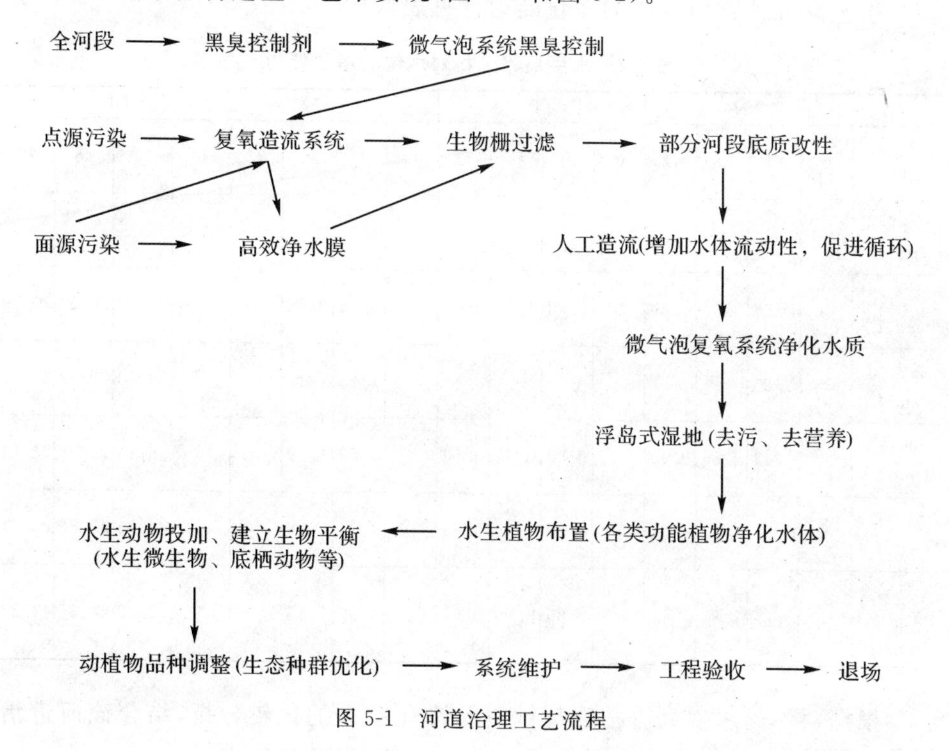

图 5-1　河道治理工艺流程

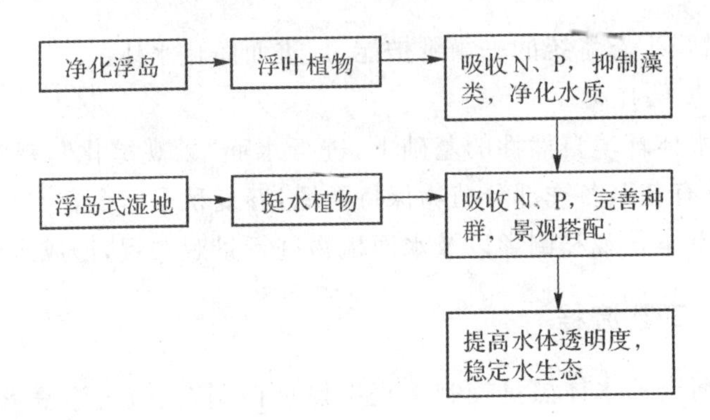

图 5-2　水生植物布置路线图

5.2.5　河道治理段工程设施介绍

1. 植物量布置依据

水生高等植物对水体的净化能力详见表 5-2。

表 5-2　水生高等植物对水体的净化能力

	TN				TP				NH_3—N				COD_{Cr}			
净化时间(h)	0	24	48	72	0	24	48	72	0	24	48	72	0	24	48	72
起始浓度(mg/L)	10.02				1.02				5.91				49.32			
美人蕉(mg/L)		7.58	3.47	1.29		1.22	1.06	0.98		5.76	0.55			34.40	29.67	20.70
黄菖蒲(mg/L)		3.23								1.28				38.50	23.23	23.02
睡莲(mg/L)		6.14	2.56	0.93		0.83	0.62	0.50		4.59	1.59			36.13	21.96	21.64
圆币草(mg/L)		7.62	3.72	1.04		0.89	0.65	0.53		7.33	0.48			38.50	22.88	22.84
对照（无植物）(mg/L)		8.55	7.81	7.62		0.85	0.90	0.91		4.90	5.15			42.22	48.25	47.23

根据对不同水生高等植物特性以及净化能力的比较分析，结合该河道治理段水体特点和水质情况，可配置出如表 5-3 所示的植物表。

表 5-3 该河道治理段水生高等植物分段配置表

植物种类	配置区域(m^2)
浮水植物	840
挺水植物	200
合计	1040

2.该河道治理段工程设施(措施)介绍

(1)底质改性工程

按 0.15 kg/m^2 的浓度,在河道治理段投放底质改良剂 800 kg,投放时均匀泼洒。

(2)黑臭控制工程

该河道有生产废水、生活污水直接或间接进入河道,这样容易导致河道水质的反复、河道黑臭,特别是在夏季。设计在某河道治理段,按 0.05 kg/m^2 的浓度投放黑臭控制剂 300 kg,投放时均匀泼洒。

(3)高效净水膜、生物栅布置工程

在治理段,设置高效净水膜 200 m^2,主要分布在地表径流入河口相对集中区域下游,一般控制在下游 10～20 m 处最佳。

在治理段,设置生物栅 800 m^3。各点源污染、雨水入河口为重点布置点位。生物栅单体为立体弹性填料,规格为 ϕ150 mm。生物栅以垂挂于净化浮岛下的形式设置。

(4)复氧造流工程

在河道中进行复氧造流不但能改善水体黑臭状况,而且能使上层底泥中还原性物质得到氧化或降解。曝气在河底沉积物表层形成了一个以兼氧菌为主的环境,并使沉积物表层具备了好氧菌群生长刺激的潜能,从而能够在较短的时间内降低水体中有机污染物,提高水体溶解氧的浓度,增强水体的自净作用,改善水环境。

在治理段内,设置复氧造流器。雨水管口处、污水溢流口处、地表径流入河处为设备首要布置点,功率为 2.2 kW/台。在治理段共布置 4 台,申南桥两侧各布置 2 台,造流方向一律向西。

(5)浮岛式湿地工程

根据治理段的实际情况,该项目设计使用浮岛式湿地。

在水面设置浮体,在浮体上布置湿地填料,形成填料浮体,其上种植湿地植物,成为浮岛式湿地。在治理段共设置浮岛式湿地 200 m^2,湿地植物配以芦苇、水葱、鸢尾、菖蒲、美人蕉等。

(6)净化浮岛工程

设计在治理段布置净化浮岛 840 m^2。植物选配以圆币草、聚草为主，暖季时节可部分替换种植雍菜，以吸收水体中的 N,P 等。

(7)底栖动物控养工程

在河道治理段，按 0.1 kg/m^2 的密度，投放螺、蚬等大型无脊椎底栖动物 600 kg。

5.2.6 总体布局及公用工程

1. 工程平面布置(略)

2. 防噪

造流器装置系统浸没在水中，基本无噪音产生。

3. 防腐

位于水下或埋地的管道采用 ABS 或 UPVC 工程塑料管。造流器系统材料采用不锈钢和工程塑料。

4. 供配电和控制

根据工艺需要，本设计采用 1 台电气控制柜控制，装机容量为 15 kW，实际运行功率不大于 11 kW。各动力设备均设电源短路和过载保护，并且设故障报警；电线管预埋采用 PE 管。电源接入由业主负责(由业主负责拉总电源至电气控制柜，控制电气控制柜)。

5. 事故处理

个别设备发生故障时，其检修以不影响整个工程的运行为原则，单独检修完成后，再投入正常使用。

6. 平面布置安全性和稳定性措施

(1)可移动式浮岛，枯水期在保证通航情况下浮岛向河中心移动 2 m，丰水期浮岛移至岸边，减少浮岛对水流的阻挡。

(2)浮岛在材料使用和结构设计上，采用高强度材料，结构流畅阻力小，减少浮岛对行洪的影响，避免水流冲击对浮岛的结构破坏。

(3)在河道水流冲击区预留 10 m 缓冲区，不设置净化设施等阻碍行洪的构筑物。但考虑景观因素，在该区域内设置一些浮岛式湿地，种植适量植物美化环境。

(4)浮岛宽度调整：枯水期水质差、水流小，浮水植物生长速度快，植物向河心生长；丰水期水质好、流量大，收割植物去除水体养分，减少植物面积，从而减少浮岛对水流的阻挡。

(5)浮岛与驳坎直接固定,同时结合锚固,双重固定确保浮岛安全。

(6)在丰水期加强人工管理,确保固定设施以及浮岛组件安全、牢固,及时对浮岛进行维护、修补、加固等工作。要避免上游漂浮物在治理区水面聚积,发现大面积水葫芦等漂浮物要及时处理。

(7)植物选种以抗风能力强、风阻力小的植物为主,避免台风对浮岛植物的影响和破坏。

5.2.7 工程设备、材料的加工、使用

1. 生物栅材质选用

填料选择无毒高分子合成材料——立体弹性填料。该产品孔隙可变性强、使用寿命长、表面挂膜迅速。为不影响景观效果,采用常绿植物遮挡生物栅。

2. 高效净水膜

材料选用高密度、高比表面积的软性惰性材料。在设计的条件范围内,在正常水体中,在没有其他不可预见的污染物(主要是对材料本身有损害作用的污染物,如强酸、强碱等)进入水体的情况下,材料本身在工程实施完成后10年内不破损、不断裂、不分解、不腐烂。两面型纺织结构,颜色相同,表面应光滑,不起毛刺,无脱落。

3. 水生植物选用

植物选择营养吸收率高和观赏价值高的水生植物,在美化水域景观的同时,削减水体中富含的氮、磷等,净化水质。水生植物以当地产植物为主,挺水植物选用菖蒲、黄菖蒲、美人蕉、再力花等;浮水植物采用聚草、圆币草等。

4. 浮岛式湿地浮体

浮岛主要材料包括土工格室、土工格栅、尼龙绳、泡沫板,这几种材料使用年限都在10年以上。根据以往应用情况和在以后维护工作当中遇到的情况,初步预计浮岛使用寿命为8～10年;如果后期维护得当,使用寿命还可以延长。

5. 净化浮岛载体

净化浮岛由竹片做龙骨,渔网作为载体,框架竹材的机械性能强,符合技术要求,使用寿命为3～5年。净化浮岛载体由无毒有机高分子材料制成,使用寿命为3～5年。设备使用前,严格进行质量检验。

5.2.8 费用

该河道工程总投资额为47.52万元(人民币);总养护、运行费用为26148元/年。

5.3 生态治理工程设计案例二:土壤修复

5.3.1 美国科罗拉多州某污染场地原位热脱附(ISTD)修复

1.污染场地概况

场地位于美国科罗拉多州的一家兵工厂,该厂于1942年建成,是一家化学药剂和军需品工厂,后来开始生产杀虫剂。由于处理杀虫剂的滚筒后来被腐蚀或破裂,导致了场地土壤、地表水及地下水的污染。这个污染场地是一个未衬砌的土制处理坑,用来处理在生产hex过程中产生的蒸馏产品(hex是一种用于杀虫剂生产的化学制品)。另外,其他有机氯杀虫剂也在井坑中进行处理。污染场地修复实施期:2001年10月—2002年3月。需要处理井坑中的废弃物、含废弃物的土壤及类似于焦油物质的半固体层。井坑受污染部分面积扩大到650 m^2,深度为2.5~3.0 m。

2.修复技术

修复技术:原位热脱附(ISTD)修复技术。选择该技术是因为该技术对狄氏剂和氯丹的破坏去除效率大于90%,并且成本低于异位焚烧所需成本。ISTD过程中有3个基本要素:污染介质的加热;蒸气的提取和收集;废气中污染物分离处理(图5-3)。ISTD系统设计(图6-1)包括266口热采井(210口H-O井和56口H-V井),设计深度为地下3.8 m,六边形布局,占地面积为669 m^2。脱水井设置在原位热解井场底下数米处。每口热采井配有电加热元件,用于达到760~900℃的最高温度。处理区边界上保持着约0.61 m水柱的真空压力,来收集水气和污染物蒸气。收集的废气送至由旋风分离器、无焰热氧化反应器、热交换器、分离罐、2台酸性气体干式处理器、2台活性炭吸附床和2台主处理鼓风机组成的废气处理系统。土壤原位热脱附修复工程如图5-4所示。

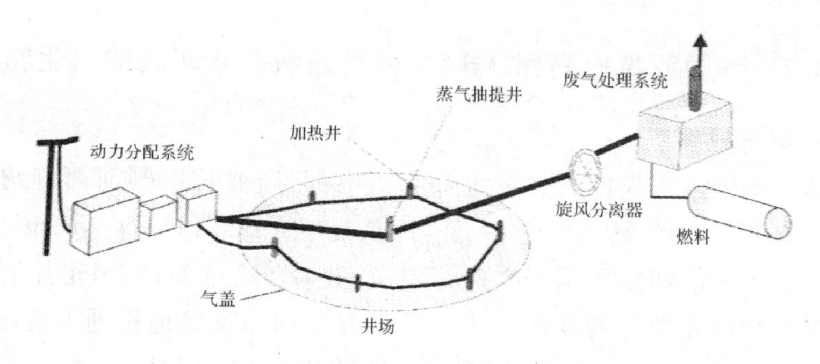

图 5-3 原位热脱附(ISTD)修复工程系统设计

图 5-4 土壤原位热脱附(ISTD)修复工程(terratherm™ Inc.)

3. 主要污染物和控制目标

主要污染物:有机杀虫剂和除草剂(艾氏剂、氯丹、狄氏剂、异狄氏剂和异艾氏剂)。混合土壤样品的平均预处理污染浓度如下(单位:mg/kg):狄氏剂为3100;氯丹总量为670;异狄氏剂<280;异艾氏剂<200;艾氏剂<170。

控制目标:①艾氏剂、氯丹、狄氏剂、异狄氏剂和异艾氏剂相关污染物达到90%的破坏去除率(DRE);②将相关污染物的平均浓度降至人类健康风险可接受标准之下。

4. 修复结果及修复成本因素

运行时间:2002 年 3 月 3 日—15 日,共 13 天。运营和后处理监测期间,对气体排放物采样和分析的结果表明,在系统运行期间或井场冷却延期时间内,废气排放物未超出每小时 1 次的平均气体质量标准。

成本因素:使用原位热解系统处理了约 3200 箱(集装箱)受污染土壤。系统的设计包括多口 H-O 井、H-V 萃取井以及脱水井。原位热解系统的设计和制造总成本约为 190 万美元。

5.3.2 美国亚拉巴马州 THAN 公司超级基金场地的微生物修复

1. 污染场地概况

场地位于美国亚拉巴马州蒙哥马利市南部，离亚拉巴马河西侧约 3 km，面积大约有 6.5 km^2，属于 THAN 公司（T. H. Agriculture & Nutrition）超级基金场地。场地前期主要用于生产、分装杀虫剂和除草剂，也用作其他一些工业或化学品废物处理等的场所。1990 年 8 月 30 日，该场地被列入美国 NPL。1991 年，USEPA 与 Elf Atochem 公司北美分公司签订了协议，委托该公司对这一场地进行修复调查和修复可行性研究；1998 年 9 月 28 日，USEPA 签署修复决议。

2. 修复技术

该场地修复技术采用 DARAMEND®生物修复技术。DARAMEND®是一种先进的生物处理技术，针对土壤与土壤沉积物等附着的 POPs 成分，通过连续循环的厌氧—好氧条件供给营养成分以提升生物降解效果。该技术具有非常独特的优势，不需挖掘，不产异味和渗滤液，不会导致膨胀。对比传统的生物修复过程，采用该技术可以节省大量成本并缩短修复处理时间。

原理：向污染土壤基质中添加 DARAMEND®有机改良剂（图 5-5 为电子显微镜下 DARAMEND®颗粒聚合体）、零价铁粉和水，刺激生物消耗氧气形成较强的降解还原（缺氧）条件，促进有机氯化合物脱氯；同时用覆盖物来控制水分含量，提高土壤基质温度，避免产生异味和渗滤液，保持无扰动缺氧修复周期（通常为 1～2 周）；随后在每个氧化阶段周期，定期翻动土壤，增加土壤氧气扩散微域和灌溉水的分配，促进厌氧过程中脱氯降解形成的产物，在好氧槽中生物降解（氧化）。持续进行缺氧—好氧周期的循环，直到实现清理目标。在每个周期都要添加 DARAMEND®，但是从第 2 个及以后的修复周期添加 DARAMEND®的量一般比在第 1 个周期的量少。灌溉频率取决于每周土壤水分条件监测，土壤湿度要维持在特定范围，以促进活跃的微生物种群迅速增长和防止产生渗滤液。

DARAMEND®技术采用特殊的旋耕设备，适合修复表层土壤和表层以下约 0.6 m 的土壤。在异位修复的过程中，受污染土壤挖出后通过机械筛选，清除可能干扰有机修复的碎物，筛选后的土壤运送到处理单元（特殊的土质或混凝土池，具有高密度聚乙烯内衬）。在原位修复中，用特殊设备剔除 0.6 m 深的土壤中的岩石。

图 5-5 电子显微镜下 DARAMEND ®颗粒聚合体

（资料来源：http://www.clu-in.org/）

该场地采用 DARAMEND®技术修复时间持续了 150 d，具体修复过程包括：①添加固相特定粒径 DARAMEND®有机土壤养分改良剂、零价铁粉；②监测土壤持水量（第 1 阶段）；③监测土壤基质水分；④灌溉，产生厌氧条件；⑤测量土壤氧化还原电位；⑥土壤无扰动厌氧阶段（大约 7 d）；⑦每天翻耕土壤，以促进有氧条件（大约 4 d）；⑧进行厌氧—好氧循环，直到所需的清理目标得以实现。每个循环阶段重复步骤①、③、⑦，每个运行周期平均 10 d，根据每个修复单元污染物浓度的不同，修复时间也不同，平均持续约 15 个修复周期。

为了维持修复区土壤最佳 pH 值（6.6～8.5），在第 3、6、12 个氧化循环阶段分别添加熟石灰，比例为 1000 mg/kg。图 5-6 展示了 THAN 公司场地 DARAMEND®生物修复现场。

图 5-6 THAN 公司场地 DARAMEND®生物修复现场

（资料来源：adventus remediation technologies，Inc.）

3. 主要污染物和控制目标

该场地土壤及沉积物主要受毒杀芬、DDT、DDD和DDE等的污染，毒杀芬、DDT、DDD和DDE平均污染浓度为189、81、180和25 mg/kg；在场地严重污染区，毒杀芬、DDT、DDD和DDE浓度分别达到720、227、590和65 mg/kg。

修复该污染场地，使之农药浓度降低到协议修复目标，则要求毒杀芬≤29 mg/kg，DDT≤94 mg/kg，DDD≤132 mg/kg和DDE≤94 mg/kg。

4. 修复结果及修复成本

修复污染土壤约为4500 t，修复时间约为150 d。经采样分析结果显示：毒杀芬、DDT、DDD和DDE浓度从189、81、180和25 mg/kg分别减少到10、9、52和6 mg/kg，去除率达95%、89%、71%和76%，达到了USEPA的特定修复标准。部分污染修复区，初始农药污染浓度远远高于平均浓度，而DARAMEND®技术在这些地区表现相对更为有效。例如，在严重污染场地，毒杀芬、DDT、DDD和DDE浓度从720、227、590和65 mg/kg减少到10.5、15.0、87.0和8.6 mg/kg，去除率达到99%、94%、85%和87%。

修复成本：根据农药的初始浓度不同，场地修复土壤每吨修复费用为29～63美元不等；对处理约为4500 t的土壤，平均处理成本约为55美元/t。

5.3.3 新西兰玛普瓦(Mapua)污染场地机械化学修复技术案例

1. 污染场地概况和主要污染物

污染场地位于新西兰港岛北部沿海城市玛普瓦(Mapua)南区，属于弗鲁特格罗尔斯化学公司(Fruitgrowers Chemical Company，FCC)，面积约为4.5 hm^2，周边有居民区、餐馆和水族馆，邻近旅游区，所在区域未来规划为商业旅游区。该场地从1932年起被用于农药生产，1988年停止生产并搬迁，主要污染物为DDX(DDT，DDE，DDD)、艾氏剂(aldrin)、狄氏剂(dieldrin)和林丹(lindane)等。在场地2 m深度土壤中发现超过12000 mg/kg的DDX和400 mg/kg的ADL(aldrin，dieldrin，lindane)。估计受DDT、DDD、DDE、艾氏剂、狄氏剂和林丹等污染的土壤约为6600 m^3。在该场地，0.0～0.5 m深度土壤可接受的DDX水平为5 mg/kg，ADL水平为3 mg/kg；0.5 m以下深度土壤可接受的DDX水平为200 mg/kg，ADL水平为60 mg/kg (Thiess Services NSW，2004)。

2. 修复技术

修复技术：机械化学法修复技术(MCD)。该技术是一个非燃烧处理过程，目前已在新西兰和日本得到应用。新西兰玛普瓦(Mapua)场地 MCD 修复装置如图 5-7 所示。MCD 修复技术的优点：处理后的土壤能够回填原场地，是一种比较彻底的无害化处理技术；但也存在处理成本偏高的缺点。

图 5-7　新西兰玛普瓦(Mapua)场地 MCD 修复

3. 修复过程

新西兰玛普瓦(Mapua)机械化学法修复技术过程如图 5-8 所示。该项目作为修复新西兰其他 POPs 污染场所的示范项目，在 2007 年完成，耗资 800 万美元。在修复过程中，异位修复将近 6.5×10^4 m^3 土壤。

图 5-8　新西兰玛普瓦(Mapua)机械化学法修复技术过程

表 5-4 列出了 MCD 反应器处理前后土壤中污染物平均浓度。表中污染物的浓度为在 2004 年 2 月 16 日—4 月 23 日收集的样本的平均浓度。处理的土壤符合低于地面 0.5 m 以下土壤的清理标准，但不符合从地表到地表以下 0.5 m 的清理标准。

表 5-4 机械化学法修复技术处理玛普瓦(Mapua)场地效果

POPs	处理前浓度(mg/kg)	处理后浓度(mg/kg)	去除率(%)	不同深度下土壤可接受浓度(mg/kg)	
				0～0.5 m	>0.5 m
DDX	717	64.8	91	5	200
艾氏剂	7.52	0.798	89	NA	NA
狄氏剂	65.6	19.8	70	NA	NA
林丹	1.25	0.145	88	NA	NA
ADL	73.245	20.612	72	3	60

注:DDX 表示 DDT,DDE 和 DDD;ADL 表示 Aldrin,Dieldrin 和 Lindane;NA 表示没有数据。

5.3.4 中国西南某氯碱化工企业遗留污染场地水泥窑共处置修复案例

1. 污染场地概况

位于中国西南的某氯碱化工厂,建于 1938 年,当时地处城郊,但经过 50 多年发展,已成为工业集中区和人口密集区域。原厂分为东、西两个厂区,总占地面积约为 0.3 km^2。西厂区(老厂区)主要生产烧碱、盐酸、液氯和漂液三氯化铁等无机化工产品;东厂区主要生产甲烷氯化物、味精、山梨醇、金红石、氟利昂和苯系物等产品。2004 年,化工厂发生氯气罐爆炸事故,厂内生产活动停止。停产后的拆除活动已经对场地内原有的土层造成了扰动,东、西厂区土地表层基本被拆卸的建筑垃圾覆盖。根据城市发展规划,该场地已被规划成为居住与商业用地。原东、西两个厂区内将建设高档居住楼、商业中心、休闲与景观区、公园以及公共活动中心。

场地所在地区地质构造属川东褶皱带,地形起伏明显,北高南低。土层厚度为 1～3 m,黏土为黄褐色和紫褐色,局部有孔隙。在砂质黏土中,偶尔有地下水,主要来源于大气降水,没有大规模浅层地下水。场地所在地区气候温和,雨量充盈,冬暖春早,夏热秋短,降水四季分布不均,云多日照少,温差大,无霜期长,风速小。

2. 主要污染物

主要 POPs 污染物:六氯苯、二噁英和六六六等。其他污染物有六氯乙烷、五氯乙烷、六氯丁二烯、四氯乙烯、四氯化碳和氯仿等。

3. 污染场地健康风险评价

采用 RBCA 模型对场地主要污染物进行健康风险评价,结果显示,污染最为严重的区域是 3 处白色物质堆积处、工业垃圾堆放区和淤泥处,六氯乙烷、六氯苯、五氯乙烷、六氯丁二烯和四氯乙烯远超过以风险值 10^{-4} 为基准的修复指导值，也远超过有关标准《中华人民共和国环境保护行业标准之展览会用地土壤环境质量评价标准(暂行)》及荷兰标准中需要修复的临界值。六氯苯最高超出展览会用地 B 级标准 6254 倍，六氯乙烷最高超出展览会用地 B 级标准 9330 倍，六氯丁二烯最高超出展览会用地 B 级标准 290 倍。

4. 修复技术以及修复过程

化工厂土壤中主要污染物质是六氯乙烷、五氯乙烷、六氯丁二烯和六氯苯，上述污染物浓度很高，有些达到 1%～95%，其中六氯乙烷接近相应产品的纯度，特别是含有较高浓度的持久性有机污染物六氯苯的部分，不宜与其他土壤混合处理，可将这一部分单独挖出并运出场外。另外，根据国家危险固体废物名录，这些物质有可能属于危险废物，可采用以下 3 种处置方式：①采用玻璃化技术路线处理土壤。根据条件选择采用地下玻璃化操作或地上容器内玻璃化操作。②将污染土壤送到高温焚烧炉中进行焚烧处理，将含氯有机物焚毁。焚烧炉可以是专门的危险固废高温焚烧炉，也可以是经过适当改造的水泥窑焚烧炉。③采用高温热脱附技术处理。先将土壤预处理，使土壤含水率、土壤最大颗粒直径、pH 值、黏土含量等得到适宜处理。再通过加热土壤，将污染物转移到气相中，通过对排出气体的收集和过滤，产生含高浓度污染物的滤饼，滤饼可通过焚烧处理。热脱附处理后的清洁土壤可用于土地平整。考虑不同的技术要求，结合该市的经济发展水平，对上述技术进行筛选矩阵的赋分，得出最优(得分最低)的技术是异位焚烧技术。

污染土壤水泥窑共处置技术就是异位焚烧技术。在共处置污染土壤前，根据污染源特性对污染土壤进行检测，分析污染物种类和污染土壤的性质。污染土壤的预处理和投加过程一般采用如下方式：投加前对土壤进行分选(图 5-9a 为现场分选设备)，污染土壤从窑尾投入水泥窑，使得污染土壤中有机物彻底分解、无机物充分结合熟料，所以优先选择从对废物适应性较广的窑尾烟室投入。而满足入窑粒径和黏度要求的污染土壤可直接通过密闭的机械传输装置，从窑尾烟室投入窑中，或与其他相溶的废液混合成浆状物后，通过密闭的泵力输送装置，从窑尾烟室投入窑中[图 5-9(b)]。图 5-10 为水泥窑共处置污染土壤过程示意图。通过与其他废物和常用原料配比或调整投加速率，入窑物料石灰饱和系数、硅率和铝率符合企业目标值，使有害元素(Cl、S、重金属等)含量或投加速率满足相关标准和企业目标值。

(a)

(b)

图 5-9　现场分选设备(a)和水泥窑共处置污染土壤入窑口(b)

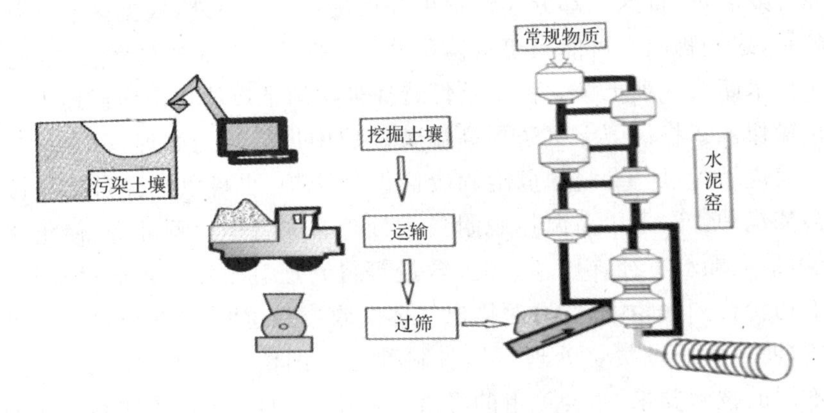

图 5-10　水泥窑共处置污染土壤过程示意图

5.3.5　中国北京某 POPs 污染场地异位焚烧修复案例

1. 污染场地概况和主要污染物

北京市某农药企业搬迁遗留污染场地，在 1951—1981 年该农药厂生产的主要产品是 DDTs 粉剂和六六六。主要污染物为 DDTs 和六六六，污染土体积约为 $19.8\times10^4\ m^3$。

污染场地修复前，对场地环境进行调查与清理。污染场地环境调查与清理的工作流程包括钻孔采样、清理挖掘、封闭式运输。待处置的污染土壤一般数量较大，难以在短期内处置完毕，所以应该在专门的临时储存区域内集中隔离储存。为避免产生渗滤液和扬尘，防止新的环境污染产生，应利用充气大棚堆存(图 5-11)。

图 5-11 污染场地环境调查与清理的工作流程

2. 修复技术

污染场地修复技术采用异位焚烧技术。图 5-12 为异位焚烧设备。

图 5-12 异位焚烧设备

5.3.6 美国阿伯丁农药企业搬迁场地植物修复案例

1. 污染场地概况

阿伯丁(Aberdeen)农药生产污染场地位于美国北卡罗来纳州 Moore(穆尔)县，由 5 个地理位置相对独立的区域组成：农药生产区、双子区、六航道区、Mclver 转储区、211 线路区(图 5-13)。该企业由一个农药杀虫剂生产工厂和 4 个处理农药生产过程中产生的废物的车间组成，运营时间从 19 世纪 30 年代中期到 1987 年，主要生产 DDT、艾氏剂、狄氏剂、七氯、林丹、异狄氏剂酮、氯丹和毒杀芬等。杀虫剂生产和配制过程造成了土壤和地下水的大面积污染。该场地在 1989 年 3 月列入美国 NPL。

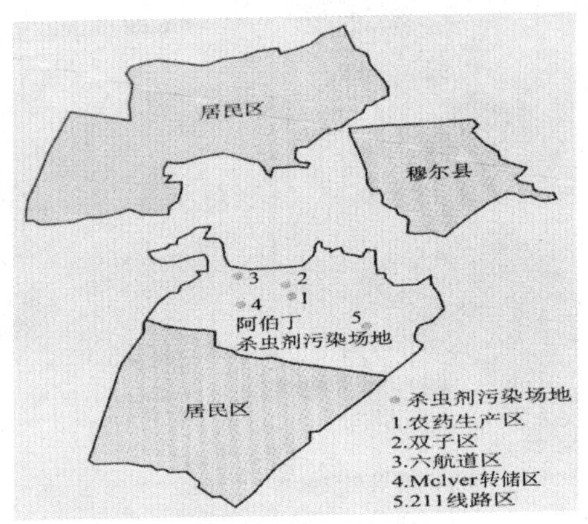

图 5-13　阿伯丁(Aberdeen)农药企业搬迁污染场地(Marilyn et al. 2000)

2. 主要污染物

土壤中和迁移到地下水中的污染物包括六氯苯、毒杀芬、DDT、DDE、苯系物等。地下水是阿伯丁市居民饮用水的唯一水源，而地下水大面积被农药污染，严重影响城市供水。

3. 修复技术

场地修复的主要工程是种植杂交杨树(hybrid poplar)。大多数杨树种类广泛生长于北半球的温带和寒冷地区。杂交杨树是同属不同种杂交树种，具有生长迅速，易于扦插繁殖，比母树更能忍耐极端环境等的优势，适合于修复受石油烃、氯化溶剂、重金属、农药、炸药等和养分过量的土壤和地下水。杂交杨树林不仅能修复环境，还能防止表土流失，可作为河岸缓冲带、野生动物栖息地、防风林和风景林等。

1991 年，USEPA 签署决议，开始对农药生产区地表污染土壤采用挖掘和热处理技术修复；1993 年，USEPA 决定采用抽取和净化相结合的办法，清除农药生产区、双子区和六航道区地下水农药污染，并进行地下水监测；1994 年和 1997 年，研究决定采用植物修复作为新的战略之一；1997 年春季进行了中试试验确定树种及种植方式，并在 1998 年春季展开植物修复工程(图 5-14)。

种植树种是杂交杨树，种植深度为 0.45～3.60 m。种植的杨树依靠地下水作为生长水源吸收受污染地下水；地表植物拦截和利用大部分降水，有助于杨树依赖地下水生长。在这里植物修复并不是直接降解污染物，而是被用来泵吸饱和区的地下水，从而消除地下水中潜在的残留污染物。利用杨树泵吸受污染的地下水，其修复成本远低于使用抽取净化方法的成本。在修复过程中，根际生物降解污染物能力增强，对植物修复起了辅助作用。

图 5-14 阿伯丁(Aberdeen)场地种植杂交杨树(hybrid poplar)对土壤和地下水修复

1998 年种植规模约为 $3.0\times10^4\ m^2$，种植约 3500 棵杨树。体液径流量监测显示，1999 年杨树生长季节大约有 $1.5\times10^4\ m^3$ 的地下水被蒸发，表现出良好的修复能力。所以，1999 年 USEPA 又决定采用植物修复 Mclver 转储区地下水。

4. 修复效果

10 多年的地下水监测数据显示，植物修复自然衰减监测技术完全可以替代抽取和净化受污染地下水技术。2003 年 9 月，USEPA 发布决议，修订了农药生产区、双子区和六航道区地下水的修复措施(采用植物修复)，同时决定该场地不再列入 NPL (USEPA)。2004 年，在 Pages 湖中采集沉积物、地表水和鱼样，分析结果表明，与该场地相关的污染物水平对公众的健康没有危害。从 2004 年开始，该场地土地一部分被用于商用微型储存仓库及轻工业基地，另一部分作为娱乐场地。

2008 年 9 月 22 日，第一次 5 年监测报告完成，并建议从树冠蒸散率、根系生长及根际土壤生化活动等方面评估植物修复对修复区域水文的影响；目前该场地地下水仍在监测中。第二次 5 年监测报告在 2013 年完成。

5.3.7 美国佐治亚州布伦瑞克市废物填埋场场地固定/稳定化修复案例

1. 污染场地概况

佐治亚州布伦瑞克(Brunswick)市 Hercules 公司 009 废物填埋场超级基

金场地位于美国佐治亚州布伦瑞克市格林县，面积约为 650 m^2。1948—1980 年，Hercules 公司生产毒杀芬，用于防治棉铃象鼻虫、蜱、螨等害虫。1975—1980 年，经佐治亚州环境保护部门许可，Hercules 公司及当地化学品厂借用公司附近一个占地 280 m^2 的深坑作为废物填埋场，主要用于处理生产毒杀芬过程中产生的污水和污泥。污泥一般由卡车直接运入该填埋场，但偶尔也堆放在填埋场的东南角，便于前处理。除污泥外，填埋场也处置装过毒杀芬的空桶以及受毒杀芬污染的玻璃器皿、瓦砾和垃圾等。该废物填埋场共分为 6 个填埋区，每块长为 30～60 m，宽约为 122 m。1980 年，根据美国对该填埋场附近的土壤和水样中毒杀芬含量的调查结果显示，该场地的污染物对附近的土壤及地下水有潜在的危害，并将威胁到布伦瑞克市的供水，因此根据格鲁吉亚环境保护部门固体废物管理法规，Hercules 公司的许可证被吊销。1983—1984 年，009 填埋场被关闭，USEPA 将其列入 NPL，并由 Hercules 公司负责修复这块场地。

2. 主要污染物

土壤、污泥、地下水和地表水中主要污染物有毒杀芬、二噁英、重金属(砷、铬及铅)和一些挥发性有机物(VOCs)等。

3. 修复技术

USEPA 对该场地的最后清理计划制订在 1993 年。主要清理区域包括废物填埋场、厂区污泥临时堆放区域及 Hercules 公司附近的 Benedict 大道和 Nix 大道一带。修复时间：1994 年 10 月—1995 年 6 月。主要清理手段：①填埋场原位固定/稳定化。固定/稳定化设计要求添加 15%(以重量计)的硅酸盐水泥到填埋场中。为达到该要求，将 6 个填埋区分成若干个 7.6 m×7.6 m 的处理单元，每个处理单元的未处理土壤及污泥密度大约为 1600 kg/m^3(以湿重计算)。将硅酸盐水泥等黏结剂(干料)利用挖掘机混入填埋区的污泥及土壤中，根据每个处理单元的需要及处理深度来确定加水量。固定/稳定化的实际处理深度往往延伸到污泥填埋区底部以外，从而增加了处理废料的总体积。对于大多数的地下处理单元来说，处理深度都会扩展到该区域的地下水位。②库存区土壤异位固定/稳定化。在填埋场原位修复以后，挖掘填埋场及公司附近区域的库存区土壤(原污泥的堆放区)进行异位修复，该区的土壤毒杀芬的含量大于 0.25 mg/kg。用挖土机将库存区污染土壤挖出并堆成高为 0.3～0.6 m的小丘，大的碎片(>125 mm)转移到一个开放式的洞穴中。将小丘划分为 7.6m×1.5 m 的处理单元，每个处理单元污染土壤密度为 1170 kg/m^3。再用挖掘搅拌机将水和黏结剂混入。与原位修复相比，该处理每个至少增加3%的硅酸盐黏结剂(以重量计算)。最后用平滑的滚压机夯实土壤。

4.修复效果

修复过程共完成了约6.7×10^4 m^3污染土壤及污泥的原位固定/稳定化修复和约1.5×10^4 m^3土壤的异位固定/稳定化修复。取样调查分析显示,处理后的水泥土覆盖的渗透性为4.2×10^{-6} cm/s,而传统的黏土填埋覆盖的期望渗透性一般为$1\times10^{-5}\sim1\times10^{-7}$ cm/s。水泥土覆盖样本毒性进出试验也显示毒杀芬没有被检出(<0.050 mg/L)。另外小试验表明,修复形成的水泥土抗压强度超过了USEPA规定的0.34 MPa抗压强度目标。

固定/稳定化处理后,形成了结构完整、渗透性低的水泥土,场地经覆盖填平后,现已经用作某汽车经销商停车场。Hercules 009填埋场固化/稳定化修复及重建现场如图5-15所示。

(a)

(b)

图5-15 Hercules固化/稳定化修复现场(a)和修复后用作停车场(b)
(资料来源:http://www.cement.org/waste/wt apps super hercules.asp)

5.3.8 美国加利福尼亚州北岛海军航空基地(NASNI)溶剂萃取修复案例

1.污染场地概况及主要污染物

阿拉米达(Alameda)北岛海军航空基地(Naval Air Station North Island, California,USA)占有646×10^4 m^2陆地和404×10^4 m^2湿地。从1940年开始,该基地主要为美国海军舰队承担提供维护和运营的任务。在飞机维修和燃料储存、海上运输过程中产生大量危险废物,包括高浓度的PCBs、二噁英(PCDD/Fs)污染,还有PAHs及一些VOCs和重金属等。PCB主要来自含PCB的废弃变压器、三乙酸纤维素(triacetate cellulose,TAC)碎布、含PCB的无碳纸等以及港口疏浚废物,造成了基地土壤和地下水的严重污染。1997年,美国海军关闭该航空基地;1999年7月被列入NPL。专家现场调查以后确定整个场地分为12个待修复区。

2. 修复技术

美国Terra-klcen公司于1994年5月开始在该基地的4号场地开展现场试验，以此评价公司所开发的溶剂萃取技术去除土壤中PCBs的效率。4号场地堆放了大量含有PCBs的海湾疏浚废物，其中大部分来自海军航空基地码头、回转港和入口通道，还有二噁英(PCDD/Fs)等其他污染物。

Terra-kleen公司采用一种专有溶剂来提取污染土壤中的有机污染物，然后利用特定的净化装置过滤和净化有机溶剂，再生的溶剂循环通过受污染土壤，直至达到清理目标，土壤中剩下的溶剂采用真空抽提和生物降解来处理(图5-16)。达到清理目标所需的循环提取次数，受土壤颗粒大小、含水量、有机质含量、污染物浓度和种类等因素的影响。修复实践显示，该处理过程可以去除土壤中的PCBs、二噁英(PCDD/Fs)、PAHs和重金属等污染物。

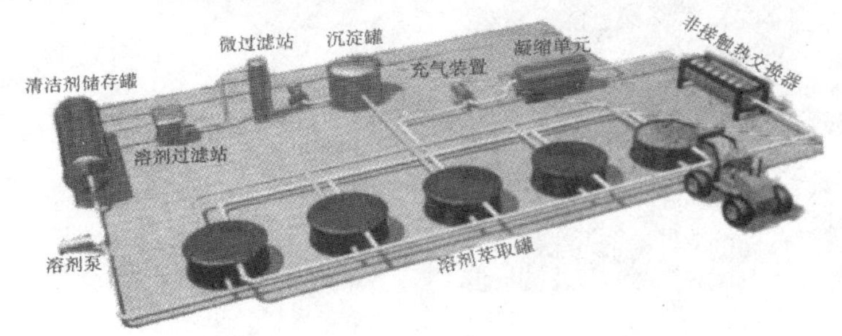

图5-16　Terra-kleen公司溶剂萃取技术修复示意图

3. 修复效果

Terra-kleen公司在4号污染场地试验结果表明，PCBs浓度从144 mg/kg下降到1.71 mg/kg，低于美国有毒物质控制法(Toxic Substances Contros Act，TSCA)中规定的2 mg/kg，去除效率达到98.8%，效果较为显著。同时污染土壤中的二噁英(PCDD/Fs)分别从0.70 μg/kg和0.16 μg/kg下降到了0.05 μg/kg和0.04 μg/kg，去除率分别达到了92%和76%左右。其他污染物如油及油脂从760 mg/kg下降到258 mg/kg，去除率达到了65.9%。

Terra-kleen公司运用该技术成功修复了北岛海军航空基地。到目前为止，已原位修复了大约20000 m^3 被PCBs和二噁英污染的土壤和沉积物，浓度高达20000 mg/kg的PCBs被降低到1 mg/kg，二噁英的去除效率甚至达到了99.9%，平均处理费用需要165～600美元/t土壤。这一新技术与传统的"挖掘与拖走"方式处理PCBs污染土壤相比，节省了5000万美元。

6

环境工程概算案例

6.1 环境工程项目建设工程总概算

总概算是确定建设项目从筹建到竣工验收交付过程中使用的全部建设费用的总文件，它是由各单项工程概算及工程建设其他费用和预备费汇总编制而成的。

6.1.1 建设工程总概算费用的组成

建设工程总概算的组成：工程费用项目和其他费用项目。

1. 工程费用项目

包括建筑安装工程费和设备、工器具购置费（包括备品备件），具体包括以下各部分概算：

(1)主要生产项目综合概算。按照不同企业的性质和设计要求排列主要生产项目的内容，如污水处理中的沉砂池、一次沉淀池、二次沉淀池等。

(2)辅助生产及服务用的工程项目综合概算。一般包括辅助生产的工程，如机修车间、化验间等；仓库工程，如原料仓库、成品仓库、药品仓库等；服务用的工程，如办公楼、食堂、消防车库、门卫室等。

(3)动力系统工程综合概算。一般包括场区内变电所、锅炉房、风机房、厂区室外照明和室外各种工业管道等项目。

(4)室外给水、排水、供热及其附属构筑物综合概算。

①室外给水。如生产用给水、生活用给水、消防用给水、水泵房、加压泵站、水塔、水池等。

②室外排水。生产废水、生活污水、雨水等的排放设备。

③热力管网。采暖用锅炉房、热力管网等。

(5)厂区整理及美化设施综合概算。如厂区大门、围墙、绿化、道路、建筑小品等。

2. 其他费用项目

其他费用(也称为第二部分工程费用)项目的主要内容有:土地征购费;建设场地原有建筑物及构筑物的拆除费、场地平整费(包括工业区和住宅区的垂直布置);建设单位管理费、生产职工培训费;办公及生产用具购置费;工具、器具及生产用具购置费;联合试车费;场外道路维修费;建设场地清理费;施工单位转移费;临时设施费。

另外还有预备费(有时也称为第三部分费用)。

6.1.2 总概算书的编制

总概算书一般主要包括编制说明和总概算表,有的还列出单项工程概算表、单位工程概算表等。

1. 编制说明

编制说明是对概算书编制时的有关情况进行总体说明,主要内容如下:

(1)工程概况。说明工程项目规模、范围、生产情况、产量、公用工程及厂外工程的主要情况。

(2)编制依据。说明设计文件、定额、价格及费用指标的依据。

(3)编制方法。对运用各项依据进行编制的具体方法加以说明。

(4)主要设备和材料数量。

(5)其他有关问题。

2. 总概算表的编制

总概算表是依照建设项目内各单项工程综合概算及其他费用概算,按国家有关规定编制而成的,主要内容如下:

(1)按总体设计项目组成表,依次填入工程和费用名称,并将各单项工程概算及其他费用概算按其费用性质分别填入总概算表的有关栏内。

(2)按栏分别汇总,依次求出各工程和费用的小计,第一、第二部分费用的合计,总计和投资比例。

(3)总概算表末尾还应列出“回收金额”项目。回收金额是指在施工过程中或施工完毕所获的各种收入，如拆除房屋建筑物、旧机器设备的回收价值，试车的产品收入，建设过程中得到的副产品等。

6.2 概算书编制实例

××市污水处理厂工程初步设计概算编制说明如下。

6.2.1 概述

××市污水处理厂设计规模为 $10\times10^4\ m^3/d$，该设计要求在工艺路线先进的基础上采用国产设备和仪器，来降低工程总投资。

污水处理采用具有脱磷脱氮功能的氧化沟，污泥处理采用浓缩、机械脱水的方法。

设计范围包括污水处理厂厂界区内的主要工程项目、公用工程项目、服务性工程项目及厂外工程项目(如厂外供电线路、处理后水的排放管、厂外道路等)的设计内容，不包括厂外排水管网。污水处理厂采用二级负荷，双电源供电。

该设计报批项目总投资为 11405.04 万元，其中固定资产投资为 10760.32 万元、建筑工程费为 3334.69 万元、设备购置费为 3156.69 万元、安装工程费为 1093.69 万元、其他工程费为 3175.25 万元、建设期借款利息为 584.21 万元、铺底流动资金为 60.51 万元。

6.2.2 编制依据

(1)《城市污水处理工程项目建设标准》，建标〔1994〕574 号文。

(2)《中华人民共和国建设部市政工程可行性研究投资估算编制办法》，建标〔1996〕628 号文。

(3)《全国市政工程投资估算指标》，建标〔1996〕309 号文。

(4)《全国统一市政工程预算定额××省单位估价表》上、下册(1997)。

(5)《××省市政工程费用定额》(1997)。

(6)《全国统一建筑工程基础定额××省单位估价表》(1997)。

(7)《全国统一安装工程基础定额××省单位估价表》(1997)。

(8)《××省建筑安装工程费用定额》(1997)。

(9)人工费均执行××省建设厅《关于调整建设工程预算定额人工费的通知》(建字〔1997〕286号文)调到19.69元/工日。

(10)机械台班费用按××省工程建设标准定额总站文件,《关于调整建筑装饰等工程预算定额单位估价表中施工机械台班费用的通知》(建字〔1995〕68号文)调整。

(11)设备价格按生产厂询价及按《工程建设全国机电设备1998年价格汇编》执行,设备运杂费按设备原价的7%计。

(12)工程建设监理费按国家物价局、建设部《关于发布工程建设监理费有关规定的通知》(价费字〔1992〕479号文)计列。

6.2.3 其他说明

(1)零星工程费按10%作为预算定额与概算定额差。

(2)厂区征地青苗补偿费及土地复垦费按6.0万元/亩计列。

(3)地基处理费为暂估列值,待地质资料齐全后,按时调整。

(4)设计费及预算编制费按国家物价局、建设部《工程设计收费标准》(价费字〔1992〕375号文)计列。

(5)供电贴费按450元/(kV·A)(双回路)计。

(6)建设期按两年计,基本预备费按10%计,涨价预备费按6%计。

(7)土建、安装工程均按一类工程计取费用。

(8)设计的材料价格采用1998年《××市建筑安装工程预算价格》计算。

(9)综合费按以下标准计算:建筑工程,定额直接费×0.3363+定额人工费×0.4234;安装工程,定额直接费×0.03573+定额人工费×6.3508+定额机械费×1.1393。

(10)其他费用计算程序详见附录(略)。

6.2.4 概算表

1.单位工程土建概算表(表6-1～表6-2)和单位工程安装概算表(表6-3～表6-4)

表 6-1　单位工程土建概算表(一)

工程名称:粗格栅(略)

工程名称:细格栅(略)

工程名称:生物反应池

序号	单位估价号	工程和费用名称	单位	数量	单位价值(元)		总价值(元)	
					基价	人工	基价	人工
1	1—2	人工挖土方	100 m^3	28.91	940.38	940.38	27185	27185
2	1—72	机械挖土方	100 m^3	291.60	1385.88	15.32	404121	4467
3	1—43	平整场地	100 m^2	53.83	111.65	111.65	6010	6010
4	1—46	回填土	100 m^3	41.34	699.85	698.76	28930	28885
5	1—54	铲运机运土 200 m	100 m^3	85.25	555.47	27.12	47354	2312
6	6—63	混凝土垫层	10 m^3	68.93	2228.39	222.94	153594	15366
7	5—380 换	C25 钢筋混凝土池底 δ=300 mm	10 m^3	253.45	5892.77	550.31	1493528	139477
8	5—391 换	C25 钢筋混凝土池壁 δ=400 mm	10 m^3	102.30	8667.76	1011.69	886712	103496
9	5—390 换	C25 钢筋混凝土池底 δ=300 mm	10 m^3	74.44	8208.14	1064.12	610989	79210
10	5—398 换	C25 钢筋混凝土水槽	10m^3	3.31	10561.60	1830.38	34969	5750
11	5—398 换	C25 钢筋混凝土水柱	10 m^3	14.00	11285.81	1736.70	158035	18004
12	5—403 换	C25 钢筋混凝土肋形盖	10 m^3	4.07	8304.35	1285.71	33799	2875
13	5—395 换	池外壁挑檐	10 m^3	4.80	10113.34	1690.21	48544	8113
14	安 12—33	钢栏杆	t	6.32	6500.00	706.48	41077	3942
15	安 12—29	爬式钢梯	t	1.73	5269.63	623.78	9130	1081
16	安 11—591	金属构件银粉两遍	t	13.88	115.43	42.73	1602	593
17	5—458	预埋铁件	t	4.95	6015.90	385.66	29779	1909
18	5—438	池底防水砂浆面	100 m^2	47.77	1124.92	171.52	53741	8194
19	5—440	池壁抹防水砂浆面	100 m^2	76.90	1268.07	271.02	97516	20842
20	3—330	池外壁贴面砖	100 m^2	11.75	509.51	148.8	5987	1748
21	1—326	脚手架	100 m^2	50.39	115.43	42.73	5817	2153
22	安 3—23	满堂红脚手架	100 m^2	68.93	292.50	103.18	20161	7112
23	3—455	变形缝	100 m	3.27	10186.77	202.52	33280	662
24	说明	施工排水费	100 m^3	194.60	1331.7	264.15	258886	51352
		混凝土添加减水剂 Q 型	kg	7453.60	18.00		134165	
		小计					4624911	540738
		零星工程 10%					462491	54074
		推土机进退场费	台次	1	4470.35		4470	
		铲掘机进退场费	台次	1	3996.03		3996	
		挖掘机进退场费	台次	1	4089.82		4090	

续表

序号	单位估价号	工程和费用名称	单位	数量	单位价值(元)		总价值(元)	
					基价	人工	基价	人工
		直接费合计					5099959	594811
		综合费:0.3363×直接费+0.4234×人工费					1966959	
		合计					7066917	
		生物反应池	个	2			14133835	

表 6-2　单位工程土建概算表(二)

工程名称:二沉池

序号	单位估价号	工程和费用名称	单位	数量	单位价值(元)		总价值(元)	
					基价	人工	基价	人工
1	1—72	机械挖土方	100 m^3	64.96	1385.88	15.32	90027	995
2	1—2	人工挖土方	100 m^3	7.22	940.38	940.38	6790	6790
3	1—54	铲运机运土	100 m^3	15.05	555.47	27.12	8360	408
4	1—46	回填土	100 m^3	9.04	699.85	698.76	6327	6317
5	1—43	平整场地	100 m^2	15.69	111.65	111.65	1752	1752
6	6—63	混凝土垫层	10 m^3	15.78	2228.39	222.94	35164	3518
7	5—384 换	C25 钢筋混凝土锥坡底 δ=400 mm	10 m^3	54.09	6683.30	701.40	361500	37939
8	5—383 换	C25 钢筋混凝土池壁 δ=400 mm	10 m^3	20.63	10366.94	1391.01	213766	28683
9	5—416 换	C25 钢筋混凝土水槽	10 m^3	2.18	14388.53	2782.56	31367	6066
10	5—438	池底拌防水砂浆	100 m^2	12.62	1124.92	171.52	14196	2165
11	5—440	池壁拌防水砂浆	100 m^2	5.65	1268.07	271.02	7165	1531
12	3—30	池外壁贴面砖	100 m^2	1.79	4054.00	927.17	7257	1660
13	5—395 换	池外壁挑檐	10 m^3	2.75	10113.34	1690.21	27812	4648
14	6—445	池外壁沥青两道	100 m^2	6.45	657.47	64.99	4241	419
15	安 3—23	满堂红脚手架	100 m^2	13.00	292.50	103.18	3803	1341
16	5—458	预埋铁件	t	3.60	6115.90	385.66	22017	1388
17	安	钢结构刷油	t	3.60	415.43	42.73	1496	154
18	5—455	变形缝	100 m	0.91	10186.77	202.52	9270	184
19	1—326	脚手架	100 m	12.56	509.51	148.80	6399	1869
	说明	施工排水费	100 m^3	43.31	1331.70	264.15	57676	11440
		混凝土添加减水剂 Q 型	kg	1076.49	18.00		19377	
		小计					935760	119267

续表

序号	单位估价号	工程和费用名称	单位	数量	单位价值(元)		总价值(元)	
					基价	人工	基价	人工
		零星工程10%					93576	11927
		推土机进退场费	台次	1	4470.35		4470	
		铲掘机进退场费	台次	1	3996.03		3996	
		挖掘机进退场费	台次	1	4089.82		4090	
		直接费合计					1041892	131193
		综合费:0.3363×直接费+0.4234×人工费					405935	
		合计					1447827	
		生物反应池	个	4			5791308	

工程名称:回流污泥泵站(略)

工程名称:排水泵站(略)

工程名称:总图(略)

工程名称:建筑物及附属构筑物(略)

表 6-3　单位工程安装概算表(一)

工程名称:粗格栅及提升泵站工艺设备

序号	定额编号	工程费用和名称	单位	数量	单重(kg)	总重(kg)	单位价格(元)			总价值(元)			设备或主材料			
							基价	其中		基价	其中		单位	数量	单价(元)	总价(元)
								工资	辅材费		工资	辅材费				
1	1—925	潜污泵 WQ1000—16—75 $Q=10000\ m^3/h$, $P=0.14$ MPa,配电机 $P=75$ kW	台	5	2200	11000	611.98	269.98	292.25	3060	1348	1461	台	5	165000	825000
2	2—362	一控二、一控三控制柜各一台	面	2			127.74	43.70	52.73	255	87	105				
3	1—1041	泵拆装检查	台	5			331.31	267.00	55.31	1657	1335	277				
4	1—410	电动葫芦 CD12—6D 起重量:2 t 起升高度:6 m	台	1			72.71	48.12	24.59	73	48	25	台	1	14150	14150
5	1—586	皮带运输机 $B=500$, $Q=2\ m^3/h$, $L=8$ m	台	1			1181.6	437.28	628.28	1182	437	626	台	1	27300	27300
6	15—1153	螺旋压榨机 $P=2.2$ kW	台	1			1722.39	714.20	592.30	1722	714	592	台	1	93600	93600
7		除污机 GLGS1580 格栅宽:1.2 m 沟道深:7.3 m $P=1.1$ kW	台	2			1569.86	768.94	431.73	3140	1538	863	台	2	266500	533000
8		零星工程	元							795	397	309				
		小计								11884	5904	4258				1493050

续表

序号	定额编号	工程费用和名称	单位	数量	单重(kg)	总重(kg)	单位价格(元)			总价值(元)			设备或主材料			
							基价	其中		基价	其中		单位	数量	单价(元)	总价(元)
								工资	辅材费		工资	辅材费				
		设备运杂费:设备原价×0.7														104514
		脚手架搭拆费:人工费×12%,其中工资占25%					709	177								
		综合费率:直接费×0.03573＋人工费×6.3508＋机械费×1.1393				41639										
		合计								54232						

表 6-4 单位工程安装概算表(二)

工程名称:粗格栅及提升泵站工艺材料

序号	定额编号	工程费用和名称	单位	数量	单重(kg)	总重(kg)	单位价格(元)			总价值(元)			设备或主材料			
							基价	其中		基价	其中		单位	数量	单价(元)	总价(元)
								工资	辅材费		工资	辅材费				
1	6—67	焊接钢管安装 D1420×12	10 m	0.2			688.31	130.27	164.07	138	26	33				
2	6—61	焊接钢管安装 D630×9	10 m	6			223.90	47.10	43.74	1343	283	262				
3	6—1856	碳钢板直管制作 D1420×12	t	0.84			404.91	70.56	141.92	340	59	119	t	0.882	3000	2646

续表

序号	定额编号	工程费用和名称	单位	数量	单重(kg)	总重(kg)	单位价格(元)			总价值(元)			设备或主材料			
							基价	其中		基价	其中		单位	数量	单价(元)	总价(元)
								工资	辅材费		工资	辅材费				
4	6—1876	碳钢板直管制作 D630×9	t	8.27			537.47	108.88	184.00	4743	900	1520	t	8.684	3000	26051
5	6—463	钢筋混凝土管 d1000	10 m	0.20			307.32	81.79	64.86	61	16	13	10 m	0.2	2739	548
6	6—396	排水铸铁管 d50	10 m	0.20			20.77	11.41	9.36	4	2	2	10 m	0.2	119	24
7	6—461	锌焊接钢管安装 DN20	10 m	0.60			225.05	50.69	5.85	135	30	34	10 m	0.6	1570	942
8	6—396	镀锌焊接钢管安装 DN15	10 m	0.20			20.77	11.41	9.36	4	2	2	10 m	0.2	119	24
9	6—756	90°钢制弯头安装 DN600	10 个	0.50			1308.88	185.93	577.63	654	93	289				
10	6—1890	90°钢制弯头制作 DN600	t	0.64			1338.42	205.99	625.92	857	132	401	t	0.678	3000	2035
11	6—723	钢制异径管安装 DN600×400	10 个	0.50			1141.59	142.51	540.73	571	71	270				
12	6—1569	钢制异径管制作 DN600×400	t	0.16			993.27	314.92	353.48	159	50	57	t	0.179	3000	538
13	6—2341	钢性防水套管(Ⅳ型)制作 DN600	个	5			1022.31	42.96	898.46	5112	215	4492				

续表

序号	定额编号	工程费用和名称	单位	数量	单重(kg)	总重(kg)	单位价格(元)			总价值(元)			设备或主材料			
							基价	其中		基价	其中		单位	数量	单价(元)	总价(元)
								工资	辅材费		工资	辅材费				
14	6－2352	钢性防水套管(Ⅳ型)安装DN600	个	5			112.83	17.02	95.81	564	85	479				
15	6－1387	橡胶柔性接头DN600	个	5			183.18	23.46	69.17	916	117	346	个	5	2832	14160
16	6－1387	法兰 DN600	副	5			183.18	23.46	69.17	916	117	346	副	5	907	4535
17		零星工程	元							1652	220	867				5150
		小计									18169	2418	9532			56652
		脚手架搭拆费：人工费×12%，其中工资占25%								121	67					
		综合费率：直接费×0.03573＋人工费×6.3508＋机械费×1.1393								33950						
		合计								52240						

2. 单位工程安装概算表

工程名称:细格栅及沉砂池工艺设备(略)
工程名称:细格栅及沉砂池工艺材料(略)
工程名称:生物反应池工艺设备(略)
工程名称:生物反应池工艺材料(略)
工程名称:鼓风机站工艺设备(略)
工程名称:鼓风机站工艺材料(略)
工程名称:二沉池工艺设备(略)
工程名称:二沉池工艺材料(略)
工程名称:回流污泥泵站工艺设备(略)
工程名称:回流污泥泵站工艺材料(略)
工程名称:污泥浓缩脱水间工艺设备(略)
工程名称:污泥浓缩脱水间工艺材料(略)
工程名称:排水泵站工艺设备(略)
工程名称:排水泵站工艺材料(略)
工程名称:厂区综合管线(略)
工程名称:厂区综合管线(土建部分,略)
工程名称:全厂防腐材料(略)
工程名称:运输车辆(略)
工程名称:变电所电气设备(略)
工程名称:变电所电气材料(略)
工程名称:全厂供电外线及照明道路(略)
工程名称:粗格栅及提升泵站电气设备(略)
工程名称:细格栅及沉砂池电气设备(略)
工程名称:生物反应池电气设备(略)
工程名称:鼓风机站电气设备(略)
工程名称:二沉池电气设备(略)
工程名称:回流污泥泵站电气设备(略)
工程名称:污泥浓缩脱水间电气设备(略)
工程名称:污泥浓缩脱水间电气材料(略)
工程名称:维修间电气设备(略)
工程名称:锅炉房电气设备(略)
工程名称:锅炉房电气材料(略)
工程名称:综合楼电气设备(略)
工程名称:综合楼电气材料(略)
工程名称:全厂电信设备(略)
工程名称:全厂电信材料(略)
工程名称:PLC 及模拟显示屏(略)
工程名称:自控材料(略)
工程名称:粗格栅及提升泵站自控仪表(略)
工程名称:细格栅及沉砂池自控仪表(略)
工程名称:生物反应池自控仪表(略)
工程名称:鼓风机站自控仪表(略)
工程名称:回流污泥泵站自控仪表(略)
工程名称:污泥浓缩脱水间自控仪表(略)
工程名称:排水泵站自控设备(略)
工程名称:分析化验设备(略)
工程名称:维修间设备(略)
工程名称:锅炉房设备(略)
工程名称:通风设备(略)
工程名称:通风空调(略)
工程名称:全厂化学消防(略)

3. 综合概算表(表 6-5)

表 6-5 综合概算表(第一部分:工程费用)

项目名称:××市污水处理厂工程

序号	工程和费用名称	概算价值(万元)	单位概算价值(万元)											
			建筑构筑物	工艺			电气		自控		暖通		室内给排水	照明避雷
				设备	安装	管道	设备	安装	设备	安装	设备	安装		
一、主要工程项目														
1	粗格栅及提升泵房	283.62	98.31	159.76	5.42	10.06	0.68	0.13	9.01	0.17	0.07	0.01		
2	细格栅及沉砂池	496.01	69.26	262.34	12.42	145.13	0.04	0.03	6.68	0.11				
3	生物反应池	2380.06	1428.79	847.33	3.94	45.90	0.12	0.18	51.92	1.88				
4	鼓风机房	254.72	42.87	189.10	4.73	8.50	0.48	0.11	8.37	0.20				
5	二沉池	798.76	586.83	164.35	20.88	25.91	0.64	0.15						
6	污泥泵站	233.16	88.14	127.74	2.79	8.88	0.28	0.12	4.75	0.46				
7	污泥浓缩间	626.59	66.88	521.74	6.08	7.60	15.14	5.13	0.60	0.01	3.27	0.14		
8	排水泵站	100.08	45.52	25.69	2.34	24.30			2.18	0.05				
9	中央控制室	174.81							91.81	56.00				
10	厂区综合管线	224.28	36.87			187.41								
11	全场防腐保湿	193.96			193.96									
12	备品备件购置费	24.30		24.30										
13	工器具及生产家具	46.30		46.30										
	小计	5811.95	2463.47	2370.96	252.56	463.69	17.38	5.85	175.68	58.87	3.34	0.15		
二、辅助工程项目														
1	维修间	108.22	22.23	67.27	1.40		7.03	0.29	10.00					
2	综合仓库	14.56	14.56											
3	分析化学	135.93		132.93	3.00									
	小计	258.71	36.79	200.20	4.40		7.03	0.29	10.00					

续表

序号	工程和费用名称	概算价值(万元)	单位概算价值(万元)											
			建筑构筑物	工艺			电气		自控		暖通		室内给排水	照明避雷
				设备	安装	管道	设备	安装	设备	安装	设备	安装		
三、公用工程														
1	全厂化学消防	1.95	1.95		1.95									
2	场内打井	21.00	21.00											
3	变电所	286.33	53.40				217.54	11.39			3.79	0.21		
4	全厂供电外线及照明	230.58	230.58					230.58						
5	全厂电信	35.22					25.32	9.90						
6	锅炉房	40.35	12.00	21.37	1.87	2.00	1.81	1.30						
7	围墙	26.15	26.15											
8	大门及门卫	27.50	27.50											
9	厂区道路	136.70	136.70											
10	运输车辆	89.54		89.54										
11	厂区绿化及建筑小品	66.88	66.88											
12	地基处理费	100.00	100.00											
13	四通一平	32.45	32.45											
	小计	1067.66	476.09	112.86	1.87	2.00	244.67	226.17			3.79	0.21		
四、服务性工程项目														
1	综合楼	159.84	146.43				4.55	2.23			6.23	0.40		
2	食堂、浴室	70.56	70.56											
3	汽车库	24.99	24.99											
4	自行车棚	1.80	1.80											
5	倒班及单身宿舍	32.76	32.76											
	小计	289.95	276.54				4.55	2.23			6.23	0.40		

续表

序号	工程和费用名称	概算价值(万元)	单位概算价值(万元)											
			建筑构筑物	工艺			电气		自控		暖通		室内给排水	照明避雷
				设备	安装	管道	设备	安装	设备	安装	设备	安装		
五、厂外工程项目														
1	厂外供电线路	45.00						45.00						
2	处理后水的排放管	30.00	30.00			30.00								
3	厂外道路	67.02	67.02											
4	厂外防护林带	13.62	13.62											
	小计	156.24	81.24			30.00		45.00						
	第一部分工程费用合计	7584.51	3334.13	2684.02	258.83	495.69	273.63	279.54	185.68	58.87	13.36	0.76		

4. 总概算表(表 6-6)

表 6-6 总概算表

项目名称:××市污水处理厂工程

序号	工程及费用名称	概算价值(万元)				
		建筑工程费	设备购置费	安装工程费	其他费用	合计
第一部分:工程费用						
一、主要工程项目						
1	粗格栅及提升泵房	98.31	169.52	15.79		283.62
2	细格栅及沉砂池	69.26	269.06	157.69		496.01
3	生物反应池	1428.79	899.37	51.90		2380.06
4	鼓风机房	42.87	198.31	13.54		254.72
5	二沉池	586.83	164.99	46.94		798.76
6	污泥泵站	88.14	132.77	12.25		233.16
7	污泥浓缩间	66.88	540.75	18.96		626.59
8	排水泵站	45.52	27.87	26.69		100.08
9	中央控制室		91.81	56.00		147.81
10	厂区综合管线	36.87		187.41		224.28
11	全场防腐保湿			193.96		193.96
12	备品备件购置费		24.30			24.30
13	工器具及生产家具购置费		46.30			46.30
	小计	2463.47	2567.36	781.12		5811.95
二、辅助工程项目						
1	维修间	22.23	84.30	1.69		108.22
2	综合仓库	14.56				14.56
3	分析化学		132.93	3.00		135.93
	小计	36.79	217.23	4.69		258.71
三、公用工程						
1	全厂化学消防		1.95			1.95
2	场内打井	21.00				21.00
3	变电所	53.40	221.33	11.60		286.33
4	全厂供电外线及照明			203.58		203.58
5	全厂电信		25.32	9.90		35.22
6	锅炉房	12.00	23.18	5.17		40.35
7	围墙	26.15				26.15
8	大门及门卫	27.50				27.50
9	厂区道路	136.71				136.71
10	运输车辆		89.54			89.54
11	厂区绿化及建筑小品	66.88				66.88
12	地基处理费	100.00				100.00

续表

序号	工程及费用名称	概算价值(万元)				
		建筑工程费	设备购置费	安装工程费	其他费用	合计
13	四通一平	32.45				32.45
	小计	476.09	361.32	230.25		1067.66
四、服务性工程项目						
1	综合楼	146.43	10.78	2.63		159.84
2	食堂、浴室	70.56				70.56
3	汽车库	24.99				24.99
4	自行车棚	1.80				1.80
5	倒班及单身宿舍	32.76				32.76
	小计	276.54	10.78	2.63		289.95
五、厂外工程项目						
1	厂外供电线路					45.00
2	处理后水的排放管			30.00		30.00
3	厂外道路	67.02				67.02
4	厂外防护林带	13.62				13.62
	小计	81.24		75.00		156.24
	第一部分工程费用合计	3334.13	3156.69	1093.66		7584.51
第二部分:其他费用						
1	土地购置、拆迁及复垦费				807.60	807.60
2	建设单位管理费				91.01	91.01
3	办公及生活家具购置费				6.50	6.50
4	生产职工培训费				11.70	11.70
5	生产职工提前进场费				3.25	3.25
6	勘察费				49.30	49.30
7	前期工作及环境评价费				35.00	35.00
8	设计费及预算编制费				181.12	181.12
9	供电贴费				172.69	172.69
10	施工机械迁移费				44.28	44.28
11	联合试运转费				31.57	31.57
12	工程监理费				57.56	57.56
13	供水增容费				48.00	48.00
14	竣工图编制费				8.23	8.23
15	城市配套设施费				60.68	60.68
	小计				1608.49	1608.49
第三部分:预备费						
1	基本预备费				919.30	919.30
2	差价预备费				648.02	648.02
	小计				1567.32	1567.32

续表

序号	工程及费用名称	概算价值(万元)				
		建筑工程费	设备购置费	安装工程费	其他费用	合计
	固定资产投资	3334.13	3156.69	1093.69	3175.81	10760.32
	建设期贷款				584.21	584.21
	铺地流动资金				60.51	60.51
	报批项目总投资	3334.13	3156.69	1093.69	3820.53	11405.04

附 录

中华人民共和国主要环境法律法规及标准

1. 法 律

- 中华人民共和国循环经济促进法
- 中华人民共和国水污染防治法
- 中华人民共和国节约能源法
- 中华人民共和国可再生能源法
- 中华人民共和国固体废物污染环境防治法
- 中华人民共和国放射性污染防治法
- 中华人民共和国环境影响评价法
- 中华人民共和国水法
- 中华人民共和国大气污染防治法
- 中华人民共和国环境噪声污染防治法
- 中华人民共和国环境保护法
- 中华人民共和国海洋环境保护法

2. 行政法规

- 防治船舶污染海洋环境管理条例
- 规划环境影响评价条例
- 废弃电器电子产品回收处理管理条例
- 中华人民共和国防治海岸工程建设项目污染损害海洋环境管理条例
- 防治海洋工程建设项目污染损害海洋环境管理条例
- 国家突发环境事件应急预案
- 放射性同位素与射线装置安全和防护条例
- 危险废物经营许可证管理办法
- 医疗废物管理条例
- 危险化学品安全管理条例
- 中华人民共和国水污染防治法实施细则
- 建设项目环境保护管理条例
- 中华人民共和国自然保护区条例
- 中华人民共和国防治陆源污染物污染损害海洋环境管理条例
- 建设项目环境保护管理程序
- 中华人民共和国海洋倾废管理条例
- 中华人民共和国海洋石油勘探开发环境保护管理条例

3. 环境标准

室内空气质量标准 GB/T 18883
环境空气质量标准 GB 3095
保护农作物的大气污染物最高允许浓度 GB 9137
大气污染物综合排放标准 GB 16297
电镀污染物排放标准 GB 21900
合成革与人造革工业污染物排放标准 GB 21902
水泥工业大气污染物排放标准 GB 4915
火电厂大气污染物排放标准 GB 13223

锅炉大气污染物排放标准 GB 13271

饮食业油烟排放标准(试行)GB 18483

工业炉窑大气污染物排放标准 GB 9078

炼焦炉大气污染物排放标准 GB 16171

恶臭污染物排放标准 GB 14554

重型车用汽油发动机与汽车排气污染物排放限值及测量方法(中国Ⅲ、Ⅳ阶段)GB 14762

车用压燃式发动机和压燃式发动机汽车排气烟度排放限值及测量方法 GB 3847—2005

车用压燃式、气体燃料点燃式发动机与汽车排气污染物排放限值及测量方法(中国Ⅲ、Ⅳ、Ⅴ阶段)GB 17691

点燃式发动机汽车排气污染物排放限值及测量方法(双怠速法及简易工况法)GB 18285

轻型汽车污染物排放限值及测量方法(中国Ⅲ、Ⅳ阶段)GB 18352.3

地表水环境质量标准 GB 3838

海水水质标准 GB 3097

地下水质量标准 GB/T 14848

农田灌溉水质标准 GB 5084

渔业水质标准 GB 11607

制浆造纸工业水污染物排放标准 GB 3544

电镀污染物排放标准 GB 21900

羽绒工业水污染物排放标准 GB 21901

合成革与人造革工业污染物排放标准 GB 21902

发酵类制药工业水污染物排放标准 GB 21903

化学合成类制药工业水污染物排放标准 GB 21904

提取类制药工业水污染物排放标准 GB 21905

中药类制药工业水污染物排放标准 GB 21906

生物工程类制药工业水污染物排放标准 GB 21907

混装制剂类制药工业水污染物排放标准 GB 21908

制糖工业水污染物排放标准 GB 21909

煤炭工业污染物排放标准 GB 20426

医疗机构水污染物排放标准 GB 18466

啤酒工业污染物排放标准 GB 19821

柠檬酸工业污染物排放标准 GB 19430
味精工业污染物排放标准 GB 19431
城镇污水处理厂污染物排放标准 GB 18918
合成氨工业水污染物排放标准 GB 13458
污水海洋处置工程污染控制标准 GB 18486
畜禽养殖业污染物排放标准 GB 18596
污水综合排放标准 GB 8978
磷肥工业水污染物排放标准 GB 15580
烧碱、聚氯乙烯工业水污染物排放标准 GB 15581
钢铁工业水污染物排放标准 GB 13456
肉类加工工业水污染物排放标准 GB 13457
纺织染整工业水污染物排放标准 GB 4287
声环境质量标准 GB 3096
城市区域环境振动标准 GB 10070
工业企业厂界环境噪声排放标准 GB 12348
社会生活环境噪声排放标准 GB 22337
建筑施工场界噪声限值 GB 12523
生活垃圾填埋场污染控制标准 GB 16889
危险废物焚烧污染控制标准 GB 18484
生活垃圾焚烧污染控制标准 GB 18485
危险废物贮存污染控制标准 GB 18597
危险废物填埋污染控制标准 GB 18598
一般工业固体废物贮存、处置场污染控制标准 GB 18599
含多氯联苯废物污染控制标准 GB 13015
城镇垃圾农用控制标准 GB 8172
农用污泥中污染物控制标准 GB 4284
电磁辐射防护规定 GB 8702
环保用微生物菌剂环境安全评价导则 HJ/T 415
生态环境状况评价技术规范(试行)HJ/T 192
畜禽养殖业污染防治技术规范 HJ/T 81

参考文献

[1] 张尊举，伦海波，张仁志. 水污染控制案例教程[M]. 北京:化学工业出版社，2014.
[2] 潘琼. 大气污染控制案例教程[M]. 北京:化学工业出版社，2014.
[3] Henze M.，van Loosdrecht M. C. M.，Ekama G. A.，Brdjanovic D. 污水生物处理:原理、设计与模拟(附光盘)[M]. 施汉昌，胡志荣，译. 北京:中国建筑工业出版社，2011.
[4] 赵晖，等. 村庄污水处理案例集(续 1)[M]. 北京:中国建筑工业出版社，2012.
[5] Basu P. K. 生物质气化与热解:实用设计与理论(导读版)[M]. 北京:科学出版社，2011.
[6] Matlock M. D.，Morgan R. A. 生态工程设计:恢复和保护生态系统服务.[M] 吴巍，译. 北京:电子工业出版社，2013.
[7] 李国建，赵爱华，张益. 城市垃圾处理工程. 2 版[M]. 北京:科学出版社，2007.
[8] 周刚，周军. 污染水体生物治理工程[M]. 北京:化学工业出版社，2011.
[9] 聂永丰. 环境工程技术手册:固体废物处理工程技术手册[M]. 北京:化学工业出版社，2013.
[10] 王纯，张殿印. 环境工程技术手册:废气处理工程技术手册[M]. 北京:化学工业出版社，2013.
[11] Kuo J. 土壤及地下水修复工程设计[M]. 北京建工环境修复有限责任公司翻译组，译. 北京:电子工业出版社，2013.
[12] 陈耀东，马欣堂，杜玉芬，等. 中国水生植物[M]. 郑州:河南科学技术出版社，2012.
[13] 李国刚. 环境空气和废气污染物分析测试方法[M]. 北京:化学工业出

版社，2013.

[14] 成官文，梁斌，黄翔峰. 水污染控制工程设计(论文)指南[M]. 北京:化学工业出版社，2011.

[15] 陆震维. 有机废气的净化技术[M]. 北京:化学工业出版社，2011.

[16] 潘涛，李安峰，杜兵. 废水污染控制技术手册[M]. 北京:化学工业出版社，2013.

[17] 贾锐鱼. 环境工程概预算[M]. 北京:化学工业出版社，2010.

[18] 赵玉明. 环境工程工艺设计教程[M]. 北京:中国环境出版社，2013.

[19] 徐新阳，郝文阁. 环境工程设计教程[M]. 北京:化学工业出版社，2011.

[20] 张莉，刘嘉谟. 环境工程专业课程设计指导教程与案例精选[M]. 北京:化学工业出版社，2012.

[21] 崔玉川，刘振江，张绍怡. 城市污水处理厂处理设施设计计算. 2版[M]. 北京:化学工业出版社，2011.